高等职业教育建筑设计类专业新形态系列教材

建筑装饰 CAD

主　编　李井永　王　芳

副主编　白天韵　刘晓光　吴　迪

参　编　郭　旭　吕佳雨　王　瑶　于健隆

机 械 工 业 出 版 社

本书通过一系列实例讲解利用 AutoCAD 2024 绘制建筑装饰图形必需的基础知识，通过绘制一套完整的住宅原始平面图、住宅平面布置图、住宅地面材料图、住宅顶棚布置图和卫生间侧墙立面图，讲解利用 AutoCAD 2024 绘制建筑装饰施工图的方法，并利用实例讲解 AutoCAD 2024 打印输出的方法。

本书遵循"工学结合、行动导向"的职业教育模式，凸显职教特色。全书采用项目教学，共 10 个项目，项目 1 为 AutoCAD 绘图基础，项目 2 至项目 4 分别利用实例讲解了各种家具、卫生器具、电器和相关建筑图元的绘制方法，项目 5 至项目 9 利用实例讲解了住宅原始平面图、住宅平面布置图、住宅地面材料图、住宅顶棚布置图和卫生间侧墙立面图的绘制方法，项目 10 用实例讲解了打印输出的方法。

本书制作了整套的教学微课、教学课件和教案，配合这些教学资源，可作为应用型本科、职业本科和高职院校建筑装饰与建筑设计类专业的教学用书，并可作为相关专业从业人士的业务参考书及培训用书。

扫描二维码
下载本书调用图块

图书在版编目（CIP）数据

建筑装饰 CAD／李井永，王芳主编. -- 北京：机械工业出版社，2025. 5. --（高等职业教育建筑设计类专业新形态系列教材）. -- ISBN 978-7-111-78266-7

Ⅰ. TU238-39

中国国家版本馆 CIP 数据核字第 2025EE1967 号

机械工业出版社（北京市百万庄大街 22 号　邮政编码 100037）
策划编辑：张荣荣　　　　　　　　　　责任编辑：张荣荣
责任校对：王文凭　李可意　景　飞　　封面设计：张　静
责任印制：张　博
北京建宏印刷有限公司印刷
2025 年 7 月第 1 版第 1 次印刷
184mm×260mm・14.25 印张・348 千字
标准书号：ISBN 978-7-111-78266-7
定价：49.00 元

电话服务　　　　　　　　　　网络服务
客服电话：010-88361066　　　机　工　官　网：www.cmpbook.com
　　　　　010-88379833　　　机　工　官　博：weibo.com/cmp1952
　　　　　010-68326294　　　金　书　网：www.golden-book.com
封底无防伪标均为盗版　　机工教育服务网：www.cmpedu.com

前言

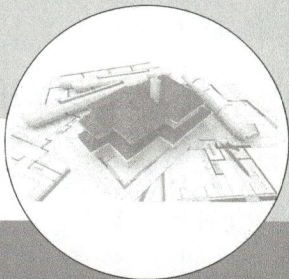

本书是根据高等职业教育人才培养定位和我国社会经济发展需求，为助力国家职业教育，培养德智体美劳全面发展、具有建筑装饰设计与绘图职业能力的专业人才而编写的。本书采用 AutoCAD 2024 版本。

本书编写过程中，自然渗透社会主义核心价值观教育，培养劳动精神、劳模精神和工匠精神。深入挖掘理工类学科软件操作类课程在讲授方面的特点，把课程对职业能力、职业素养的要求和社会主义核心价值观、主流文化、民族传统、积极的学习习惯等人文教育内容融入教材和配套教学资源之中。

本书由高职院校教师和建筑设计人员共同编写，以典型的工程项目为主线，将典型操作、从基本绘图技能到系统绘图技能的全覆盖作为编写的重要标准，力求知识教学与工作实际紧密结合。

本书聚焦新技术、新工艺、新规范，配套信息化学习资源，支持移动学习、线上线下混合式教学，实现课程与配套资源有机融合。本书配套有教学课件、电子教案、教学微课（扫描书中的二维码就可以观看）。三者共同构建了一个从课上学习到课下练习再到自主学习的三位一体教学模式。搭建了适合师生交流的学习平台，可实现翻转课堂教学，有利于锻炼学习者的自学能力，提高学习兴趣。

编者中有国家级职业技能大赛获奖教师，有建筑工程识图"1+X"技能等级证书培训教师，还有具有实践经验的企业设计师，在教材编写过程中融入了大量的企业工作经验、国家级技能竞赛经验和"1+X"技能等级证书标准。校企合作共同开发，实现"岗课赛证"的一体化，注重提高学习者的职业能力和综合素质，增强了本书的适用性。

本书共 10 个项目，项目 1 为 AutoCAD 绘图基础，项目 2 至项目 4 分别利用实例讲解了各种家具、卫生器具、电器和相关建筑图元的绘制方法，项目 5 至项目 9 利用实例讲解了住宅原始平面图、住宅平面布置图、住宅地面材料图、住宅顶棚布置图和卫生间侧墙立面图的绘制方法，项目 10 利用实例讲解了打印输出的方法，每个项目后附有拓展任务。

本书两位主编出版了多本 AutoCAD 相关教材，由于符合建筑类专业 CAD 相关课程的职业教育规律和社会经济发展需求，这些教材被全国各省市众多高职院校使用，也被广泛用于建筑绘图培训。读者普遍认为相关教材专业性、实用性和可操作性强。

本书由辽宁建筑职业学院李井永和王芳主编，辽宁建筑职业学院白天韵、刘晓光、吴迪任副主编，辽宁建筑职业学院郭旭、吕佳雨、王瑶和辽宁金帝建筑设计有限公司于健隆参与编写。编写分工为：李井永编写项目 5 和项目 6，王芳编写项目 3 和项目 4，白天韵编写项目 2，刘晓光编写项目 8，吴迪编写项目 1 和项目 7，郭旭编写项目 9，王瑶和吕佳雨合编项目 10，于健隆对教材中的装饰施工图提供了指导并参与编写了每个项目的拓展任务。

本书在编写的过程中，得到了所在院校、设计院和出版社领导的鼓励及支持，全体编者深表谢意。本书编写中参阅的文献在参考文献中一并列出。

由于编者水平有限，时间仓促，书中不妥和错漏之处在所难免，敬请读者批评指正，以便再版时修订。

编　者

目录

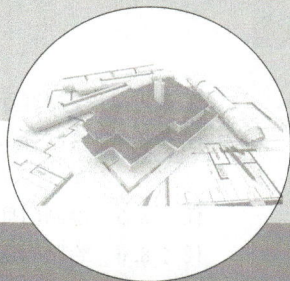

项目1

AutoCAD绘图基础

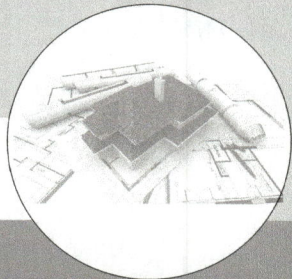

AutoCAD 是美国 Autodesk 公司开发的计算机辅助绘图软件，目前最新版本是 AutoCAD 2024。AutoCAD 2024 集平面作图、三维造型、数据库管理、渲染着色、互联网等功能于一体，具有高效、快捷、精确、简单、易用等特点，是工程设计人员首选的绘图软件。Auto-CAD 2024 广泛应用于建筑制图、机械制图、园林设计、城市规划、电子、冶金和服装设计等诸多领域。

项目 1 将学习 AutoCAD 2024 启动与退出的方法，界面的各个组成部分及其功能，图形文件的管理，数据的输入方法，图形的界限、单位、图层的设置，视图的显示控制，以及执行命令和选择对象的方法等。

任务 1.1　AutoCAD 2024 的启动与退出

1. 启动 AutoCAD 2024

启动 AutoCAD 2024 有多种方法，这里只介绍常用的两种方法：

（1）通过桌面快捷方式启动。最简单的方法是直接用鼠标左键双击桌面上的 AutoCAD 2024 快捷方式图标，即可启动 AutoCAD 2024，进入 AutoCAD 2024 工作界面。

（2）通过【开始】菜单启动。从任务栏中，单击【开始】菜单，然后单击【AutoCAD 2024-简体中文（Simplified Chinese）】，再单击其中的 AutoCAD 2024 可执行文件，也可以启动 AutoCAD 2024。

2. 退出 AutoCAD 2024

退出 AutoCAD 2024 有多种方法，下面介绍常用的几种：

（1）单击 AutoCAD 2024 界面右上角的 ⊠ 按钮，退出 AutoCAD 系统。

（2）单击 AutoCAD 2024 界面左上角的 按钮，选择【退出 Autodesk AutoCAD 2024】选项，退出 AutoCAD 系统。

（3）按键盘上的 Alt+F4 组合键，退出 AutoCAD 系统。

（4）在命令行中输入 QUIT 或 EXIT 命令后敲击回车键。

注意：输入命令前要按左 Shift 键关闭中文输入法，保证输入的命令为英文半角输入状态；如果图形修改后尚未保存，则退出之前会弹出图 1-1 所示的系统警告对话框。单击【是】按钮系统将保存文件后退出；单击【否】按钮系统将不保存文件；单击【取消】按钮，系统将取消执行的命令，返回到原 AutoCAD 2024 工作界面。

图 1-1　系统警告对话框

任务 1.2　熟悉 AutoCAD 2024 的界面

在启动 AutoCAD 2024 后，新建图形，就进入如图 1-2 所示的工作界面，此界面包括快速访问工具栏、下拉菜单栏、选项卡栏及面板栏、绘图区、命令行和状态栏等部分。

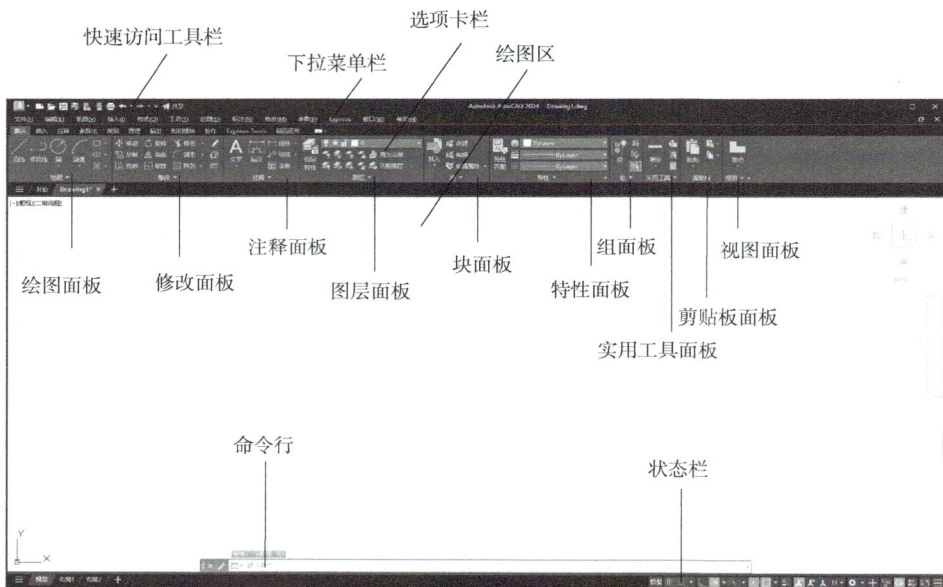

图 1-2　AutoCAD 2024 工作界面

1. 快速访问工具栏

快速访问工具栏位于 AutoCAD 2024 工作界面的最顶端，用于显示常用工具，默认情况下包括"新建""打开""保存""另存为""打印""放弃"和"重做"等按钮。还可以向快速访问工具栏添加其他工具。

2. 下拉菜单栏

下拉菜单栏包括文件、编辑、视图、插入、格式、工具、绘图、标注、修改、参数、窗口和帮助等 13 个主菜单项，每个主菜单下又包括子菜单。在展开的子菜单中存在一些带有"…"省略符号的菜单命令，表示如果选择该命令，将弹出一个相应的对话框；有的菜单命令右端有一个黑色小三角，表示选择该菜单命令能够打开级联菜单；菜单项右边有"Ctrl+?"组合键表示键盘快捷键，可以直接按下键盘快捷键执行相应的命令，比如同时按下 Ctrl+N 键能够弹出【选择样板】对话框。

3. 选项卡栏及面板栏

AutoCAD 2024 的界面中有默认、插入、注释、参数化、视图、管理、输出、附加模块、协作、Exper Tools 和精选应用等选项卡，每一个选项卡包含一些常用的面板，用户可以通过面板方便地选择相应的命令进行操作。

4. 绘图区

位于屏幕中间的整个灰黑色区域是 AutoCAD 2024 的绘图区，也称为工作区域。默认设置下的工作区域是一个无限大的区域，我们可以按照图形的实际尺寸在绘图区内绘制各种图形。

绘图区可以改变成其他的颜色，方法如下：

（1）单击下拉菜单栏中的【工具】|【选项】命令，弹出【选项】对话框，选择【显示】选项卡，如图 1-3 所示。

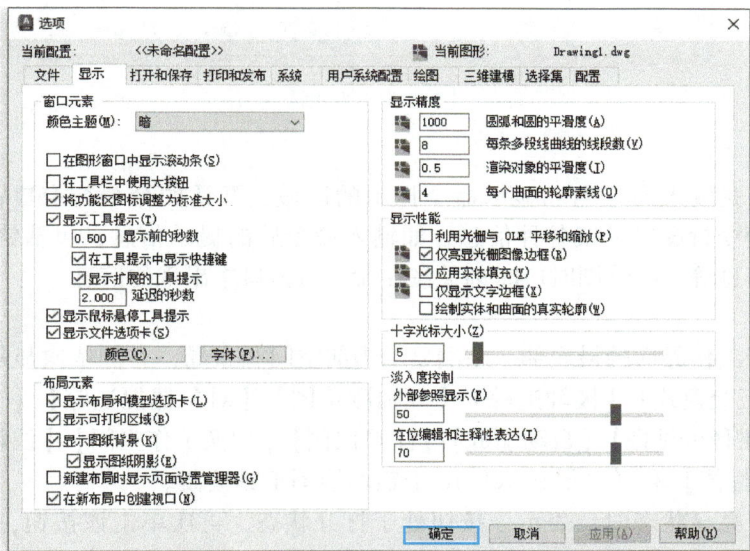

图 1-3　【选项】对话框

（2）单击【显示】选项卡中【窗口元素】组合框中的【颜色】按钮，弹出【图形窗口颜色】对话框，如图 1-4 所示。

（3）在【界面元素】下拉列表中选择要改变的界面元素，可改变任意界面元素的颜色，默认为【统一背景】。

（4）单击【颜色】下拉列表框，在展开的列表中选择【白色】。

（5）单击【应用并关闭】按钮，返回【选项】对话框。

（6）单击【确定】按钮，即可将绘图区的颜色改为白色。

注意：如果在【图形窗口颜色】对话框的【颜色】下拉列表框下方选择【恢复当前元素】，可恢复当前界面元素的默认颜色，为保护视力，AutoCAD 2024 的绘图区默认为深灰色，建议使用默认颜色。

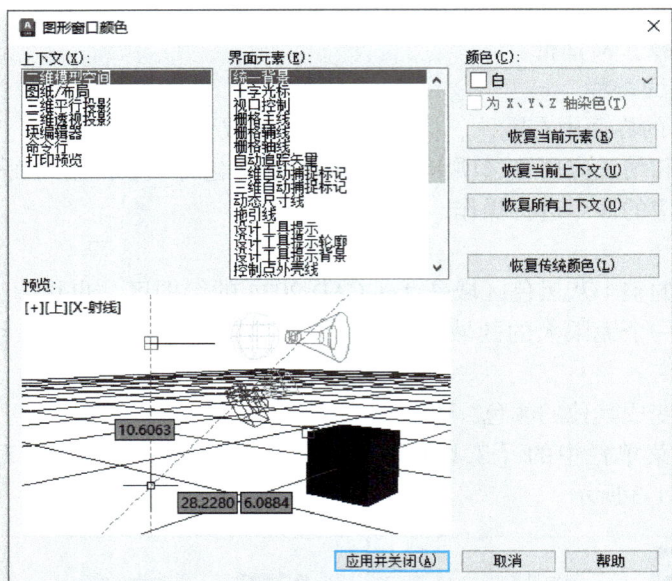

图 1-4   【图形窗口颜色】对话框

5. 命令行窗口

命令行窗口是输入命令名和显示命令提示的区域，默认的命令行窗口在绘图区下方。AutoCAD 通过命令行窗口反馈各种信息，如输入命令后的提示信息，包括错误信息、命令选项及其提示信息等。在绘图时应时刻关注在命令行窗口中出现的信息。

6. 状态栏

状态栏位于工作界面的最底部，左端显示当前空间和布局，右侧依次显示【栅格显示】【捕捉模式】【正交模式】【极轴追踪】【等轴测草图】【对象捕捉追踪】【二维对象捕捉】【线宽显示】【注释可见性】【自动缩放】【注释比例】【切换工作空间】【注释监视器】【隔离对象】【图形性能】和【全屏显示】16 个辅助绘图工具按钮。

当按钮处于亮显状态时，表示该按钮处于打开状态，再次单击该按钮，可关闭相应按钮。单击状态栏最右侧的▤按钮，可以打开状态栏显示设置菜单，增加或减少状态栏的工具按钮。

任务 1.3   管理图形文件

1. 新建文件

创建新的图形文件有以下几种方法：
（1）单击下拉菜单栏中的【文件】|【新建】命令。
（2）单击快速访问工具栏中的新建命令按钮▢。
（3）按 Ctrl+N 结合键。
（4）在命令行中输入 NEW 命令回车。

注意：输入命令必须为英文半角字符，如果当前为汉字输入法，要按 Shift 键关闭汉字输入法。

执行该命令后，将弹出如图 1-5 所示的【选择样板】对话框。可以选择默认的样板文件 "acadiso.dwt"，单击【打开】按钮，将新建一个空白的文件。

2. 打开文件

打开已有图形文件有以下几种方法：

（1）单击下拉菜单栏中的【文件】|【打开】命令。

（2）单击快速访问工具栏中的打开命令按钮📂。

（3）按 Ctrl+O 组合键。

（4）在命令行中输入 OPEN 命令回车。

图 1-5 【选择样板】对话框

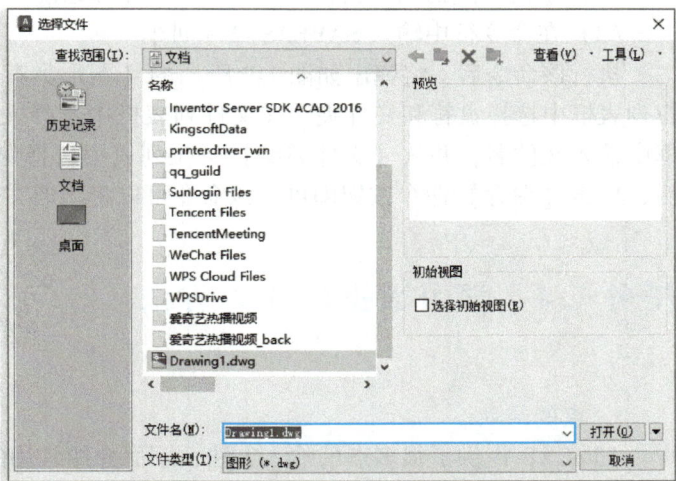

执行该命令后，将弹出如图 1-6 所示的【选择文件】对话框。如果要在文件列表中同时选择多个 CAD 图形文件，单击【打开】按钮，可以同时打开多个图形文件。

3. 存储文件

保存图形文件的方法如下：

（1）单击下拉菜单栏中的【文件】|【保存】命令。

（2）单击快速访问工具栏中的保存命令按钮💾。

图 1-6 【选择文件】对话框

（3）按 Ctrl+S 组合键。

（4）在命令行中输入 SAVE 命令回车。

执行该命令后，如果文件已命名，则 AutoCAD 自动保存；如果文件未命名，是第一次进行保存，系统将弹出如图 1-7 所示的【图形另存为】对话框。可以在【保存于】下拉列表框中选择盘符和文件夹，在文件列表框中选择文件的保存目录，在【文件名】文本框中输入文件名，并从【文件类型】下拉列表中选择保存文件的类型和版本格式，设置好后，单击【保存】命令按钮即可。

4. 另存文件

另存图形文件有以下几种方法：

（1）单击下拉菜单栏中的【文件】|【另存为】命令。

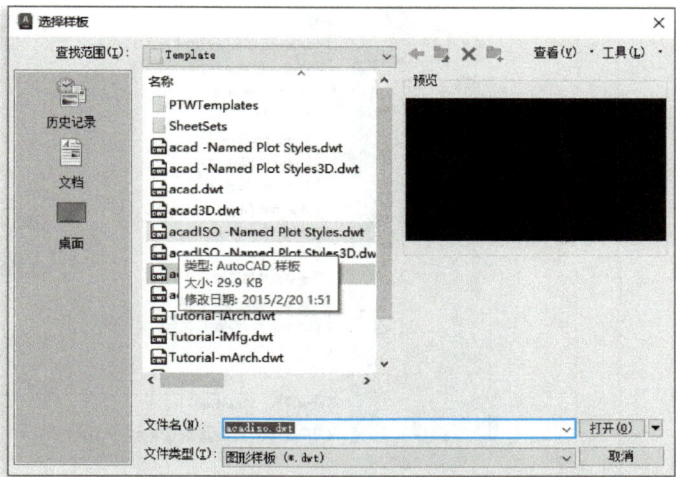

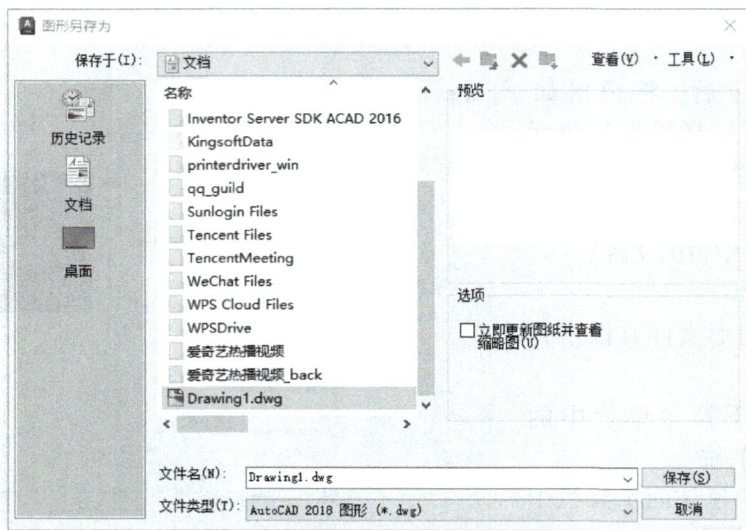

图 1-7　【图形另存为】对话框

（2）单击快速访问工具栏中的另存为命令按钮 。

（3）在命令行中输入 SAVEAS 命令回车。

执行该命令后，将弹出如图 1-7 所示的【图形另存为】对话框。可以在【保存于】下拉列表框中选择盘符和文件夹，在文件列表框中选择文件的保存目录，在【文件名】文本框中输入文件名，并从【文件类型】下拉列表中选择保存文件的类型和版本格式，设置好后，单击【保存】命令按钮即可。该命令可以将图形文件以新文件名另存一个图形文件。

任务 1.4　学习数据的输入方法

1. 点的输入

AutoCAD 提供了很多点的输入方法，下面介绍常用的几种方法：

（1）移动鼠标使十字光标在绘图区之内移动，到合适位置时单击鼠标左键在屏幕上直接取点。

（2）用目标捕捉方式捕捉屏幕上已有图形的特殊点，如端点、中点、圆心、交点、切点、垂足等。

（3）用光标拖拉出橡筋线确定方向，然后用键盘输入距离。

（4）用键盘直接输入点的坐标。

点的坐标通常有两种表示方法：直角坐标和极坐标。

1）直角坐标有两种输入方式：绝对直角坐标和相对直角坐标。绝对直角坐标以原点为参考点，表达方式为（X，Y）。相对直角坐标是相对于某一特定点而言的，表达方式为（@X，Y），表示该坐标值是相对于前一点而言的相对坐标。

2）极坐标也有两种输入方式：绝对极坐标和相对极坐标。绝对极坐标是以原点为极点，输入一个距离值和一个角度值即可指明绝对极坐标。它的表达方式为（L<角度值），其中 L 代表输入点到原点的距离。相对极坐标是以通过相对于某一特定点的极长距离和偏移角度来表示的，表达方式为（@L<角度值），其中@表示相对于当前点，L 表示极长。

2. 距离的输入

在绘图过程中，有时需要提供长度、宽度、高度和半径等距离值。AutoCAD 提供了两种输入距离值的方式：一种是在命令行中直接输入距离值；另一种是在屏幕上拾取两点，以两点的距离确定所需的距离值。

任务 1.5　设置绘图界限和单位

1. 设置绘图界限

在 AutoCAD 2024 中绘图，一般按照 1∶1 的比例绘制。绘图界限可以控制绘图的范围，相当于手工绘图时图纸的大小。设置图形界限还可以控制栅格点的显示范围，栅格点在设置的图形界限范围内显示。

下面以 A3 图纸为例，假设出图比例为 1∶100，绘图比例为 1∶1，设置绘图界限。

单击下拉菜单栏中的【格式】|【图形界限】命令，或者在命令行输入 LIM 命令，命令行提示如下：

命令：'_limits

重新设置模型空间界限：

指定左下角点或［开(ON)/关(OFF)］<0.0000，0.0000>：　//回车，设置左下角点为系统默认的原点位置

指定右上角点 <420.0000，297.0000>：42000，29700　　//输入"42000，29700"并回车

注意：提示中的"［开(ON)/关(OFF)］"选项的功能是控制是否打开图形界限检查。选择"ON"时，系统打开图形界限的检查功能，只能在设定的图形界限内画图，系统拒绝输入图形界限外部的点。系统默认设置为"OFF"，此时关闭图形界限的检查功能，允许输入图形界限外部的点。

AutoCAD 2024 中，命令中的选项可以直接单击选择，也可以输入括号中的选项命令回车执行（通常情况下，在 AutoCAD 中按回车键和按空格键的作用是相同的）。例如，这里单击"开（ON）"或"关（OFF）"即可打开或关闭图形界限检查，也可以输入 ON 回车或输入 OFF 回车打开或关闭图形界限检查。

命令：Z　　　　　　　　　　　　　　　//输入缩放命令快捷键 Z 并回车

ZOOM

指定窗口的角点，输入比例因子 (nX 或 nXP)，或者

［全部(A)/中心(C)/动态(D)/范围(E)/上一个(P)/比例(S)/窗口(W)/对象(O)］<实时>：a

正在重生成模型。　　　//输入 A 并回车选择【全部】选项，显示整个绘图界限的范围

2. 设置图形单位

在绘图时应先设置图形的单位，即图上一个单位所代表的实际距离，设置方法如下：

单击下拉菜单栏中的【格式】|【单位】命令，或者在命令行输入 UNITS 或 UN，弹出【图形单位】对话框，如图 1-8 所示。

（1）设置长度单位及精度。在【长度】选项区域中，可以从【类型】下拉列表框提供的 5 个选项中选择一种长度单位，还可以根据绘图的需要从【精度】下拉列表框中选择一种合适的精度。

（2）设置角度的类型、方向及精度。在【角度】选项区域中，可以在【类型】下拉列表框中选择一种合适的角度单位，并根据绘图的需要在【精度】下拉列表框中选择一种合适的精度。【顺时针】复选框用来确定角度的正方向，当该复选框没有被选中时，系统默认角度的正方向为逆时针；当该复选框被选中时，表示以顺时针方向作为角度的正方向。

单击【方向】按钮，将弹出【方向控制】对话框，如图 1-9 所示。该对话框用来设置角度的 0 度方向，默认以正东的方向为 0 度角。

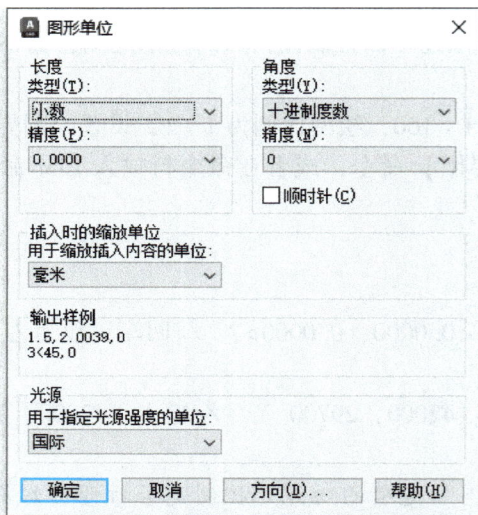

图 1-8　【图形单位】对话框　　　　图 1-9　【方向控制】对话框

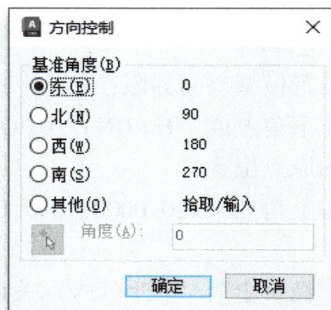

单击【确定】按钮，关闭【方向控制】对话框，再单击【图形单位】对话框的【确定】按钮关闭【图形单位】对话框。

任务 1.6　设置图层

图层是 AutoCAD 用来组织图形的重要工具之一，用来分类组织不同的图形信息。AutoCAD 的图层可以被想象为一张透明的图纸，每一图层绘制一类图形，所有的图层叠在一起，就组成了一个 AutoCAD 的完整图形。

1. 图层的特点

（1）每个图层对应一个图层名。其中系统默认设置的图层是 "0" 层，该图层不能被删除。可以通过【图层特性管理器】对话框创建或删除图层。

（2）各图层具有相同的坐标系，每一图层对应一种颜色、一种线型。

（3）当前图层只有一层，且只能在当前图层绘制图形。

（4）图层具有打开、关闭、隔离、取消隔离、冻结、解冻、锁定和解锁等特征。

2.【图层特性管理器】对话框

（1）打开【图层特性管理器】对话框的方法如下：

1）单击【图层】面板中的图层特性按钮，弹出【图层特性管理器】对话框，如图1-10所示。

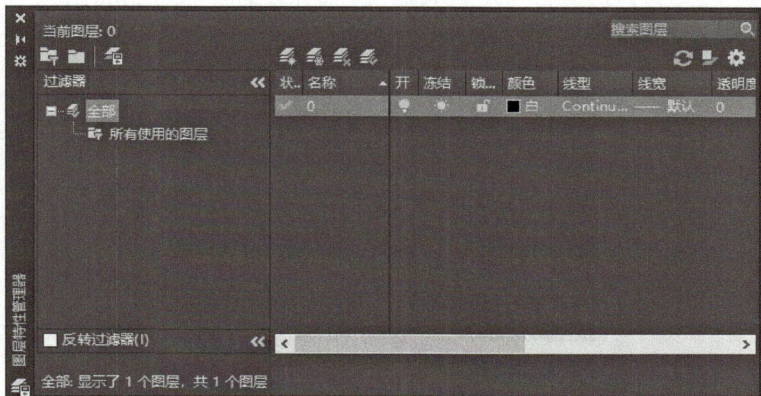

图 1-10　【图层特性管理器】对话框

2）单击下拉菜单栏中的【格式】|【图层】命令，可打开【图层特性管理器】对话框。

3）在命令行中直接输入图层命令 LAYER 或 LA 回车，也可打开【图层特性管理器】对话框。

（2）创建或删除图层：

1）新建图层按钮：单击该按钮，或按 Alt+N 组合键，可以创建新图层。图层列表将显示名为"图层 1"的图层。该名称处于选定状态，因此可以立即输入新图层名。新图层将继承图层列表中当前选定图层的特性（颜色、开或关状态等）。

2）删除图层按钮：单击该按钮，或按 Alt+D 组合键，删除选定图层。只能删除未被参照的图层。参照的图层包括图层 0 和 DEFPOINTS、包含对象（包括块定义中的对象）的图层、当前图层以及依赖外部参照的图层。

（3）【图层特性管理器】对话框中的图层列表中的图层特性按钮：

1）打开|关闭按钮：系统默认该按钮处于打开状态，此时该图层上的图形可见。单击按钮，将变成关闭状态，此时该图层上的图形不可见，且不能被打印或由绘图仪输出。但重新生成图形时，图层上的实体仍将重新生成。如果关闭当前图层，会弹出如图 1-11 所示的【图层–关闭当前图层】对话框，可以通过单击选择【关闭当前图层】或是【使当前图层保持打开状态】。

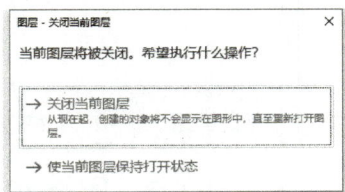

图 1-11　【图层–关闭当前图层】对话框

2）解冻|冻结按钮 ☀：该按钮也用于控制图层是否可见。单击该按钮时变为 ❄，图层被冻结，此时该层上的实体不可见且不能被输出，也不能进行重新生成、消隐和渲染等操作，可明显提高许多操作的处理速度；而解冻的图层是可见的，可进行上述操作。

3）解锁|锁定按钮 🔓：该按钮控制该图层上的实体是否可被修改。单击该按钮时变为 🔒，图层被锁定，该图层上的实体不能被删除、复制等，但仍可见，可以在该图层上绘制新的图形。

4）设置图层颜色：单击颜色图标按钮 ■白，可弹出【选择颜色】对话框，如图 1-12 所示。可以从中选择一种颜色作为图层的颜色。

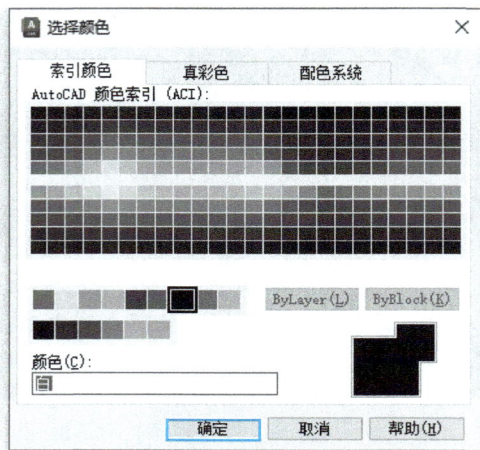

图 1-12　【选择颜色】对话框

注意：一般创建图形时，采用该图层对应的颜色，称为随层"Bylayer"颜色方式。

5）设置图层线型：单击线型图标按钮【Continuous】，弹出【选择线型】对话框，如图 1-13 所示。如需加载其他类型的线型，只需单击【加载】按钮，即可弹出【加载或重载线型】对话框，如图 1-14 所示，从中可以选择各种需要的线型。

注意：一般创建图形时，采用该图层对应的线型，称为随层"Bylayer"线型方式。

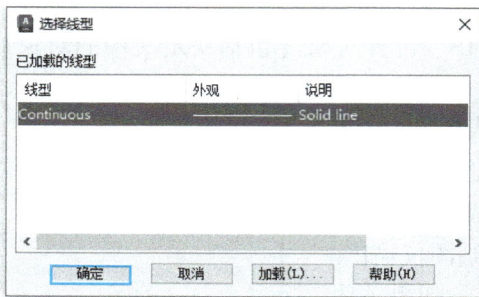

图 1-13　【选择线型】对话框

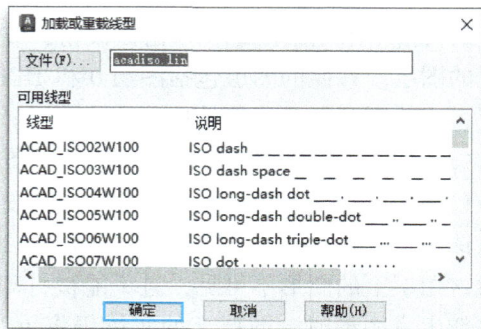

图 1-14　【加载或重载线型】对话框

6）设置图层线宽：单击线宽图标按钮，弹出【线宽】对话框，可以为该图层选择合适的线宽，如图 1-15 所示。

注意：单击下拉菜单栏中的【格式】|【线宽】命令，或输入 LW 回车，可弹出【线宽设置】对话框，如图 1-16 所示。默认线宽为 0.25mm，可以进行修改。

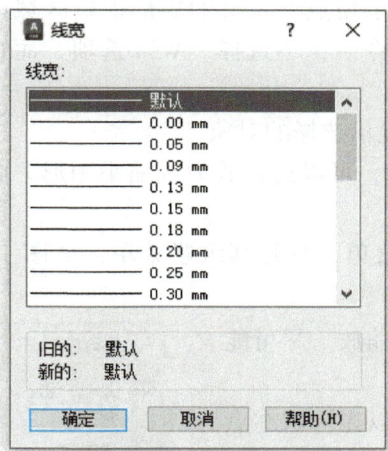

图 1-15 　【线宽】对话框　　　　　　　　图 1-16 　【线宽设置】对话框

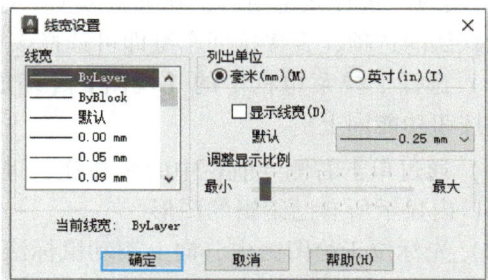

任务 1.7　视图的显示控制

在绘图时，为了能够更好地观看局部或全部图形，需要经常使用视图的缩放和平移等操作工具。

1. 视图的缩放

常用以下四种方式输入视图缩放命令。

（1）在命令行中输入 ZOOM 或 Z 并回车，命令行提示如下：

命令：ZOOM

指定窗口的角点，输入比例因子（nX 或 nXP），或者

[全部(A)/中心(C)/动态(D)/范围(E)/上一个(P)/比例(S)/窗口(W)/对象(O)] <实时>：

可以单击相应选项，或输入相应的字母后回车执行相应的操作。其中各选项的功能如下：

1）全部（A）：选择该选项后，显示窗口将在屏幕中间缩放显示整个图形界限的范围。如果当前图形的范围尺寸大于图形界限，将最大范围地显示全部图形。

2）圆心（C）：选择此项后将按照输入的显示中心坐标，来确定显示窗口在整个图形范围中的位置，而显示区范围的大小，则由指定窗口高度来确定。

3）动态（D）：该选项为动态缩放，通过构造一个视图框支持平移视图和缩放视图。

4）范围（E）：选择该选项可以将所有已编辑的图形尽可能大地显示在窗口内。

5）上一个（P）：选择该选项将返回前一视图。当编辑图形时，经常需要对某一小区域进行放大，以便精确设计，完成后返回原来的视图，不一定是全图。

6）比例（S）：该选项按比例缩放视图。比如：在"输入比例因子（nX 或 nXP）："提示下，如果输入 0.5x，表示将屏幕上的图形缩小为当前尺寸的一半；如果输入 2x，表示使图形放大为当前尺寸的二倍。

7）窗口（W）：该选项用于尽可能大地显示由两个角点所定义的矩形窗口区域内的图像。此选项为系统默认的选项，可以在输入 ZOOM 命令后，不选择"W"选项，而直接用鼠标在绘图区内指定窗口以局部放大。

8）缩小（O）：该选项可以尽可能大地在窗口内显示选择的对象。

9）实时：选择该选项后，在屏幕内上下拖动鼠标，可以连续放大或缩小图形。此选项为系统默认的选项，直接按回车键即可选择该选项。

（2）选择下拉菜单栏中的【视图】|【缩放】子菜单，打开其级联菜单，如图 1-17 所示，各按钮功能同上。

（3）通过单击右侧导航栏中的 按钮，进行范围缩放。尽可能大地在窗口内显示所有已编辑的图形。

（4）光标位于绘图区内，向上滚动鼠标滚轮，则以光标所在点为中心放大视图。如果向下滚动鼠标滚轮，则以光标所在点为中心缩小视图。

2. 视图的平移

视图的平移通常有以下三种输入命令的方式。

（1）在命令行中输入 PAN 或 P 并回车，此时，光标变成手形光标，按住鼠标左键在绘图区内上下左右移动鼠标，即可实现图形的平移。

（2）通过单击右侧导航栏中的 按钮，输入平移命令。

（3）单击下拉菜单栏中的【视图】|【平移】|【实时】命令，也可输入平移命令。

注意：各种视图的缩放和平移命令在执行过程中均可以按 ESC 键提前结束命令；可以按 ESC 键提前结束所有正在执行的命令。

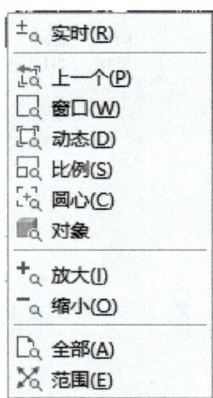

图 1-17　缩放下拉菜单栏

任务 1.8　执行命令和选择对象

1. 执行命令的方式

在 AutoCAD 2024 中，可以用回车键或空格键执行输入的命令，可以通过单击选项的方式执行命令选项。执行编辑命令通常有以下两种方式。

（1）先输入编辑命令，在"选择对象"提示下，再选择合适的对象。

（2）先选择对象，所有选择的对象以夹点状态显示，再输入编辑命令。

2. 构造选择集的操作

在选择对象过程中，选中的对象呈虚线亮显状态，选择对象的方法如下。

（1）使用拾取框选择对象。例如：要选择圆形，在圆形的边线上单击鼠标左键即可。

（2）指定矩形选择区域。在"选择对象"提示下，单击鼠标左键拾取两点作为矩形的两个对角点,如果第二个角点位于第一个角点的右边,窗口以实线显示,叫作"窗口 W"或包含窗口,此时,完全包含在窗口之内的对象被选中;如果第二个角点位于第一个角点的左边,窗口以虚线显示,叫作"窗交 C"或交叉窗口,此时完全包含于窗口之内的对象以及与窗口边界相交的所有对象均被选中。

（3）使用套索选择对象。在 AutoCAD 2024 中,可以在绘图区某点处按下鼠标左键后拖拽,以光标移动轨迹与起始点形成的闭合区域作为选择区域。与矩形选择区域相似,也有"窗口 W"（包含窗口）和"窗交 C"（交叉窗口）两种情况。

（4）F（Fence）。栏选方式,即可以画多条直线,直线之间可以与自身相交,凡与直线相交的对象均被选中。

（5）P（Previous）。前次选择集方式,可以选择上一次选择集。

（6）R（Remove）。删除方式,用于把选择集由加入方式转换为删除方式,可以删除误选到选择集中的对象。

（7）A（Add）。添加方式,把选择集由删除方式转换为加入方式。

（8）U（Undo）。放弃前一次选择操作。

任务 1.9　利用对象捕捉工具精确绘图

在绘制图形时,可以使用直角坐标和极坐标精确定位点,但是对于需要找到的如端点、交点、中心点等的坐标是未知的,要想利用坐标找到这些点是很难的。AutoCAD 2024 提供的精确定位工具,可以很容易在屏幕上捕捉到这些点,从而进行快速而精确的绘图。

对象捕捉是一种特殊点的输入方法,该操作不能单独进行,只有在执行某个命令需要指定点时才能调用。在 AutoCAD 2024 中,系统提供的对象捕捉方式见表 1-1。

表 1-1　AutoCAD 对象捕捉方式

捕捉类型	表示方式	命令方式
端点捕捉	□	END
中点捕捉	△	MID
圆心捕捉	○	CEN
节点捕捉	⊗	NOD
象限点捕捉	◇	QUA
交点捕捉	×	INT
延长线捕捉	⋯	EXT
插入点捕捉	⌐	INS
垂足捕捉	⊥	PER
切点捕捉	⊙	TAN
最近点捕捉	⋈	NEA
外观交点捕捉	⊠	APPINT
平行捕捉	∥	PAR

启用对象捕捉方式的常用方法如下：

（1）在命令行中直接输入如表 1-1 中对象捕捉命令的英文缩写。

（2）在状态栏的对象捕捉工具按钮 □ ▾ 上右键单击或单击其右侧的三角符号，打开捕捉快捷菜单选择捕捉方式，如图 1-18 所示。

（3）在绘图区中按住 Shift 键再单击鼠标右键，从弹出的快捷菜单中选择相应的捕捉方式，如图 1-19 所示。

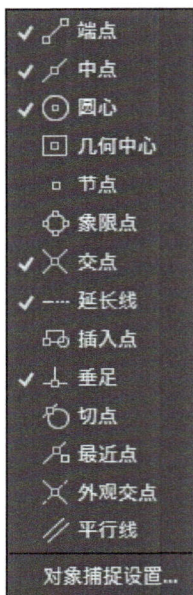

图 1-18　状态栏对象捕捉方式按钮快捷菜单　　图 1-19　对象捕捉快捷菜单

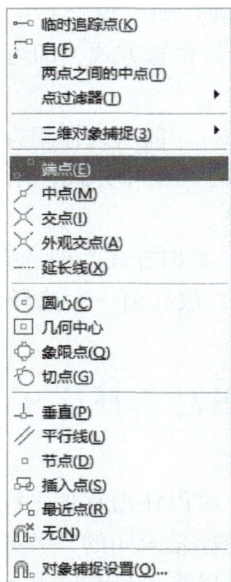

以上自动捕捉设置方式可同时设置一种以上捕捉模式，当不止一种模式启用时，Auto-CAD 会根据其对象类型来选用模式。如果在捕捉框中不止一个对象，且它们相交，则"交点"模式优先。圆心、交点、端点模式是绘图中最常用的组合，该组合可找到用户所需的大多数捕捉点。

项目 1 小结：

项目 1 简单介绍了 AutoCAD 2024 的启动和退出的方法，详细讲解了 AutoCAD 2024 界面的各个组成部分及其功能，新建、打开、存储文件和另存文件的方法，阐述了数据的几种输入方式。项目 1 还介绍了绘图的界限、单位、图层的设置方法，视图的显示控制、选择对象的方法，对象捕捉的方法。这部分内容可以使初学者很好地认识 AutoCAD 的基本功能，快速掌握其操作方法，对于快速绘图也起到一定的铺垫作用。

任务 1.10　拓展任务

1. 思考并回答下列问题

（1）如何启动和退出 AutoCAD 2024？

（2）AutoCAD 2024 的界面由哪几部分组成？

（3）如何保存 AutoCAD 文件？

（4）绘图界限有什么作用？如何设置绘图界限？

（5）常用的构造选择集操作有哪些？

2. 将左侧的命令与右侧的功能连接起来

SAVE	打开
OPEN	新建
NEW	保存
LAYER	缩放
LIMITS	图层
UNITS	绘图界限
PAN	平移
ZOOM	绘图单位

3. 选择正确答案

（1）以下 AutoCAD 2024 的退出方式中，正确的有（　　）。

A. 单击 AutoCAD 2024 界面右上角的❎按钮，退出 AutoCAD 系统

B. 单击下拉菜单栏中的【文件】|【退出】命令，退出 AutoCAD 系统

C. 按键盘上的 Alt+F4 组合键，退出 AutoCAD 系统

D. 在命令行中键入 QUIT 或 EXIT 命令后回车

（2）设置图形单位的命令是（　　）。

A. SAVE　　　　　　　B. LIMITS　　　　　　C. UNITS　　　　　　D. LAYER

（3）在 ZOOM 命令中，E 选项的含义是（　　）。

A. 拖动鼠标连续放大或缩小图形

B. 尽可能大地在窗口内显示已编辑图形

C. 通过两点指定一个矩形窗口放大图形

D. 返回前一次视图

（4）处于（　　）中的图形对象不能被删除。

A. 锁定的图层　　　　　　　　　　　　B. 冻结的图层

C. 0 图层　　　　　　　　　　　　　　D. 当前图层

（5）坐标值@150，120 属于（　　）表示方法。

A. 绝对直角坐标　　　　　　　　　　　B. 相对直角坐标

C. 绝对极坐标　　　　　　　　　　　　D. 相对极坐标

项目2

绘制家具和卫生器具

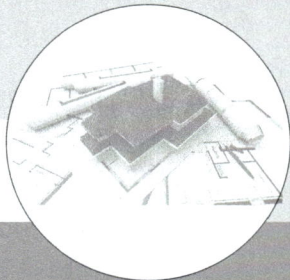

家具和卫生器具是生活中必不可少的用具。本项目绘制一些家具和卫生器具，并通过实例初步学习用 AutoCAD 绘制和编辑二维图形的一些方法。

任务 2.1　绘制沙发平面图

绘制如图 2-1 所示的沙发平面图，同时学习矩形命令、直线命令、复制命令和圆角命令的使用方法。

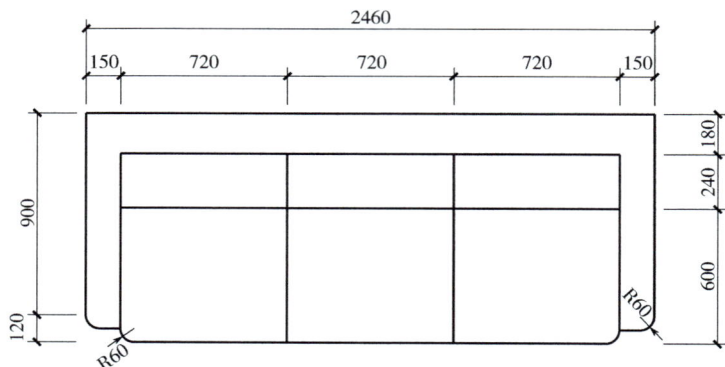

图 2-1　沙发平面图

1. 新建文件

双击 Windows 桌面上的 AutoCAD 2024 中文版图标，打开 AutoCAD 2024。新建一个图形文件。

2. 设置绘图界限

单击下拉菜单栏中的【格式】|【图形界限】命令，或输入 LIM 回车，根据命令行提示指定左下角点为原点（0，0），右上角点为"3000，3000"。

注意：这里以绝对直角坐标"3000，3000"，确定了图形界限的右上角位置。其中的逗号为半角符号，在输入坐标时，必须关闭中文输入法，保持英文半角输入方式。如果为中文输入方式，需要按一下键盘上的左 Shift 键关闭中文输入法，否则命令不能执行并提示错误信息。

在命令行中输入 ZOOM 命令，回车后选择"全部（A）"选项单击或输入 A 回车，显示全部图形界限。

3. 绘制沙发坐垫

（1）单击【绘图】面板中的矩形命令按钮▣，或在命令行输入 REC 回车，命令行提示如下：

命令：_rectang

指定第一个角点或[倒角（C）/标高（E）/圆角（F）/厚度（T）/宽度（W）]：   //在绘图区适当位置单击鼠标左键

指定另一个角点或[面积（A）/尺寸（D）/旋转（R）]：d   //单击"尺寸"选项

指定矩形的长度 <10.0000>：720   //输入 720 并回车，设置矩形长度为 720

指定矩形的宽度 <10.0000>：240   //输入 240 并回车，设置矩形宽度为 240

指定另一个角点或[面积（A）/尺寸（D）/旋转（R）]：   //在合适位置单击确定矩形方向

命令：正在重新生成模型。

绘制结果如图 2-2 所示。

注意：输入命令选项时（如这里的 D），输入的字母必须是英文半角符号，输入前必须关闭中文输入法，保持英文半角输入方式。如果为中文输入方式，需要按一下键盘上的左 Shift 键关闭中文输入法。

（2）单击【绘图】面板中的直线命令按钮▰，或在命令行输入 L 回车，命令行提示如下：

命令：_line

指定第一个点：   //捕捉端点 A（图 2-2）单击

指定下一点或[放弃（U）]：600   //沿竖直向下极轴方向输入 600 并回车确定 C 点

指定下一点或[放弃（U）]：720   //沿水平向右极轴方向输入 720 并回车确定 D 点

指定下一点或[闭合（C）/放弃（U）]：   //捕捉端点 B（图 2-2）单击

指定下一点或[闭合（C）/放弃（U）]：   //回车或按空格键，结束命令

结果如图 2-3 所示。

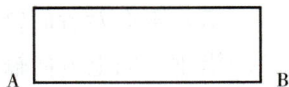

图 2-2   绘制矩形   图 2-3   绘制直线

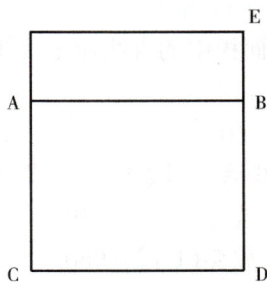

注意：默认情况下，AutoCAD 2024 状态栏中的对象捕捉工具按钮▪处于打开状态，默认开启端点、中点、圆心、交点、延长线、垂足捕捉方式。如果捕捉方式未打开，可以在直线命令执行过程中单击打开，不影响直线命令的执行，这种不中断其他命令执行的命令称为透明命令。

默认情况下，AutoCAD 2024 状态栏中的极轴追踪工具按钮 处于打开状态，默认在 90 度（也可以设置其他角度）的整数倍的角度方向上可进行极轴追踪。上述执行直线命令时才可以完成沿竖直或水平方向上绘制直线。

正交限制工具按钮 如果打开，能限制光标只能沿水平或竖直方向移动。极轴追踪命令和正交命令都是透明命令。

（3）单击【修改】面板中的复制命令按钮 ，或在命令行输入 CO 回车，命令行提示如下：

命令：_copy

选择对象：指定对角点：找到 5 个，总计 5 个　　　//在端点 C（图 2-3）外左下位置单击，在端点 E（图 2-3）外右上位置单击，构造包含窗口，选择前述图形

选择对象：　　　　　　　　　　　　　　　//空格或回车结束选择对象

当前设置：　复制模式 = 多个

指定基点或[位移(D)/模式(O)]<位移>：　　　　//捕捉端点 C（图 2-3）单击作为基点

指定第二个点或[阵列(A)]<使用第一个点作为位移>：　　//捕捉端点 D（图 2-3）单击

指定第二个点或[阵列(A)/退出(E)/放弃(U)]<退出>：　　//捕捉端点 F（图 2-4）单击

指定第二个点或[阵列(A)/退出(E)/放弃(U)]<退出>：　　//空格或回车结束命令。

绘制结果如图 2-4 所示。

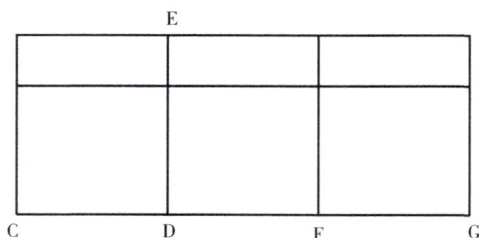

图 2-4　复制坐垫

4. 绘制沙发扶手和靠背

单击【绘图】面板中的直线命令按钮 ，或在命令行输入 L 回车，命令行提示如下：

命令：_line

指定第一个点：60　　　　　　//光标捕捉到端点 C（图 2-4）后向上移动光标，出现竖直向上的追踪线后（图 2-5）输入距离 60 回车确定直线起点 H

指定下一点或[放弃(U)]：150　　　　　//沿水平向左方向输入 150 并回车

指定下一点或[放弃(U)]：960　　　　　//沿垂直向上方向输入 960 并回车

指定下一点或[闭合(C)/放弃(U)]：2460　　//沿水平向右方向输入 2460 并回车

指定下一点或[闭合(C)/放弃(U)]：960　　//沿垂直向下方向输入 960 并回车

指定下一点或[闭合(C)/放弃(U)]：　　　//捕捉到垂足 I

指定下一点或[闭合(C)/放弃(U)]：　　　//回车结束直线命令

绘制结果如图 2-6 所示。

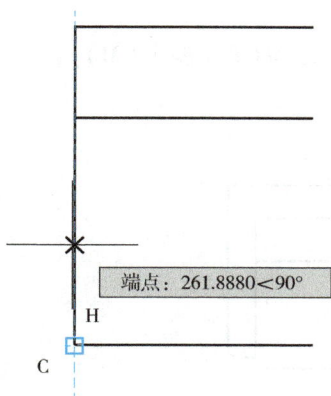

图 2-5　绘制沙发扶手和靠背 1　　　　图 2-6　绘制沙发扶手和靠背 2

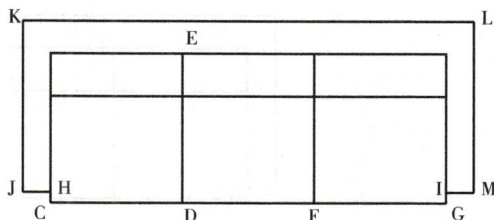

5. 绘制几个圆角

单击【修改】面板中的圆角命令按钮 圆角，或在命令行输入 F 回车，命令行提示如下：

命令：_fillet

当前设置：模式 = 修剪，半径 = 0.0000

选择第一个对象或[放弃(U)/多段线(P)/半径(R)/修剪(T)/多个(M)]：r　　//单击"半径(R)"选项，或输入 R 并回车选择"半径"选项

指定圆角半径 <0.0000>：60　　　　//输入 60 并回车，设置圆角半径为 60

选择第一个对象或[放弃(U)/多段线(P)/半径(R)/修剪(T)/多个(M)]：m　//单击"多个(M)"选项

选择第一个对象或[放弃(U)/多段线(P)/半径(R)/修剪(T)/多个(M)]：　　//选择线段 JK（图 2-6）

选择第二个对象，或按住 Shift 键选择对象以应用角点或[半径(R)]：　　//选择线段 JH（图 2-6）

选择第一个对象或[放弃(U)/多段线(P)/半径(R)/修剪(T)/多个(M)]：　　//选择线段 CH（图 2-6）

选择第二个对象，或按住 Shift 键选择对象以应用角点或[半径(R)]：　　//选择线段 CD（图 2-6）

选择第一个对象或[放弃(U)/多段线(P)/半径(R)/修剪(T)/多个(M)]：　　//选择线段 FG（图 2-6）

选择第二个对象，或按住 Shift 键选择对象以应用角点或[半径(R)]：　　//选择线段 GI（图 2-6）

选择第一个对象或[放弃(U)/多段线(P)/半径(R)/修剪(T)/多个(M)]：　　//选择线段 IM（图 2-6）

选择第二个对象，或按住 Shift 键选择对象以应用角点或[半径(R)]：　　//选择线段 ML

（图 2-6）

选择第一个对象或［放弃（U）/多段线（P）/半径（R）/修剪（T）/多个（M）］：　　　//回车结束命令

绘制结果如图 2-7 所示。

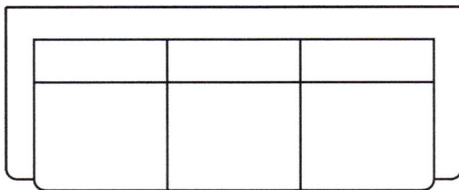

图 2-7　绘制圆角后完成的沙发平面图

任务 2.2　绘制双人床平面图

绘制如图 2-8 所示的双人床平面图，同时学习直线命令、矩形命令、圆命令、移动命令、复制命令的使用方法。

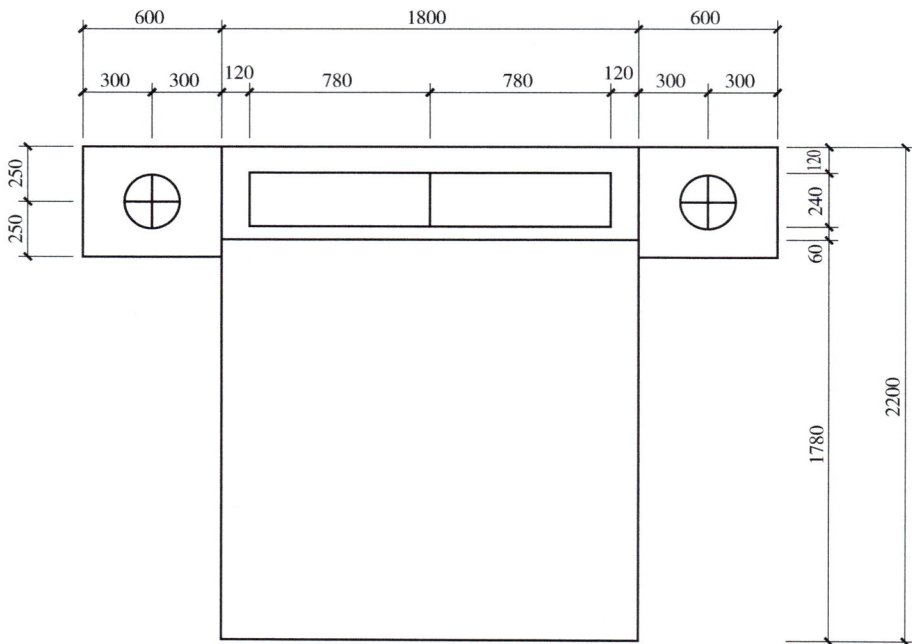

图 2-8　双人床平面图

1. 新建文件

双击 Windows 桌面上的 AutoCAD 2024 中文版图标，打开 AutoCAD 2024，新建一个图形文件。

2. 设置绘图界限并显示全部绘图范围

（1）单击下拉菜单栏中的【格式】|【图形界限】命令，或在命令行输入 LIM 回车，命令行提示如下：

命令：'_limits

重新设置模型空间界限：

指定左下角点或 [开 (ON) /关 (OFF)] <0.0000, 0.0000>：　　　　//回车，指定左下角点为原点

指定右上角点 <420.0000, 297.0000>：3500, 3500　　　//输入右上角点的坐标（3500, 3500）并回车

（2）在命令行中输入 Z 并回车，命令行提示如下：

命令：Z

ZOOM

指定窗口的角点，输入比例因子（nX 或 nXP），或者

[全部 (A) /中心 (C) /动态 (D) /范围 (E) /上一个 (P) /比例 (S) /窗口 (W) /对象 (O)] <实时>：A

正在重新生成模型。　　　　　　　//输入 A 并回车，或单击"全部"选项，显示整个绘图范围

3. 绘制双人床

（1）绘制床外轮廓。单击【绘图】面板中的矩形命令按钮▤，或在命令行输入 REC 回车，命令行提示如下：

命令：_rectang

指定第一个角点或 [倒角 (C) /标高 (E) /圆角 (F) /厚度 (T) /宽度 (W)]：　　//在绘图区之内适当位置单击指定第一个角点的位置

指定另一个角点或 [面积 (A) /尺寸 (D) /旋转 (R)]：@1800, 2200　　　　//输入相对直角坐标@1800, 2200 并回车，指定另一个角点

绘制结果如图 2-9 所示。

注意：在这里，相对直角坐标@1800, 2200 的含义是，相对前一步指定的第一个角点的坐标，假设以该角点为坐标原点建立一个横轴水平、竖轴竖直的直角坐标系，下一个点在这个坐标系中的坐标是（1800, 2200），即下一点位置在第一个角点的右侧 1800，上方 2200。输入相对坐标时，必须保持英文半角输入方式，必须关闭中文输入法（可通过按一下键盘上的左 Shift 键打开或关闭中文输入法）。

（2）绘制床头。

1）单击【绘图】面板中的直线命令按钮▰，或在命令行输入 L 回车，命令行提示如下：

命令：_line

指定第一个点：420　　　　　　　　//将光标移至 A 点（图 2-9），出现端点捕捉提示，向下移动光标出现向下的对象捕捉追踪线，如图 2-10 所示，输入距离 420 并回车，指

定直线的第一个点

指定下一点或［放弃（U）］：　　　　　　//沿水平向右极轴方向移动光标，至矩形右端
轮廓线出现垂足捕捉提示，如图 2-11 所示，单击左键指定直线的下一点

指定下一点或［放弃（U）］：　　　　　　//回车结束命令

绘制结果如图 2-12 所示。

图 2-9　床轮廓线

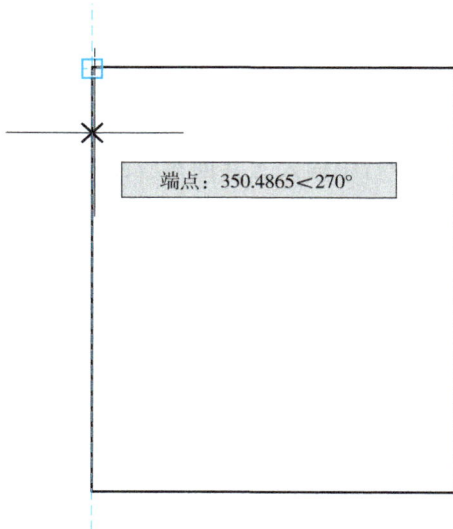

图 2-10　沿 A 点向下追踪

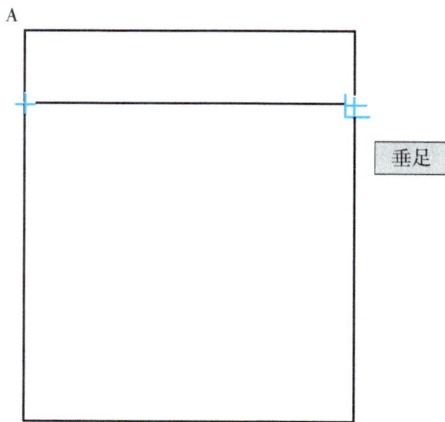

端点：350.4865＜270°

图 2-11　垂足捕捉提示

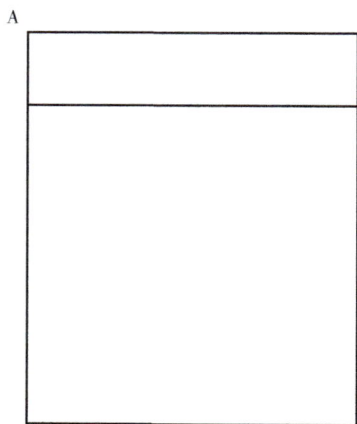

垂足

图 2-12　床头分隔线绘制结果

2）单击【绘图】面板中的矩形命令按钮▢，或在命令行输入 REC 回车，命令行提示
如下：

命令：_rectang

指定第一个角点或［倒角（C）/标高（E）/圆角（F）/厚度（T）/宽度（W）］：_from 基点：
＜偏移＞：@ 120，-120　　　　　　//按住 Shift 键并单击鼠标右键，弹出对象捕捉快捷菜单

选择"自"选项，如图2-13所示，捕捉A点（图2-12）作为基点，输入相对坐标@120，-120并回车，指定矩形的左上角点位置

指定另一个角点或［面积（A）/尺寸（D）/旋转（R）］：@1560，-240　　　//输入@1560，-240回车，以相对坐标@1560，-240确定矩形的右下角点位置

绘制结果如图2-14所示。

3）单击【绘图】面板中的直线命令按钮▨，或在命令行输入L回车，命令行提示如下：

命令：_line

指定第一个点：　　　　　　　　　　　//捕捉图2-14中小矩形的上边线段的中点单击

指定下一点或［放弃（U）］：　　　　　//捕捉图2-14中小矩形的下边线段的中点单击

指定下一点或［放弃（U）］：　　　　　//回车结束直线命令

绘制结果如图2-15所示。

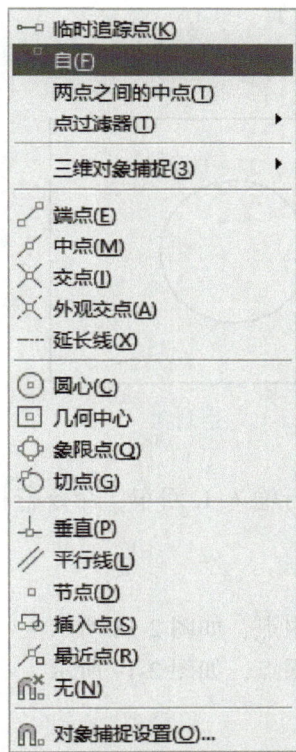

图2-13　对象捕捉快捷菜单　　　　图2-14　绘制小矩形　　　　图2-15　绘制直线

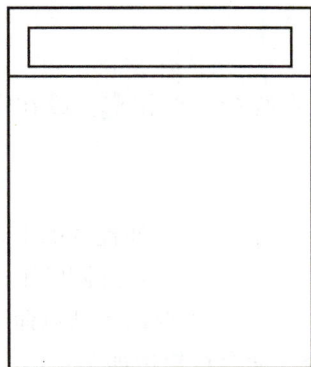

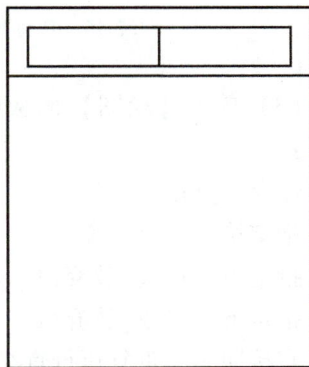

4. 绘制床头柜

（1）单击【绘图】面板中的矩形命令按钮▢，或在命令行输入REC回车，命令行提示如下：

命令：_rectang

指定第一个角点或［倒角（C）/标高（E）/圆角（F）/厚度（T）/宽度（W）］：　　　　//在绘图

区之内适当位置单击指定第一个角点

指定另一个角点或[面积(A)/尺寸(D)/旋转(R)]：d　　　//输入 D 回车或单击"尺寸"选项

指定矩形的长度 <450.0000>：600　　　　　　　//输入矩形的长度 600 并回车

指定矩形的宽度 <600.0000>：450　　　　　　　//输入矩形的宽度 450 并回车

指定另一个角点或[面积(A)/尺寸(D)/旋转(R)]：　　//单击指定矩形所在一侧的点以确定矩形的方向

（2）单击【绘图】面板中圆命令按钮 ⊘，或在命令行输入 C 回车，命令行提示如下：

命令：_circle

指定圆的圆心或[三点(3P)/两点(2P)/切点、切点、半径(T)]：　　　　　//将光标移至小矩形上边线段的中点出现中点捕捉提示，向下移动光标出现对象追踪线，再将光标移至小矩形左边线段的中点出现中点捕捉提示，向右移动光标出现对象追踪线，在两条对象追踪线的交点处单击鼠标左键，指定圆心，如图 2-16 所示

指定圆的半径或[直径(D)]：120　　　　　//输入 120 并回车

绘制结果如图 2-17 所示。

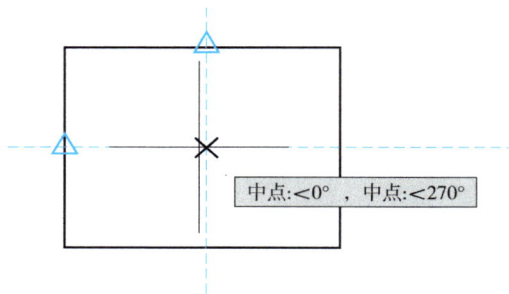

图 2-16　捕捉矩形的中心点　　　　　　　　图 2-17　绘制圆

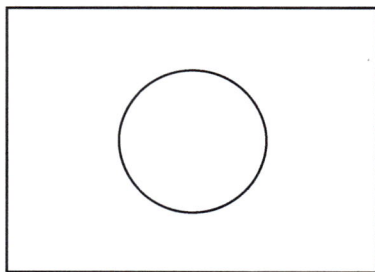

（3）单击【绘图】面板中的直线命令按钮 ▨，或在命令行输入 L 回车，命令行提示如下：

命令：_line

指定第一个点：　　　　　　　　　　　//捕捉圆的上端象限点，如图 2-18 所示

指定下一点或[放弃(U)]：　　　　　　//捕捉圆的下端象限点，如图 2-19 所示

指定下一点或[放弃(U)]：　　　　　　//回车结束命令

直接回车，重复执行直线命令，命令行提示如下：

命令：　LINE

指定第一个点：　　　　　　　　　　　//捕捉圆的左端象限点，如图 2-20 所示

指定下一点或[放弃(U)]：　　　　　　//捕捉圆的右端象限点，如图 2-21 所示

指定下一点或[放弃(U)]：　　　　　　//回车

绘制结果如图 2-22 所示。

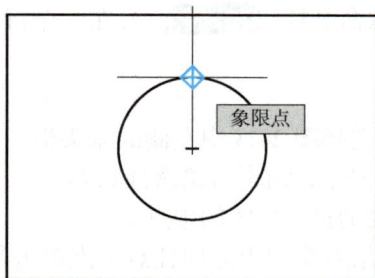

图 2-18　捕捉圆的上端象限点

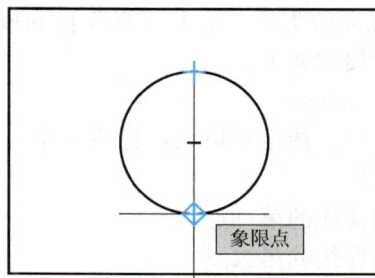

图 2-19　捕捉圆的下端象限点

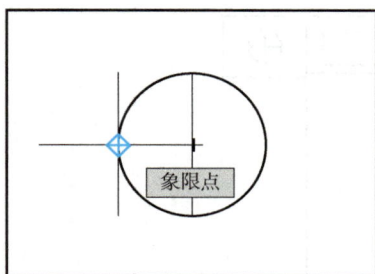

图 2-20　捕捉圆的左端象限点

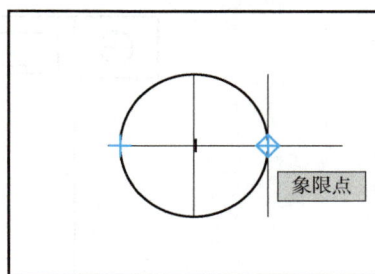

图 2-21　捕捉圆的右端象限点

注意：利用 AutoCAD 2024 绘图时，在一个命令执行结束后，按空格或回车可以重复执行刚刚执行过的命令。

5. 移动并镜像床头柜

（1）移动床头柜。单击【修改】面板中的移动命令按钮 ✛ 移动，或在命令行输入 M 回车，命令行提示如下：

命令：_move

选择对象：指定对角点：找到 4 个　　　　//选择图 2-22 中的床头柜

选择对象：　　　　　　　　　　　　　　//回车，结束对象选择状态

指定基点或［位移（D）］<位移>：　<对象捕捉 开>　　//捕捉 B 点（图 2-22）作为基点

指定第二个点或 <使用第一个点作为位移>：　　　　　　//捕捉双人床左上角点

绘制结果如图 2-23 所示。

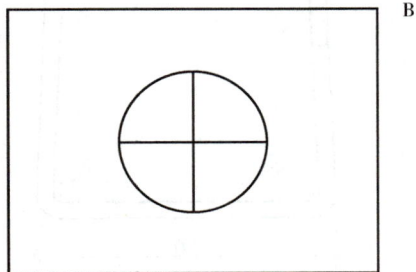

图 2-22　床头柜

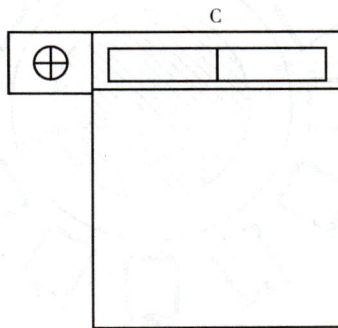

图 2-23　移动床头柜

（2）镜像床头柜。单击【修改】面板中的镜像命令按钮 ⚠ 镜像，或在命令行输入 MI 回车，命令行提示如下：

命令：_mirror

选择对象：指定对角点：找到 4 个　　　//选择图 2-23 中左侧的床头柜

选择对象：　　　　　　　　　　　　　//回车，结束对象选择状态

指定镜像线的第一点：　　　　　　　　//捕捉图 2-23 的中点 C

指定镜像线的第二点：　　　　　　　　//沿垂直向上方向任意一点单击鼠标左键

要删除源对象吗？［是（Y）/否（N）］<N>：　//回车，不删除源对象

绘制结果如图 2-24 所示。

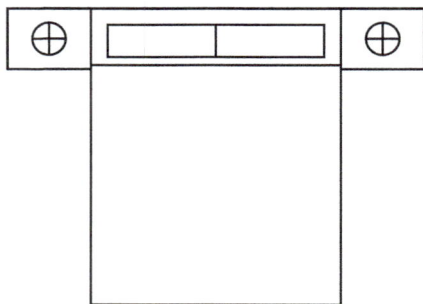

图 2-24　镜像床头柜后，绘制完成的双人床平面图

任务 2.3　绘制桌椅平面图

绘制如图 2-25 所示的桌椅平面图，其中椅子的尺寸如图 2-26 所示。学习圆命令、填充命令、圆角命令、合并命令、偏移命令、移动命令、环形阵列命令的使用方法。

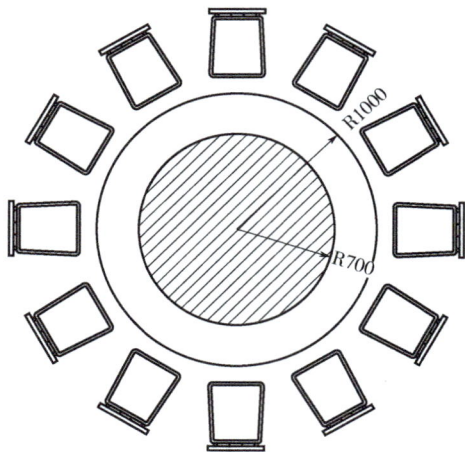

图 2-25　桌椅平面图

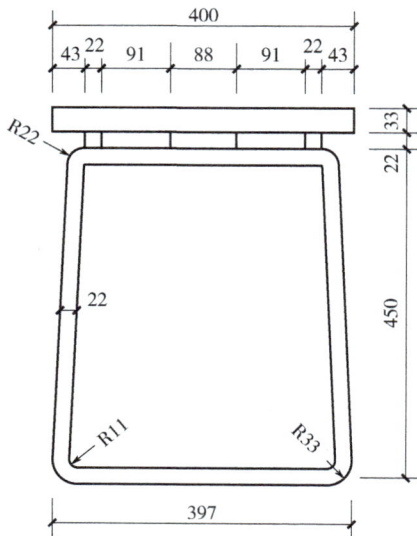

图 2-26　椅子的尺寸

1. 绘制餐桌

（1）单击【绘图】面板中的圆命令按钮 ，或在命令行输入 C 回车，命令行提示如下：

命令：_circle

指定圆的圆心或［三点（3P）/两点（2P）/切点、切点、半径（T）］：　　//在绘图区域适当的位置单击鼠标左键

指定圆的半径或［直径（D）］：1000　　//输入 1000 并回车，设置圆的半径为 1000

直接回车，重复执行圆命令，命令行提示如下：

命令：　CIRCLE

指定圆的圆心或［三点（3P）/两点（2P）/切点、切点、半径（T）］：　//捕捉大圆的圆心为圆心

指定圆的半径或［直径（D）］<1000.0000>：700　　　　　　　　　　　　//输入 700 并回车

绘制结果如图 2-27 所示。

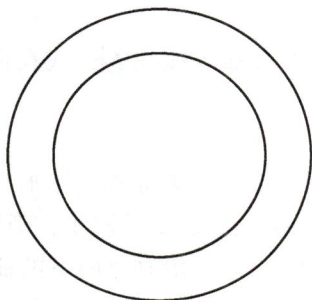

图 2-27　绘制同心圆

（2）单击【绘图】面板中的图案填充命令按钮 ，或在命令行输入 H 回车，弹出如图 2-28 所示的【图案填充创建】面板。单击【拾取点】按钮，在小圆的内部任意位置单击左键，作为填充区域；填充图案选择【图案填充创建】面板中的 ANSI31 样式；填充图案比例设置为 20，单击【关闭图案填充创建】按钮。

绘制结果如图 2-29 所示。

图 2-28　【图案填充创建】面板

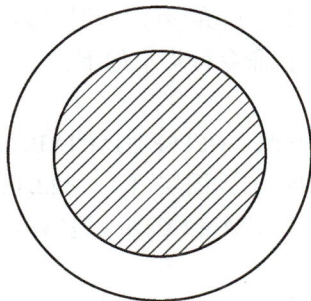

图 2-29　填充小圆

2. 绘制椅子

（1）单击【绘图】面板中的矩形命令按钮▭，或在命令行输入 REC 回车，命令行提示如下：

命令：_rectang

指定第一个角点或［倒角（C）/标高（E）/圆角（F）/厚度（T）/宽度（W）］：　　　//在绘图区域内任意一点单击左键

指定另一个角点或［面积（A）/尺寸（D）/旋转（R）］：D　　　　　//输入 D 回车或单击"尺寸"选项

指定矩形的长度 <10.0000>：400　　　　　　　　　//输入矩形的长度 400 并回车

指定矩形的宽度 <10.0000>：33　　　　　　　　　//输入矩形的宽度 33 并回车

指定另一个角点或［面积（A）/尺寸（D）/旋转（R）］：　　　//指定矩形所在一侧的点以确定矩形的方向

（2）单击【绘图】面板中的直线命令按钮◪，或在命令行输入 L 回车，命令行提示如下：

命令：_line

指定第一个点：43　　　　　　　　　　//光标移至矩形的左下角点，出现端点捕捉提示，向右移动光标，出现对象追踪线，输入长度 43 并回车，确定直线第一点

指定下一点或［放弃（U）］：22　　　//沿垂直向下极轴方向输入长度 22 并回车

指定下一点或［放弃（U）］：　　　//回车结束命令

绘制结果如图 2-30 所示。

（3）单击【修改】面板中的偏移命令按钮▣，或在命令行输入 O 回车，命令行提示如下：

命令：_offset

当前设置：删除源=否　图层=源　OFFSETGAPTYPE=0

指定偏移距离或［通过（T）/删除（E）/图层（L）］<<通过>>：22　　　//输入 22 并回车

选择要偏移的对象，或［退出（E）/放弃（U）］<退出>：　　　//选择刚刚绘制的直线 a（图 2-30）

指定要偏移的那一侧上的点，或［退出（E）/多个（M）/放弃（U）］<退出>：　　　//在直线 a 右侧单击左键，复制出直线 b

选择要偏移的对象，或［退出（E）/放弃（U）］<退出>：　　　　　//回车结束偏移命令

直接回车，重复执行偏移命令，命令行提示如下：

命令：　OFFSET

当前设置：删除源=否　图层=源　OFFSETGAPTYPE=0

指定偏移距离或［通过（T）/删除（E）/图层（L）］<22.0000>：91　　　//输入 91 并回车

选择要偏移的对象，或［退出（E）/放弃（U）］<退出>：　　　　//选择刚刚绘制的直线 b（图 2-31）

指定要偏移的那一侧上的点，或［退出（E）/多个（M）/放弃（U）］<退出>：　　//在直线 b 右侧单击左键，复制出直线 c

选择要偏移的对象，或[退出(E)/放弃(U)]<退出>：　　　　　　　//回车结束偏移命令

直接回车，重复偏移命令，命令行提示如下：

命令：　OFFSET

当前设置：删除源=否　图层=源　OFFSETGAPTYPE=0

指定偏移距离或[通过(T)/删除(E)/图层(L)]<91.0000>：88　//输入88并回车

选择要偏移的对象，或[退出(E)/放弃(U)]<退出>：　　　　　　//选择刚刚绘制的直线c（图2-31）

指定要偏移的那一侧上的点，或[退出(E)/多个(M)/放弃(U)]<退出>：　//在直线c右侧单击左键，复制出直线d

选择要偏移的对象，或[退出(E)/放弃(U)]<退出>：　　　　　　　//回车结束偏移命令

同样做法，运用偏移复制命令复制直线e和f，偏移距离分别为91和22，绘制结果如图2-31所示。

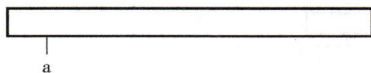

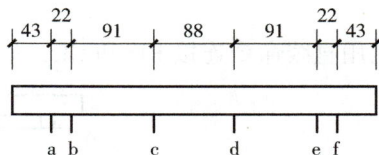

图2-30　绘制直线　　　　　图2-31　偏移复制直线

注意：利用偏移命令可以绘制平行的图形对象，可以练习偏移圆、矩形等图形，观察偏移后的绘图效果。

（4）单击【绘图】面板中的直线命令按钮█，或在命令行输入L回车，命令行提示如下：

命令：_line

指定第一个点：22　　　//从直线a的下端点向左追踪，如图2-32所示，输入22并回车

指定下一点或[放弃(U)]：358　　　//沿水平向右极轴方向输入358并回车

指定下一点或[放弃(U)]：　　　　//回车结束命令

绘制结果如图2-33所示。

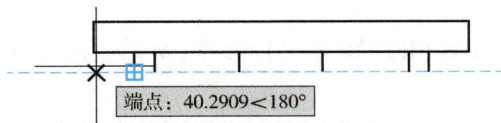

端点：40.2909<180°

图2-32　确定直线起点　　　　图2-33　绘制直线

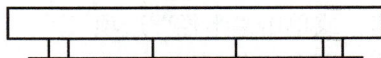

再一次输入直线命令，命令行提示如下：

命令：_line

指定第一个点：450　　　//光标移至图2-34所示直线中点，向下追踪，输入450并回车确定端点A（图2-35）

指定下一点或[放弃(U)]：200　　　//沿水平向左极轴方向输入200并回车，确定端点B

指定下一点或[放弃(U)]：   //回车结束命令

同样，运用直线命令以 A 为起点，向右绘制长度为 200 的水平直线 AC，如图 2-35 所示。

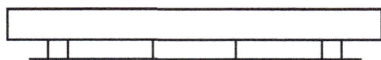

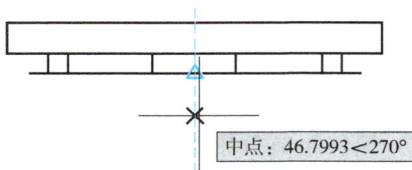

图 2-34   向下追踪

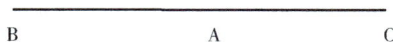

图 2-35   绘制直线 AB、AC

（5）运用直线命令连接 BD 和 CE，如图 2-36 所示。

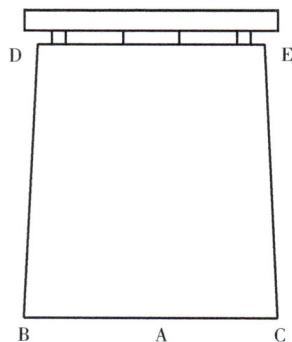

图 2-36   绘制直线 BD 和 CE

（6）单击【修改】面板中的圆角命令按钮[圆角]，或在命令行输入 F 回车，命令行提示如下：

命令：_fillet

当前设置：模式 = 修剪，半径 = 0.0000

选择第一个对象或[放弃(U)/多段线(P)/半径(R)/修剪(T)/多个(M)]：r   //输入 R 回车，或单击"半径"选项

指定圆角半径 <0.0000>：33   //输入 33 并回车，设置圆角半径为 33

选择第一个对象或[放弃(U)/多段线(P)/半径(R)/修剪(T)/多个(M)]：m   //输入 M 回车，或单击"多个"选项

选择第一个对象或[放弃(U)/多段线(P)/半径(R)/修剪(T)/多个(M)]：   //选择线段 BA

选择第二个对象，或按住 Shift 键选择对象以应用角点或[半径(R)]：   //选择线段 BD

选择第一个对象或[放弃(U)/多段线(P)/半径(R)/修剪(T)/多个(M)]：   //选择线段 CA

选择第二个对象，或按住 Shift 键选择对象以应用角点或［半径(R)］：　//选择线段 CE

选择第一个对象或［放弃(U)/多段线(P)/半径(R)/修剪(T)/多个(M)］：r　//输入 R 回车，或单击"半径"选项

指定圆角半径 <33.0000>：22　　　　　//输入 22 并回车，设置圆角半径为 22

选择第一个对象或［放弃(U)/多段线(P)/半径(R)/修剪(T)/多个(M)］：　//选择线段 DB

选择第二个对象，或按住 Shift 键选择对象以应用角点或［半径(R)］：　//选择线段 DE

选择第一个对象或［放弃(U)/多段线(P)/半径(R)/修剪(T)/多个(M)］：　//选择线段 DE

选择第二个对象，或按住 Shift 键选择对象以应用角点或［半径(R)］：　//选择线段 CE

选择第一个对象或［放弃(U)/多段线(P)/半径(R)/修剪(T)/多个(M)］：　//回车结束命令

绘制结果如图 2-37 所示。

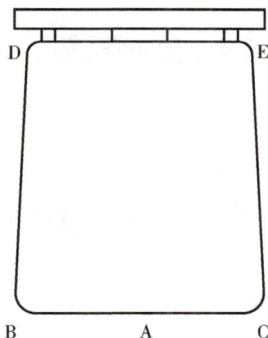

图 2-37　圆角结果

（7）单击【修改】面板中的修改命令按钮 修改▼ ，在弹出的选项板中单击合并命令按钮 ┼ ，或在命令行输入 J 回车，命令行提示如下：

命令：_join

选择源对象或要一次合并的多个对象：找到 1 个　　//选择线段 AB

选择要合并的对象：找到 1 个，总计 2 个　　//选择线段 AB 和 BD 之间的圆角

选择要合并的对象：找到 1 个，总计 3 个　　//选择线段 BD

选择要合并的对象：找到 1 个，总计 4 个　　//选择线段 BD 和 DE 之间的圆角

选择要合并的对象：找到 1 个，总计 5 个　　//选择线段 DE

选择要合并的对象：找到 1 个，总计 6 个　　//选择线段 DE 和 EC 之间的圆角

选择要合并的对象：找到 1 个，总计 7 个　　//选择线段 EC

选择要合并的对象：找到 1 个，总计 8 个　　//选择线段 EC 和 CA 之间的圆角

选择要合并的对象：找到 1 个，总计 9 个　　//选择线段 CA

选择要合并的对象：　　　　　　　　　　　　//回车

9 个对象已转换为 1 条多段线　　　　　　　　　　　//提示合并成功

注意：合并命令能合并相似对象以形成一个完整的对象。在其公共端点处合并一系列有限的线性和开放的弯曲对象，以创建单个二维或三维对象。产生的对象类型取决于选定的对象类型、首先选定的对象类型以及对象是否共面。这里已经将上述分散的 9 个对象合并为一条多段线 ABDECA。

（8）单击【修改】面板中的偏移命令按钮 ⊂，或在命令行输入 O 回车，命令行提示如下：

命令：_offset

当前设置：删除源＝否　　图层＝源　　OFFSETGAPTYPE＝0

指定偏移距离或［通过（T）/删除（E）/图层（L）］＜通过＞：22　　//输入 22 并回车

选择要偏移的对象，或［退出（E）/放弃（U）］＜退出＞：　　//选择刚刚合并的多段线

指定要偏移的那一侧上的点，或［退出（E）/多个（M）/放弃（U）］＜退出＞：　　//在多段线内部单击鼠标左键

选择要偏移的对象，或［退出（E）/放弃（U）］＜退出＞：　　　　//回车结束命令

完成单个椅子的绘制，绘制结果如图 2-38 所示。

3. 移动和复制椅子

（1）单击【修改】面板中的移动命令按钮 ✛ 移动，或在命令行输入 M 回车，命令行提示如下：

命令：_move

选择对象：指定对角点：找到 9 个　　　　　　　　//在椅子左下外侧单击鼠标左键，然后在椅子外右上侧单击鼠标左键，构造包含窗口选择椅子

选择对象：　　　　　　　　　　　　　　　//回车结束选择

指定基点或［位移（D）］＜位移＞：　　　　　　//捕捉端点 A（图 2-38）后单击鼠标左键，指定 A 点为基点

指定第二个点或 ＜使用第一个点作为位移＞：100　　//如图 2-39 所示，捕捉餐桌大圆上的象限点后向上追踪，输入距离 100 回车，完成移动并结束命令

这样就将椅子移动到了餐桌的正上方。

图 2-38　偏移结果

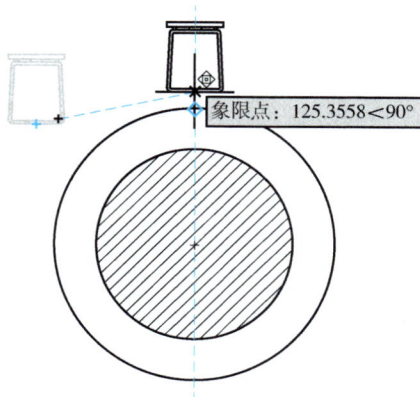

图 2-39　移动椅子

（2）单击【修改】面板中的矩形阵列命令按钮□□ 阵列 ▾ 右侧的下三角号，选择环形阵列 ⚬⚬⚬ 阵列，或在命令行输入 ARRAYP 回车，命令行提示如下：

命令：_arraypolar

选择对象：指定对角点：找到 9 个　　　　　//选择椅子

选择对象：　　　　　　　　　　　　//回车结束选择

类型 = 极轴　关联 = 是

指定阵列的中心点或［基点（B）/旋转轴（A）］：　　　//捕捉图 2-39 中圆的圆心

选择夹点以编辑阵列或［关联（AS）/基点（B）/项目（I）/项目间角度（A）/填充角度（F）/行（ROW）/层（L）/旋转项目（ROT）/退出（X）］<退出>：i　　//单击"项目（I）"选项

输入阵列中的项目数或［表达式（E）］<6>：12　　//输入 12 并回车，设置项目数为 12

选择夹点以编辑阵列或［关联（AS）/基点（B）/项目（I）/项目间角度（A）/填充角度（F）/行（ROW）/层（L）/旋转项目（ROT）/退出（X）］<退出>：　　//回车结束命令

绘制结果如图 2-40 所示。

注意：也可以通过输入 AR 命令回车后，选择对象，再选择"极轴（PO）"选项，执行环形阵列操作。

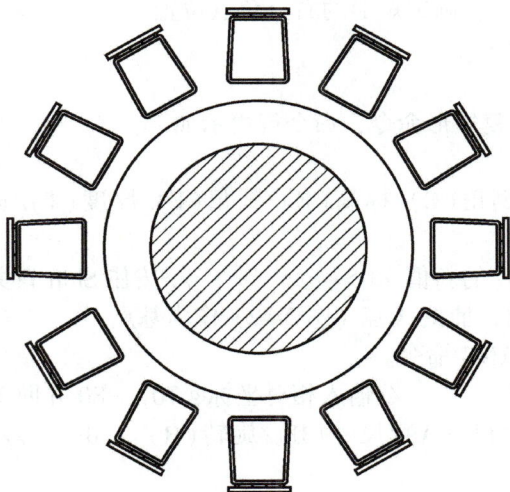

图 2-40　阵列椅子

任务 2.4　绘制浴缸平面图

绘制如图 2-41 所示的浴缸平面图，同时学习直线命令、圆命令、圆角命令、偏移命令的使用方法。

1. 新建文件

双击 Windows 桌面上的 AutoCAD 2024 中文版图标，打开 AutoCAD 2024，新建一个图形文件。

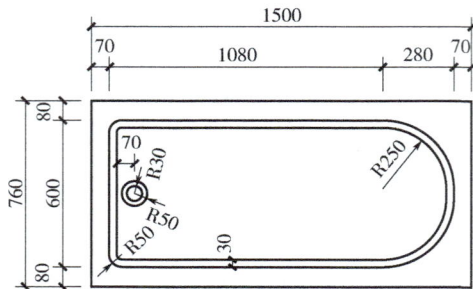

图 2-41　浴缸平面图

2. 绘制浴缸轮廓线

单击【绘图】面板中的矩形命令按钮，或在命令行输入 REC 回车，命令行提示如下：

命令：_rectang

指定第一个角点或[倒角（C）/标高（E）/圆角（F）/厚度（T）/宽度（W）]：　　　//在绘图区合适位置单击鼠标左键，指定矩形的第一个角点

指定另一个角点或[面积（A）/尺寸（D）/旋转（R）]：@1500，760　　　　//输入相对坐标@1500，760 并回车，确定矩形的右上角点位置

绘制结果如图 2-42 所示。

3. 绘制内部的小矩形

按空格键或回车键重复矩形命令，命令行提示如下：

命令：_rectang

指定第一个角点或[倒角（C）/标高（E）/圆角（F）/厚度（T）/宽度（W）]：_from 基点：<偏移>：

>>输入 ORTHOMODE 的新值 <0>：　　　　　//按住 Shift 键并单击右键，弹出对象捕捉快捷菜单选择"自"选项，捕捉 A 点（图 2-42）作为基点

正在恢复执行 RECTANG 命令。

<偏移>：@70，-80　　　//输入相对坐标@70，-80 并回车，确定 B 点（图 2-43）

指定另一个角点或[面积（A）/尺寸（D）/旋转（R）]：d　　//输入 D 并回车，或单击"尺寸"选项

指定矩形的长度 <1360.0000>：　　　　//输入矩形的长度 1360 并回车

指定矩形的宽度 <600.0000>：　　　　//输入矩形的宽度 600 并回车

指定另一个角点或[面积（A）/尺寸（D）/旋转（R）]：　　　　//在合适的位置单击左键确定矩形的方向

绘制结果如图 2-43 所示。

图 2-42　绘制浴缸轮廓线

图 2-43　绘制小矩形

注意：绘制这两个矩形，在确定第二个角点时使用了两种命令方式，第一种是用相对直角坐标的方式，第二种是用了【尺寸（D）】选项，输入矩形长和宽的方式。

4. 绘制内部小矩形的圆角

单击【修改】面板中的圆角按钮 圆角，或在命令行输入 F 回车，命令行提示如下：

命令：_fillet

当前设置：模式 = 修剪，半径 = 0.0000

选择第一个对象或［放弃（U）/多段线（P）/半径（R）/修剪（T）/多个（M）］：r 　　//输入 R 回车，或单击"半径"选项

指定圆角半径 <50.0000>：280 　　　　　　//输入 280 并回车，设置圆角半径为 280

选择第一个对象或［放弃（U）/多段线（P）/半径（R）/修剪（T）/多个（M）］：m 　　//输入 M 回车，或单击"多个"选项

选择第一个对象或［放弃（U）/多段线（P）/半径（R）/修剪（T）/多个（M）］： 　　//选择线段 BC（图 2-43）

选择第二个对象，或按住 Shift 键选择对象以应用角点或［半径（R）］： 　　//选择线段 CD（图 2-43）

选择第一个对象或［放弃（U）/多段线（P）/半径（R）/修剪（T）/多个（M）］： 　　//选择线段 CD（图 2-43）

选择第二个对象，或按住 Shift 键选择对象以应用角点或［半径（R）］： 　　//选择线段 DE（图 2-43）

选择第一个对象或［放弃（U）/多段线（P）/半径（R）/修剪（T）/多个（M）］：r 　　//输入 R 回车，或单击"半径"选项

指定圆角半径 <280.0000>：50 　　　　　　//输入 50 并回车，设置圆角半径为 50

选择第一个对象或［放弃（U）/多段线（P）/半径（R）/修剪（T）/多个（M）］： 　　//选择线段 BC（图 2-43）

选择第二个对象，或按住 Shift 键选择对象以应用角点或［半径（R）］： 　　//选择线段 BE（图 2-43）

选择第一个对象或［放弃（U）/多段线（P）/半径（R）/修剪（T）/多个（M）］： 　　//选择线段 BE（图 2-43）

选择第二个对象，或按住 Shift 键选择对象以应用角点或［半径（R）］： 　　//选择线段 ED（图 2-43）

选择第一个对象或［放弃（U）/多段线（P）/半径（R）/修剪（T）/多个（M）］： 　　//回车结束圆角命令

绘制结果如图 2-44 所示。

5. 偏移圆角后的小矩形

单击【修改】面板中的偏移命令按钮 ，或在命令行输入 O 回车，命令行提示如下：

命令：_offset

当前设置：删除源=否　图层=源　OFFSETGAPTYPE=0

指定偏移距离或［通过（T）/删除（E）/图层（L）］<通过>：30 　　　　//输入 30 并回车，设置偏移距离为 30

选择要偏移的对象，或[退出(E)/放弃(U)]<退出>：　　　　　//选择圆角后的小矩形（图2-44）

指定要偏移的那一侧上的点，或[退出(E)/多个(M)/放弃(U)]<退出>：　　//在小矩形内部单击鼠标左键

选择要偏移的对象，或[退出(E)/放弃(U)]<退出>：　　　　　//按回车键或空格键结束命令

绘制结果如图2-45所示。

图 2-44　圆角小矩形　　　　　图 2-45　偏移小矩形

6. 绘制排水孔

单击【绘图】面板中圆命令按钮⊙，或在命令行输入 C 回车，命令行提示如下：

命令：_circle

指定圆的圆心或[三点(3P)/两点(2P)/切点、切点、半径(T)]：70　　//捕捉图2-46所示中点，向右移动光标，沿水平向右追踪方向输入70并回车，确定圆心位置

指定圆的半径或[直径(D)]<30.0000>：50　　　　　　//输入50并回车

命令：　　　　　　　　//回车，重复执行圆命令

CIRCLE

指定圆的圆心或[三点(3P)/两点(2P)/切点、切点、半径(T)]：　　//捕捉前面所绘制圆的圆心

指定圆的半径或[直径(D)]<50.0000>：30　　　　　　//输入30并回车

绘制结果如图2-47所示。

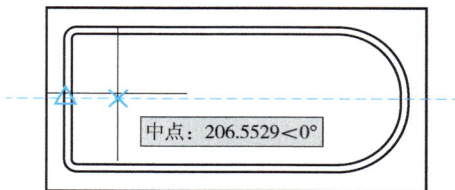

图 2-46　确定圆心　　　　　　图 2-47　绘制圆

任务 2.5　绘制洗手盆平面图

绘制如图2-48左侧所示的洗手盆平面图。其中水龙头的尺寸如图2-48右图所示。学习矩形、圆、圆角、镜像、旋转、修剪等命令的使用方法。

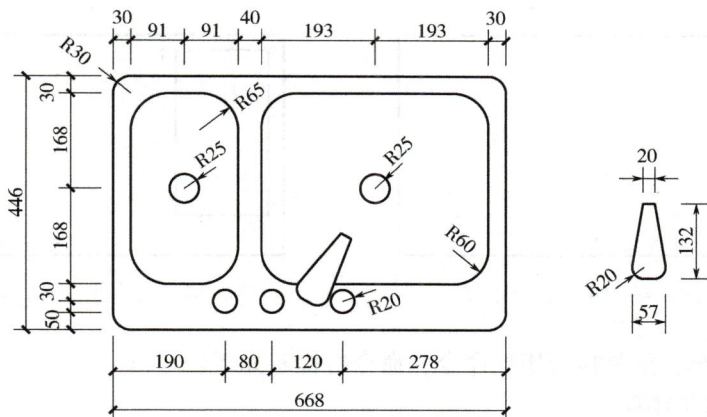

图 2-48 洗手盆平面图及水龙头的尺寸

1. 新建文件

双击 Windows 桌面上的 AutoCAD 2024 中文版图标，打开 AutoCAD 2024，新建一个图形文件。

2. 绘制洗手盆轮廓线

（1）单击【绘图】面板中的矩形命令按钮▱，或在命令行输入 REC 回车，命令行提示如下：

命令：_rectang

指定第一个角点或［倒角（C）/标高（E）/圆角（F）/厚度（T）/宽度（W）］：   //在绘图区适当的位置单击鼠标左键，指定第一个角点

指定另一个角点或［面积（A）/尺寸（D）/旋转（R）］：d   //输入 D 回车或单击"尺寸"选项

指定矩形的长度 <10.0000>：668   //输入矩形的长度 668 并回车

指定矩形的宽度 <10.0000>：446   //输入矩形的宽度 446 并回车

指定另一个角点或［面积（A）/尺寸（D）/旋转（R）］：   //在右下方单击左键

绘制结果如图 2-49 所示。

（2）回车重复执行矩形命令，命令行提示如下：

命令：   RECTANG

指定第一个角点或［倒角（C）/标高（E）/圆角（F）/厚度（T）/宽度（W）］：_from 基点：<偏移>：@30，-30   //按住 Shift 键并单击鼠标右键，弹出对象捕捉快捷菜单选择"自"选项，如图 2-13 所示，捕捉 A 点（图 2-49）作为基点，输入相对坐标@30，-30 并回车

指定另一个角点或［面积（A）/尺寸（D）/旋转（R）］：d   //输入 D 回车或单击"尺寸"选项

指定矩形的长度 <668.0000>：182   //输入矩形的长度 182 并回车

指定矩形的宽度 <446.0000>：336   //输入矩形的宽度 336 并回车

指定另一个角点或［面积（A）/尺寸（D）/旋转（R）］：   //在右下方单击鼠标左键

绘制结果如图 2-50 所示。

图 2-49　洗手盆外轮廓

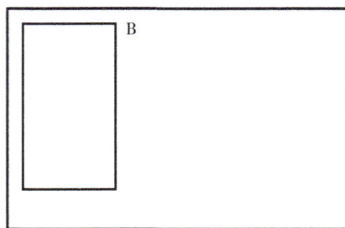

图 2-50　洗手盆左侧小矩形

（3）直接回车，重复执行矩形命令，命令行提示如下：

命令：　RECTANG

指定第一个角点或［倒角（C）/标高（E）/圆角（F）/厚度（T）/宽度（W）］：40　　//将光标移至 B 点（图 2-50），出现端点捕捉提示，向右移动光标出现对象追踪线，输入 40 并回车

指定另一个角点或［面积（A）/尺寸（D）/旋转（R）］：d　　//输入 D 回车或单击"尺寸"选项

指定矩形的长度 <182.0000>：386　　　　　　　　　　//输入矩形的长度 386 并回车

指定矩形的宽度 <336.0000>：336　　　　　　　　　　//输入矩形的宽度 336 并回车

指定另一个角点或［面积（A）/尺寸（D）/旋转（R）］：　　　//在右下方单击鼠标左键

结果如图 2-51 所示。

3. 绘制下水孔

（1）单击【绘图】面板中圆命令按钮，或在命令行输入 C 回车，命令行提示如下：

命令：_circle

指定圆的圆心或［三点（3P）/两点（2P）/切点、切点、半径（T）］：　　//捕捉内部左侧小矩形的中心点，如图 2-52 所示

指定圆的半径或［直径（D）］：25　　　　　　　　　　　　//输入 25 并回车

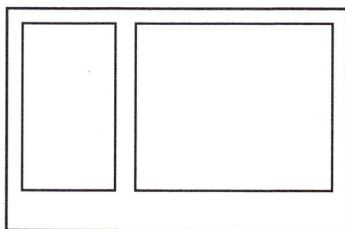

图 2-51　绘制右侧小矩形

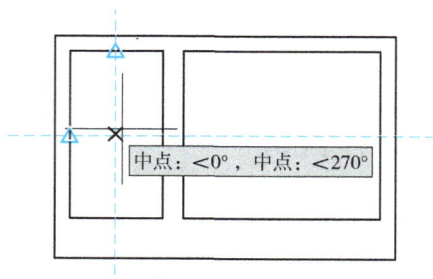

中点：<0°，中点：<270°

图 2-52　捕捉左侧小矩形中心点

（2）直接回车，重复执行圆命令，命令行提示如下：

命令：　CIRCLE

指定圆的圆心或［三点（3P）/两点（2P）/切点、切点、半径（T）］：　　//捕捉内部右侧小矩形的中心点，如图 2-53 所示

指定圆的半径或［直径（D）］<25.0000>：25　　　　　　　　//输入 25 并回车

绘制结果如图 2-54 所示。

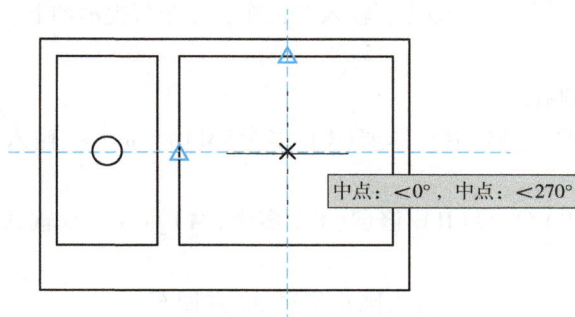

图 2-53　捕捉右侧小矩形中心点

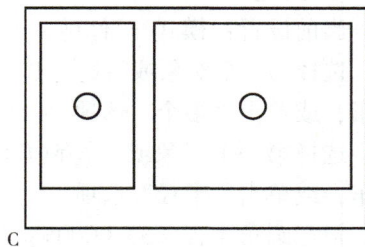

图 2-54 · 绘制下水孔

（3）单击【绘图】面板中圆命令按钮 ，或在命令行输入 C 回车，命令行提示如下：

命令：_circle

指定圆的圆心或［三点（3P）/两点（2P）/切点、切点、半径（T）］：_from 基点：<偏移>：@190，50　　　　　　　　　　　//按住 Shift 键并单击右键，弹出对象捕捉快捷菜单选择“自”选项，如图 2-13 所示，捕捉 C 点（图 2-54）作为基点，输入相对坐标@190，50 并回车

指定圆的半径或［直径（D）］<25.0000>：20　　//输入 20 并回车

（4）单击【修改】面板中的复制命令按钮 ，或在命令行输入 CO 回车，命令行提示如下：

命令：_copy

选择对象：找到 1 个　　　　　　　　　　//选择刚刚绘制的小圆

选择对象：　　　　　　　　　　　　　　//回车

当前设置：　复制模式 = 多个

指定基点或［位移（D）/模式（O）］<位移>：　　//稍远离图形的任意位置单击作为基点

指定第二个点或［阵列（A）］<使用第一个点作为位移>：80　　//沿水平向右极轴方向输入 80 并回车

指定第二个点或［阵列（A）/退出（E）/放弃（U）］<退出>：200　　//沿水平向右极轴方向输入 200 并回车

指定第二个点或［阵列（A）/退出（E）/放弃（U）］<退出>：　　　//回车结束命令

绘图结果如图 2-55 所示。

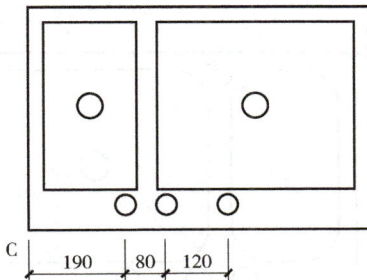

图 2-55　绘制小圆

4. 绘制矩形的圆角

单击【修改】面板中的圆角命令按钮 圆角，或在命令行输入 F 回车，命令行提示如下：

命令：_fillet

当前设置：模式 = 修剪，半径 = 33.0000

选择第一个对象或[放弃(U)/多段线(P)/半径(R)/修剪(T)/多个(M)]：m   //输入 M 回车，或单击"多个"选项

选择第一个对象或[放弃(U)/多段线(P)/半径(R)/修剪(T)/多个(M)]：r   //输入 R 回车，或单击"半径"选项

指定圆角半径 <33.0000>：30   //输入圆角半径 30 并回车

选择第一个对象或[放弃(U)/多段线(P)/半径(R)/修剪(T)/多个(M)]：p   //输入 P 回车，或单击"多段线"选项

选择二维多段线或[半径(R)]：   //选择图 2-55 中外部大矩形

4 条直线已被圆角

选择第一个对象或[放弃(U)/多段线(P)/半径(R)/修剪(T)/多个(M)]：r   //输入 R 回车，或单击"半径"选项

指定圆角半径 <30.0000>：65   //输入圆角半径 65 并回车

选择第一个对象或[放弃(U)/多段线(P)/半径(R)/修剪(T)/多个(M)]：p   //输入 P 回车，或单击"多段线"选项

选择二维多段线或[半径(R)]：   //选择图 2-55 中内部左侧小矩形

4 条直线已被圆角

选择第一个对象或[放弃(U)/多段线(P)/半径(R)/修剪(T)/多个(M)]：r   //输入 R 回车，或单击"半径"选项

指定圆角半径 <65.0000>：60   //输入圆角半径 60 并回车

选择第一个对象或[放弃(U)/多段线(P)/半径(R)/修剪(T)/多个(M)]：p   //输入 P 并回车，或单击"多段线"选项

选择二维多段线或[半径(R)]：   //选择图 2-55 中内部右侧小矩形

4 条直线已被圆角

选择第一个对象或[放弃(U)/多段线(P)/半径(R)/修剪(T)/多个(M)]：   //回车结束圆角命令

绘制结果如图 2-56 所示。

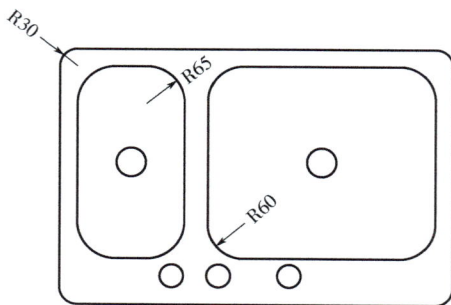

图 2-56　绘制矩形的圆角

5. 绘制水龙头

（1）单击【绘图】面板中的直线命令按钮�_，或在命令行输入 L 回车，命令行提示如下：

命令：_line

指定第一个点：　　　　　　　　　//在绘图区适当位置单击左键确定 D 点（图 2-57）

指定下一点或［放弃（U）］：64　　//沿水平向右极轴方向输入 64 并回车确定 E 点（图 2-57）

指定下一点或［放弃（U）］：　　　//回车，结束命令

命令：_line　　　　　　　　　　//直接回车，重复执行直线命令

指定第一个点：132　　　　　　　//沿图 2-58 所示直线 DE 的中点向上追踪，输入 132 并回车，确定 F 点（图 2-57）

指定下一点或［放弃（U）］：10　　//沿水平向左方向输入 10 并回车，确定 G 点

指定下一点或［放弃（U）］：　　　//捕捉 D 点

指定下一点或［闭合（C）/放弃（U）］：　//回车，结束命令

绘制结果如图 2-57 所示。

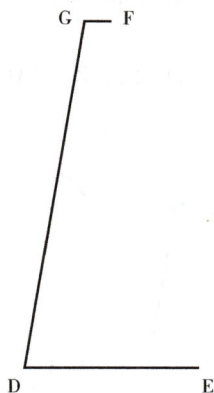

图 2-57　绘制直线　　　　　　　　图 2-58　确定 F 点

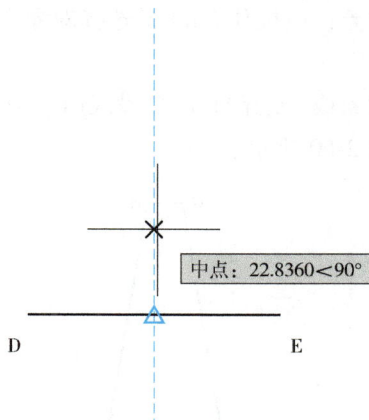

（2）单击【修改】面板中的镜像命令按钮△ 镜像，或在命令行输入 MI 回车，命令行提示如下：

命令：_mirror

选择对象：找到 1 个　　　　　　　//选择直线 GF

选择对象：找到 1 个，总计 2 个　　//选择直线 GD

选择对象：　　　　　　　　　　　//回车，结束选择对象

指定镜像线的第一点：　　　　　　//捕捉 F 点

指定镜像线的第二点：　　　　　　//捕捉直线 DE 的中点

要删除源对象吗？［是（Y）/否（N）］<N>：　//回车，不删除源对象

绘制结果如图 2-59 所示。

（3）单击【修改】面板中的圆角命令按钮 圆角，或在命令行输入 F 回车，命令行提示如下：

命令：_fillet

当前设置：模式 = 修剪，半径 = 0.0000

选择第一个对象或［放弃（U）/多段线（P）/半径（R）/修剪（T）/多个（M）］：r   //输入 R 并回车或单击"半径"选项

指定圆角半径 <0.0000>：20   //输入 20 并回车

选择第一个对象或［放弃（U）/多段线（P）/半径（R）/修剪（T）/多个（M）］：m   //输入 M 回车，或单击"多个"选项

选择第一个对象或［放弃（U）/多段线（P）/半径（R）/修剪（T）/多个（M）］：   //选择直线 GD（图 2-59）

选择第二个对象，或按住 Shift 键选择对象以应用角点或［半径（R）］：   //选择直线 DE（图 2-59）

选择第一个对象或［放弃（U）/多段线（P）/半径（R）/修剪（T）/多个（M）］：   //选择直线 DE（图 2-59）

选择第二个对象，或按住 Shift 键选择对象以应用角点或［半径（R）］：   //选择直线 EH（图 2-59）

选择第一个对象或［放弃（U）/多段线（P）/半径（R）/修剪（T）/多个（M）］：   //回车

绘制结果如图 2-60 所示。

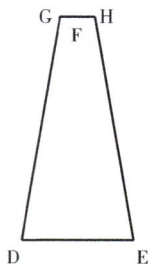

图 2-59   镜像直线   图 2-60   圆角直线

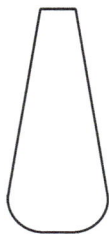

（4）移动水龙头。单击【修改】面板中的移动命令按钮 移动，或在命令行输入 M 回车，命令行提示如下：

命令：_move

选择对象：指定对角点：找到 7 个   //选择前面绘制的水龙头

选择对象：   //回车结束选择对象

指定基点或［位移（D）］<位移>：   //捕捉并单击水龙头下边直线的中点为基点，如图 2-61 所示

指定第二个点或 <使用第一个点作为位移>：60   //如图 2-61 所示，光标移动到中间小圆上，捕捉到圆心后向右移动出现追踪线后，输入距离 60 并回车。

绘制结果如图 2-62 所示。

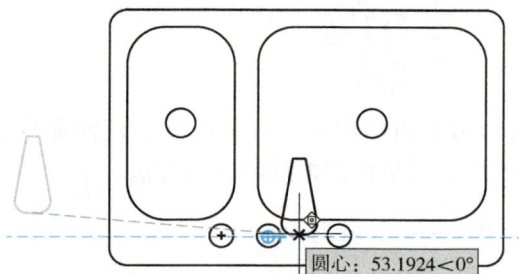

图 2-61 移动水龙头

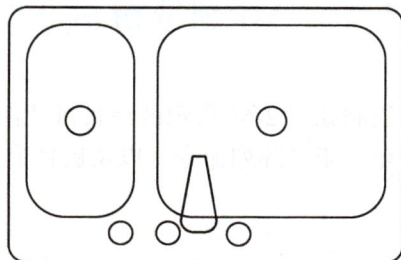

图 2-62 水龙头移动后位置

（5）单击【修改】面板中的旋转命令按钮 🔄 旋转，命令行提示如下：

命令：_rotate

UCS 当前的正角方向：　　ANGDIR＝逆时针　　ANGBASE＝0

选择对象：指定对角点：找到 7 个　　//选择图 2-62 中的水龙头

选择对象：　　　　　　　　　　　//回车结束选择

指定基点：　　　　　　　　　　　//捕捉水龙头下边直线的中点

指定旋转角度，或［复制（C）/参照（R）］<0>：-30　　//输入-30 并回车

结果如图 2-63 所示。

（6）单击【修改】面板中的修剪命令按钮 ✂ 修剪，命令行提示如下：

命令：_trim

当前设置：投影＝UCS，边＝无，模式＝快速

选择要修剪的对象，或按住 Shift 键选择要延伸的对象或

［剪切边（T）/窗交（C）/模式（O）/投影（P）/删除（R）］：　　　　　　　　//单击右侧矩形

IJ（图 2-63）之间的部分

选择要修剪的对象，或按住 Shift 键选择要延伸的对象或

［剪切边（T）/窗交（C）/模式（O）/投影（P）/删除（R）/放弃（U）］：　　//回车结束修剪

命令

绘制结果如图 2-64 所示。

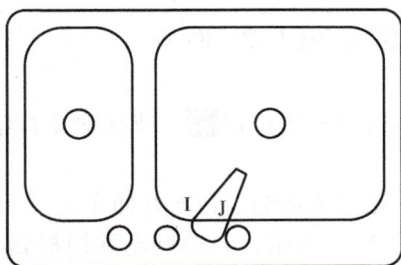

图 2-63 旋转水龙头

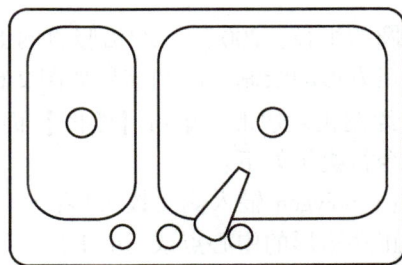

图 2-64 修剪后的图形

任务 2.6　绘制地板拼花图案

绘制如图 2-65 所示的地板拼花图案，同时学习多边形命令、分解命令、延伸命令、填充命令、矩形阵列命令，以及极轴追踪、对象捕捉、对象捕捉追踪的使用方法。

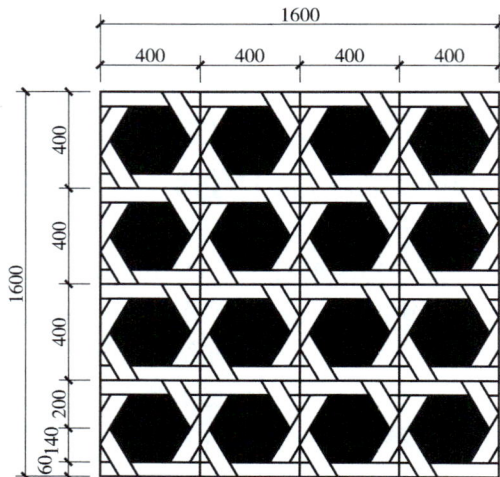

图 2-65　地板拼花图案

1. 新建文件

双击 Windows 桌面上的 AutoCAD 2024 中文版图标，打开 AutoCAD 2024，新建一个图形文件。

2. 绘制基本图形

（1）绘制正方形。单击【绘图】面板中的矩形命令按钮 ▭▾ 右侧的小三角，在弹出的下拉列表中单击多边形命令按钮 ⬠，或在命令行输入 POL 回车，命令行提示如下：

命令：_polygon 输入侧面数 <5>：4　　//输入正多边形的边数 4 并回车

指定正多边形的中心点或[边(E)]：　　//在绘图区适当的位置单击指定正方形的中心

输入选项[内接于圆(I)/外切于圆(C)] <I>：c　　//输入 C 并回车，或单击"外切于圆"选项

指定圆的半径：200　　//沿竖直向上的方向追踪，输入 200 回车

完成正方形的绘制，绘制结果如图 2-66 所示。

（2）绘制正六边形。单击【绘图】面板中的多边形命令按钮 ⬠，或在命令行输入 POL 回车，命令行提示如下：

命令：_polygon 输入侧面数 <4>：6　　//输入正多边形的边数 6 并回车

指定正多边形的中心点或[边(E)]：　　//如图 2-67 所示，光标移动并捕捉到 AB 的中点，向上移动光标，再移动并捕捉到 BC 的中点，向左移动光标，追踪捕捉到正方形的中心，单击鼠标左键，指定正六边形的中心点

输入选项[内接于圆(I)/外切于圆(C)] <C>：　　//空格键默认"外切于圆"选项（多

边形命令记忆了上次执行命令时的"外切于圆"选项)

指定圆的半径：140   //沿竖直向上的方向移动光标，输入140回车

绘制结果如图2-68所示。

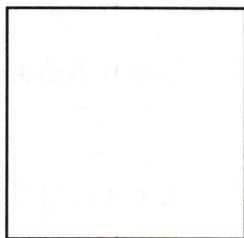

图 2-66　绘制正方形

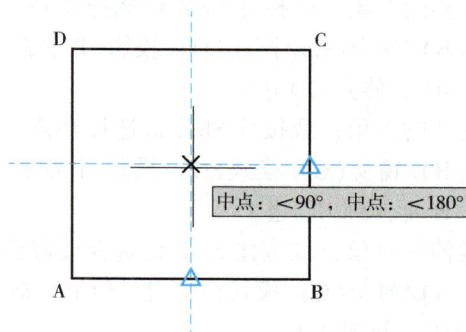

图 2-67　捕捉正方形的中心点

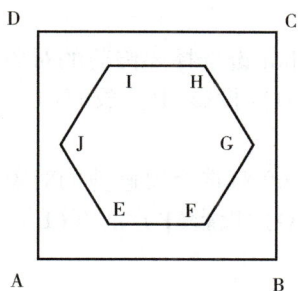

图 2-68　绘制正六边形

（3）分解正六边形。单击【修改】面板中的分解命令按钮，命令行提示如下：

命令：_explode

选择对象：找到1个   //选择前面绘制的正六边形

选择对象：   //回车结束命令

注意：分解命令可以将复合对象分解为其部件对象。在这里，原来的正六边形是一个对象，分解后变为6条线段。

（4）延伸六边形的边到正方形的边上。单击【修改】面板中的修剪命令按钮 修剪 右侧的小三角，在弹出的下拉列表中单击延伸命令按钮 延伸，命令行提示如下：

命令：_extend

选择要延伸的对象，或按住Shift键选择要修剪的对象或

［边界边（B）/窗交（C）/模式（O）/投影（P）］：   //在E点附近单击选择FE（图2-68）将FE延伸到AD边上

选择要延伸的对象，或按住Shift键选择要修剪的对象或

［边界边（B）/窗交（C）/模式（O）/投影（P）/放弃（U）］：   //在F点附近单击选择EF（图2-68）将EF延伸到BC边上

选择要延伸的对象，或按住 Shift 键选择要修剪的对象或
[边界边（B）/窗交（C）/模式（O）/投影（P）/放弃（U）]：　　//在 G 点附近单击选择 FG
（图 2-68）将 FG 延伸到 BC 边上
　　　选择要延伸的对象，或按住 Shift 键选择要修剪的对象或
[边界边（B）/窗交（C）/模式（O）/投影（P）/放弃（U）]：　　//在 H 点附近单击选择 GH
（图 2-68）将 GH 延伸到 CD 边上
　　　选择要延伸的对象，或按住 Shift 键选择要修剪的对象或
[边界边（B）/窗交（C）/模式（O）/投影（P）/放弃（U）]：　　//在 H 点附近单击选择 IH
（图 2-68）将 IH 延伸到 BC 边上
　　　选择要延伸的对象，或按住 Shift 键选择要修剪的对象或
[边界边（B）/窗交（C）/模式（O）/投影（P）/放弃（U）]：　　//在 I 点附近单击选择 HI
（图 2-68）将 HI 延伸到 AD 边上
　　　选择要延伸的对象，或按住 Shift 键选择要修剪的对象或
[边界边（B）/窗交（C）/模式（O）/投影（P）/放弃（U）]：　　//在 J 点附近单击选择 IJ
（图 2-68）将 IJ 延伸到 AD 边上
　　　选择要延伸的对象，或按住 Shift 键选择要修剪的对象或
[边界边（B）/窗交（C）/模式（O）/投影（P）/放弃（U）]：　　//在 E 点附近单击选择 JE
（图 2-68）将 JE 延伸到 AB 边上
　　　选择要延伸的对象，或按住 Shift 键选择要修剪的对象或
[边界边（B）/窗交（C）/模式（O）/投影（P）/放弃（U）]：　　//回车键结束延伸命令
绘制结果如图 2-69 所示。

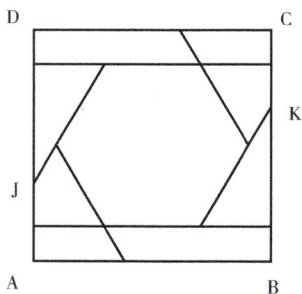

图 2-69　延伸正六边形的边到正方形的边上

（5）极轴追踪设置。右键单击状态栏中的极轴追踪按钮 ⟳ ，选择"正在追踪设置…"
命令，弹出【草图设置】对话框，如图 2-70 所示。单击"极轴角设置"中的"增量角"下
拉列表框，将增量角设置为 30 度；选择"对象捕捉追踪设置"选项区域的"用所有极轴角
设置追踪"选项；选择"启用极轴追踪"复选框，单击"确定"按钮关闭【草图设置】对
话框。

（6）绘制其他直线。单击【绘图】面板中的直线命令命令按钮 ◢ ，命令行提示如下：
命令：_line
指定第一个点：　　　　　　　　　　　　//捕捉 J 点（图 2-69）单击

　　指定下一点或［放弃（U）］：　　　　//捕捉300度极轴和AB（图2-69）交点L（图2-71）单击

　　指定下一点或［闭合（C）/放弃（U）］：//回车，结束命令

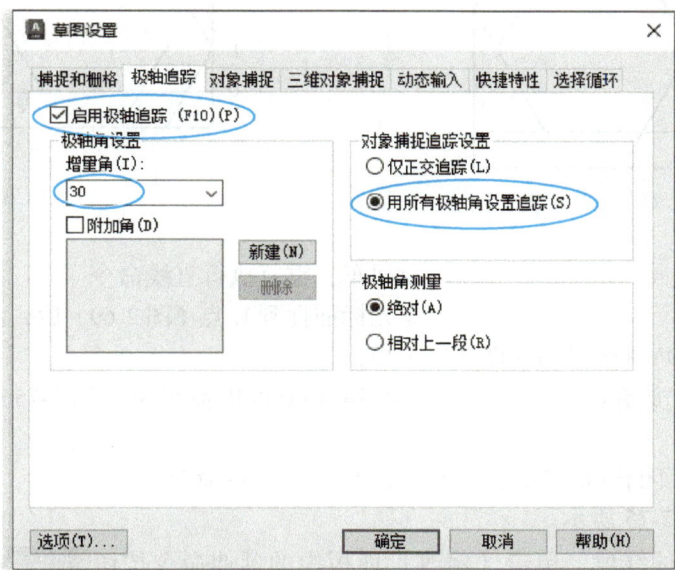

图 2-70　【草图设置】对话框

命令：LINE　　　　　　　　　　//回车，重复执行直线命令

　　指定第一个点：　　　　　　　　//捕捉K点（图2-69）单击

　　指定下一点或［放弃（U）］：　//捕捉120度极轴和CD（图2-69）交点M（图2-72）单击

　　指定下一点或［闭合（C）/放弃（U）］：//回车，结束命令

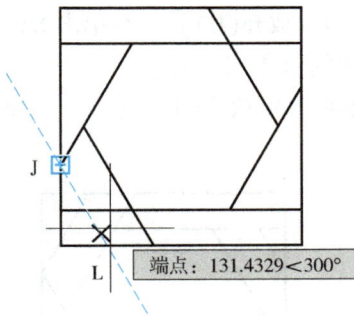

图 2-71　极轴追踪捕捉交点L　　　　　　图 2-72　极轴追踪捕捉交点M

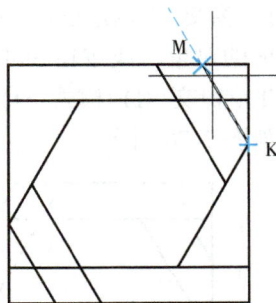

命令：LINE　　　　　　　　　　//回车，重复执行直线命令

　　指定第一个点：　　　　　　　　//光标捕捉到J点（图2-69）后，沿水平向右方向追踪到与BC（图2-69）的交点N（图2-73）单击

　　指定下一点或［放弃（U）］：　//捕捉240度极轴和OP（图2-74）交点Q（图2-74）单击

　　指定下一点或［闭合（C）/放弃（U）］：　//回车，结束命令

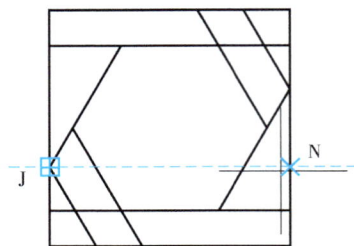

图 2-73　追踪捕捉交点 N

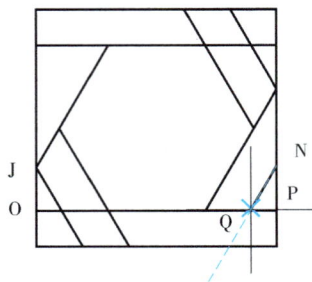

图 2-74　极轴追踪捕捉交点 Q

命令：LINE　　　　　　　　　　//回车，重复执行直线命令

指定第一个点：　　　　　　　　//光标捕捉到 K 点（图 2-69）后，沿水平向左方向追踪到与 AD（图 2-69）的交点 T（图 2-75）单击

指定下一点或［放弃（U）］：　　　　//捕捉 60 度极轴和 RS（图 2-75）交点 U（图 2-75）单击

指定下一点或［闭合（C）/放弃（U）］：//回车，结束命令

绘制结果如图 2-75 所示。

（7）修剪多余的线段。单击【修改】面板中的延伸命令按钮 →| 延伸 ▾ 右侧的小三角，在弹出的下拉列表中单击修剪命令按钮 ✂修剪，命令行提示如下：

命令：_trim

当前设置：投影 = UCS，边 = 无，模式 = 快速

选择要修剪的对象，或按住 Shift 键选择要延伸的对象或

［剪切边（T）/窗交（C）/模式（O）/投影（P）/删除（R）］：　　　　//单击 VW（图 2-75）段

选择要修剪的对象，或按住 Shift 键选择要延伸的对象或

［剪切边（T）/窗交（C）/模式（O）/投影（P）/删除（R）/放弃（U）］：//单击 XY 段（图 2-75）

选择要修剪的对象，或按住 Shift 键选择要延伸的对象或

［剪切边（T）/窗交（C）/模式（O）/投影（P）/删除（R）/放弃（U）］：　　//回车结束修剪

绘制结果如图 2-76 所示。

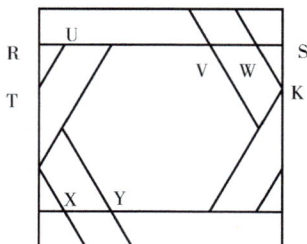

图 2-75　绘制多条直线

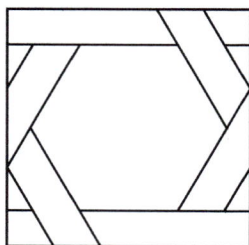

图 2-76　修剪多余线段后的图形

（8）图案填充。单击【绘图】面板中的图案填充命令按钮 ▨，或在命令行输入 H 回车，弹出如图 2-77 所示的【图案填充创建】面板。填充图案选择【图案】面板中的 SOLID 样式；单击【拾取点】按钮，在正六边形的内部单击鼠标左键，作为填充区域；单击【关

闭图案填充创建】按钮。绘制结果如图 2-78 所示。

图 2-77　【图案填充创建】面板

图 2-78　填充"SOLID"图案

3. 阵列出地板拼花图案

单击【修改】面板中的矩形阵列命令按钮 ，命令行提示如下：

命令：_arrayrect

选择对象：指定对角点：找到 14 个　　　　//利用包含窗口选择前面绘制的基本图形

选择对象：　　　　　　　//回车结束选择

类型 = 矩形　关联 = 否

选择夹点以编辑阵列或［关联（AS）/基点（B）/计数（COU）/间距（S）/列数（COL）/行数（R）/层数（L）/退出（X）］<退出>：s　　　　//输入 S 回车或单击"间距"选项

　　指定列之间的距离或［单位单元（U）］<600>：400　　　　//输入 400 回车指定列间距

　　指定行之间的距离 <600>：400　　　　//输入 400 回车指定行间距

　　选择夹点以编辑阵列或［关联（AS）/基点（B）/计数（COU）/间距（S）/列数（COL）/行数（R）/层数（L）/退出（X）］<退出>：cou　　　　//输入 COU 或单击"计数"选项

　　输入列数或［表达式（E）］<4>：4　　　　//输入列数 4 回车

　　输入行数或［表达式（E）］<3>：4　　　　//输入行数 4 回车

　　选择夹点以编辑阵列或［关联（AS）/基点（B）/计数（COU）/间距（S）/列数（COL）/行数（R）/层数（L）/退出（X）］<退出>：　　　　//回车结束矩形阵列命令

注意：在执行矩形阵列命令时，会弹出如图 2-79 所示的【阵列创建】面板，也可以利用此面板，设置阵列参数，然后单击【关闭阵列】按钮结束阵列命令，完成阵列。

图 2-79　【阵列创建】面板

绘制结果如图 2-80 所示。

图 2-80　阵列后的最终结果

任务 2.7　拓展任务

1. 思考并回答下列问题

（1）正交命令与极轴命令的区别是什么？

（2）对象追踪命令与对象捕捉命令有什么紧密联系？

（3）对象捕捉模式有多少种？各是什么？

（4）如何设置极轴增量角？

2. 将左侧的功能键与右侧的功能连接起来

F2　　　　　　　　　　　　　　　　　　　　对象捕捉开关

F3　　　　　　　　　　　　　　　　　　　　正交模式开关

F8　　　　　　　　　　　　　　　　　　　　对象捕捉追踪开关

F10　　　　　　　　　　　　　　　　　　　 极轴开关

F11　　　　　　　　　　　　　　　　　　　 文本窗口开关

ESC　　　　　　　　　　　　　　　　　　　 重复上一次命令

ENTER（在"命令:"提示下）　　　　　　　　 退出命令

3. 选择正确答案

（1）在（　　）情况下，可以直接输入距离值。

A. 打开对象捕捉　　B. 打开对象追踪　　C. 打开极轴　　　　　D. 以上同时打开

（2）单击键盘上的 F10 键可以打开或关闭（　　）功能。

A. 正交　　　　　　B. 极轴　　　　　　C. 对象捕捉　　　　　D. 对象追踪

（3）正交功能和极轴功能（　　）同时使用。

A. 可以　　　　　　B. 不可以

（4）当光标只能在水平和垂直方向移动时，是在执行（　　）命令。

A. 正交　　　　　　B. 极轴　　　　　　C. 对象捕捉　　　　　D. 对象追踪

4. 绘制下列各家具或卫生器具平面图

（1）茶几平面图，如图 2-81 所示。

（2）浴房平面图，如图 2-82 所示。

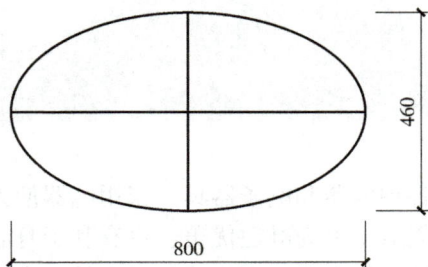

图 2-81   茶几平面图

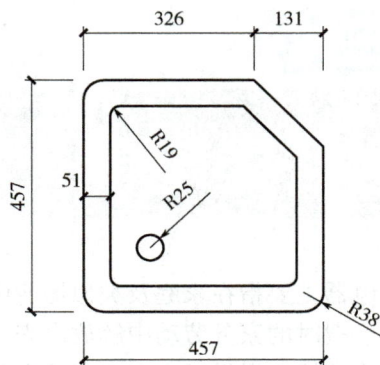

图 2-82   浴房平面图

项目3

绘制各类电器

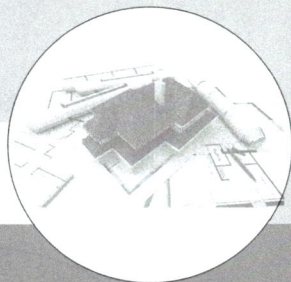

家用电器主要指在家庭及类似场所中使用的各种电器和电子器具。家用电器使人们从繁重、琐碎、费时的家务劳动中解放出来，为人类创造了更为舒适优美、更有利于身心健康的生活和工作环境，提供了丰富多彩的文化娱乐条件，是现代家庭生活的必需品。本项目通过绘制各种电器，进一步学习二维图形的绘制与编辑方法。

任务 3.1　绘制浴霸平面图

绘制如图 3-1 所示的浴霸平面图，进一步学习矩形命令、圆命令、修剪命令、镜像和偏移命令的使用方法。

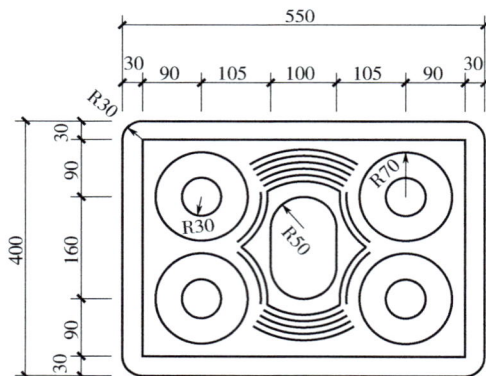

图 3-1　浴霸平面图

1. 新建文件

双击 Windows 桌面上的 AutoCAD 2024 中文版图标，打开 AutoCAD 2024，新建一个图形文件。

2. 运用矩形命令绘制浴霸的轮廓

（1）单击【绘图】面板中的矩形命令按钮▢，或在命令行输入 REC 回车，命令行提示如下：

命令：_rectang

指定第一个角点或 [倒角（C）/ 标高（E）/ 圆角（F）/ 厚度（T）/ 宽度（W）]：f　　　// 输入 F 回车或单击"圆角"选项

指定矩形的圆角半径 <0.0000>：30　　　　　　　　　//输入圆角半径 30 并回车

指定第一个角点或［倒角（C）/标高（E）/圆角（F）/厚度（T）/宽度（W）］：　　　　//在绘图区内适当位置单击指定第一个角点

指定另一个角点或［面积（A）/尺寸（D）/旋转（R）］：d　　//输入 D 并回车或单击"尺寸"选项

指定矩形的长度 <10.0000>：550　　　　　　　　//输入矩形的长度 550 并回车

指定矩形的宽度 <10.0000>：400　　　　　　　　//输入矩形的宽度 400 并回车

指定另一个角点或［面积（A）/尺寸（D）/旋转（R）］：　　//指定矩形所在一侧的点以确定矩形的方向

绘制结果如图 3-2 所示。

（2）单击【修改】面板中的偏移命令按钮，或在命令行输入 O 回车，命令行提示如下：

命令：_offset

当前设置：删除源=否　图层=源　OFFSETGAPTYPE=0

指定偏移距离或［通过（T）/删除（E）/图层（L）］<通过>：　30　　　//输入偏移距离 30 并回车

选择要偏移的对象，或［退出（E）/放弃（U）］<退出>：　　//选择前面绘制的圆角矩形

指定要偏移的那一侧上的点，或［退出（E）/多个（M）/放弃（U）］<退出>：　　//在矩形的内侧单击

选择要偏移的对象，或［退出（E）/放弃（U）］<退出>：　　//回车结束偏移命令

绘制结果如图 3-3 所示。

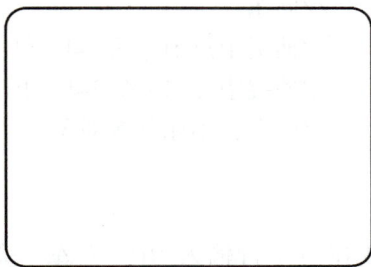

图 3-2　绘制圆角矩形　　　　　　　　　图 3-3　偏移出内部的矩形

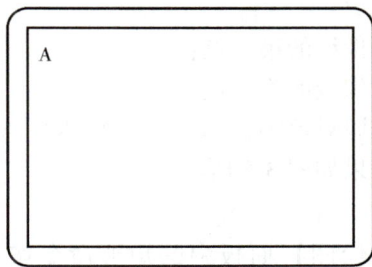

3. 绘制取暖灯

（1）单击绘图面板中圆命令按钮，或在命令行输入 C 回车，命令行提示如下：

命令：_circle

指定圆的圆心或［三点（3P）/两点（2P）/切点、切点、半径（T）］：_from 基点：<偏移>：@110，-110　　　　　　//按住 Shift 键并单击鼠标右键，弹出对象捕捉快捷菜单，选择"自"选项，捕捉 A 点（图 3-3）作为基点，输入相对坐标@90，-90 并回车

指定圆的半径或［直径（D）］：30　　　　　　　//输入小圆半径 30 并回车

命令：　CIRCLE　　　　//回车，重复执行圆命令

指定圆的圆心或[三点(3P)/两点(2P)/切点、切点、半径(T)]：   //捕捉小圆的圆心作为大圆的圆心

指定圆的半径或[直径(D)]<68.0000>：70   //输入大圆半径 70 并回车

绘制结果如图 3-4 所示。

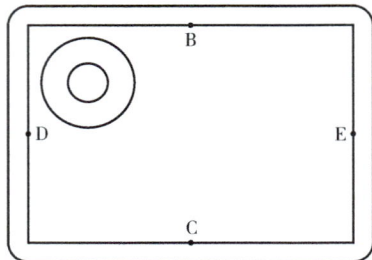

图 3-4 绘制取暖灯

（2）镜像圆。单击【修改】面板中的镜像命令按钮 ⚠ 镜像，或在命令行输入 MI 回车，命令行提示如下：

命令：_mirror

选择对象：指定对角点：找到 2 个   //选择前面绘制的两个圆

选择对象：   //回车结束选择

指定镜像线的第一点：   //捕捉中点 B（图 3-4）单击

指定镜像线的第二点：   //捕捉中点 C（图 3-4）单击

要删除源对象吗?[是(Y)/否(N)]<N>：   //回车，不删除源对象

命令：   MIRROR   //直接回车，重复执行镜像命令

选择对象：指定对角点：找到 4 个   //选择要镜像复制的左右四个圆

选择对象：   //回车

指定镜像线的第一点：   //捕捉中点 D（图 3-4）单击

指定镜像线的第二点：   //捕捉中点 E（图 3-4）单击

要删除源对象吗?[是(Y)/否(N)]<N>：   //回车，不删除源对象

绘制结果如图 3-5 所示。

4. 绘制灯带

单击【绘图】面板中的矩形命令按钮 ▭，或在命令行输入 REC 回车，命令行提示如下：

命令：_rectang

当前矩形模式：   圆角 = 30.0000

指定第一个角点或[倒角(C)/标高(E)/圆角(F)/厚度(T)/宽度(W)]：f   //输入 F 回车

指定矩形的圆角半径 <30.0000>：50   //输入圆角半径 50 回车

指定第一个角点或[倒角(C)/标高(E)/圆角(F)/厚度(T)/宽度(W)]：_from 基点：<偏移>：@195，-90   //按住 Shift 键并单击鼠标右键，弹出对象捕捉快捷菜单，选择"自"选项，捕捉 A 点（图 3-5）作为基点，输入相对坐标@195，-90 并回车，确定圆角矩形的左上角点位置

指定另一个角点或[面积(A)/尺寸(D)/旋转(R)]：@100，-160   //输入相对坐

标@215，-50并回车，确定圆角矩形的右下角点位置

绘制结果如图3-6所示。

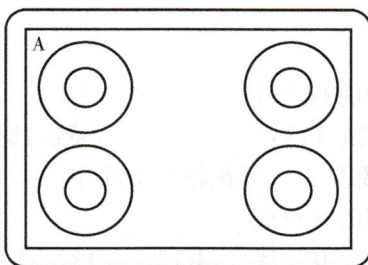

图3-5　镜像取暖灯

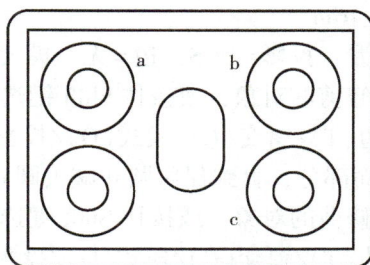

图3-6　绘制灯带

5. 绘制排气扇进风孔

（1）单击【绘图】面板中圆命令按钮 下的下三角号，在弹出的下拉列表中单击
【相切、相切、相切】选项，命令行提示如下：

命令：_circle

指定圆的圆心或[三点(3P)/两点(2P)/切点、切点、半径(T)]：_3p

指定圆上的第一个点：_tan 到　　　　//单击选择圆a（图3-6）

指定圆上的第二个点：_tan 到　　　　//单击选择圆b（图3-6）

指定圆上的第三个点：_tan 到　　　　//单击选择圆c（图3-6）

绘制结果如图3-7所示。

（2）单击【修改】面板中的偏移命令按钮 ，或在命令行输入O回车，命令行提示
如下：

命令：_offset

当前设置：删除源=否　图层=源　OFFSETGAPTYPE=0

指定偏移距离或[通过(T)/删除(E)/图层(L)]<通过>：　30　　　　//输入30回车

选择要偏移的对象，或[退出(E)/放弃(U)]<退出>：　　　　//单击选择圆a（图3-7）

指定要偏移的那一侧上的点，或[退出(E)/多个(M)/放弃(U)]<退出>：　　　　//在圆a
外侧的任意位置单击

选择要偏移的对象，或[退出(E)/放弃(U)]<退出>：　　　　//回车结束命令

结果如图3-8所示。

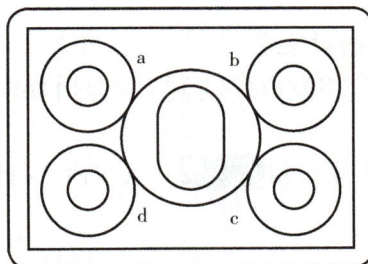

图3-7　绘制中间的大圆

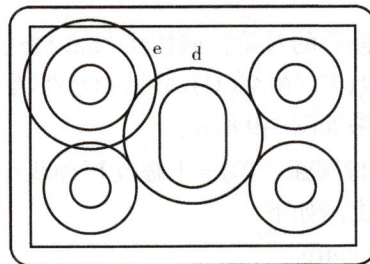

图3-8　偏移后的图形

（3）单击【修改】面板中的修剪命令按钮 [图标]修剪，或在命令行输入 TR 回车，命令行提示如下：

命令：_trim

当前设置：投影=UCS，边=无，模式=快速

选择要修剪的对象，或按住 Shift 键选择要延伸的对象或

［剪切边（T）/窗交（C）/模式（O）/投影（P）/删除（R）］：　　　　//依次选择圆 e 与圆 d 相交的外面部分，直到保留圆 d 减去圆 d 的交集部分，以下执行相似操作

选择要修剪的对象，或按住 Shift 键选择要延伸的对象或

［剪切边（T）/窗交（C）/模式（O）/投影（P）/删除（R）/放弃（U）］：//依次选择需要修剪的部分

选择要修剪的对象，或按住 Shift 键选择要延伸的对象或

［剪切边（T）/窗交（C）/模式（O）/投影（P）/删除（R）/放弃（U）］：//依次选择需要修剪的部分

选择要修剪的对象，或按住 Shift 键选择要延伸的对象或

［剪切边（T）/窗交（C）/模式（O）/投影（P）/删除（R）/放弃（U）］：//依次选择需要修剪的部分

选择要修剪的对象，或按住 Shift 键选择要延伸的对象或

［剪切边（T）/窗交（C）/模式（O）/投影（P）/删除（R）/放弃（U）］：//依次选择需要修剪的部分

选择要修剪的对象，或按住 Shift 键选择要延伸的对象或

［剪切边（T）/窗交（C）/模式（O）/投影（P）/删除（R）/放弃（U）］：//依次选择需要修剪的部分

选择要修剪的对象，或按住 Shift 键选择要延伸的对象或

［剪切边（T）/窗交（C）/模式（O）/投影（P）/删除（R）/放弃（U）］：//依次选择需要修剪的部分

选择要修剪的对象，或按住 Shift 键选择要延伸的对象或

［剪切边（T）/窗交（C）/模式（O）/投影（P）/删除（R）/放弃（U）］：//依次选择需要修剪的部分

选择要修剪的对象，或按住 Shift 键选择要延伸的对象或

［剪切边（T）/窗交（C）/模式（O）/投影（P）/删除（R）/放弃（U）］：//回车结束修剪命令

绘制结果如图 3-9 所示。

（4）镜像圆弧。单击【修改】面板中的镜像命令按钮 [图标]镜像，或在命令行输入 MI 回车，命令行提示如下：

命令：_mirror

选择对象：指定对角点：找到 1 个　　　　　　//选择圆弧 f（图 3-9）

选择对象：　　　　　　　　　　　　　　　　//回车结束选择

指定镜像线的第一点：	//捕捉中点 B（图 3-9）单击
指定镜像线的第二点：	//捕捉中点 C（图 3-9）单击
要删除源对象吗？［是(Y)/否(N)］<N>：	//回车，不删除源对象
命令：　　MIRROR	//直接回车，重复执行镜像命令
选择对象：指定对角点：找到 2 个	//选择圆弧 f（图 3-9）和圆弧 g（图 3-10）
选择对象：	//回车
指定镜像线的第一点：	//捕捉中点 D（图 3-9）单击
指定镜像线的第二点：	//捕捉中点 E（图 3-9）单击
要删除源对象吗？［是(Y)/否(N)］<N>：	//回车，不删除源对象

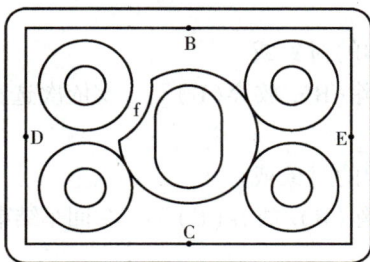

绘制结果如图 3-10 所示。

图 3-9　修剪后的效果　　　　　　　　图 3-10　镜像圆弧

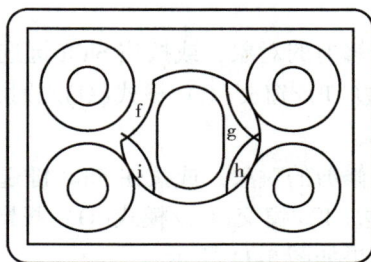

（5）单击【修改】面板中的修剪命令按钮 ✂修剪，或在命令行输入 TR 回车，命令行提示如下：

命令：_trim

当前设置：投影=UCS，边=无，模式=快速

选择要修剪的对象，或按住 Shift 键选择要延伸的对象或

［剪切边(T)/窗交(C)/模式(O)/投影(P)/删除(R)］：　　　　　　//依次选择圆弧 f、g、h、i 与外面圆弧上多余的部分，直到完成如图 3-11 所示的形状后回车结束修剪命令

选择要修剪的对象，或按住 Shift 键选择要延伸的对象或

［剪切边(T)/窗交(C)/模式(O)/投影(P)/删除(R)/放弃(U)］：//依次选择需要修剪的部分

选择要修剪的对象，或按住 Shift 键选择要延伸的对象或

［剪切边(T)/窗交(C)/模式(O)/投影(P)/删除(R)/放弃(U)］：//依次选择需要修剪的部分

选择要修剪的对象，或按住 Shift 键选择要延伸的对象或

［剪切边(T)/窗交(C)/模式(O)/投影(P)/删除(R)/放弃(U)］：//依次选择需要修剪的部分

选择要修剪的对象，或按住 Shift 键选择要延伸的对象或

［剪切边(T)/窗交(C)/模式(O)/投影(P)/删除(R)/放弃(U)］：//依次选择需要修剪的部分

选择要修剪的对象，或按住 Shift 键选择要延伸的对象或

［剪切边（T）/窗交（C）/模式（O）/投影（P）/删除（R）/放弃（U）］：　//依次选择需要修剪的部分

选择要修剪的对象，或按住 Shift 键选择要延伸的对象或

［剪切边（T）/窗交（C）/模式（O）/投影（P）/删除（R）/放弃（U）］：　//依次选择需要修剪的部分

选择要修剪的对象，或按住 Shift 键选择要延伸的对象或

［剪切边（T）/窗交（C）/模式（O）/投影（P）/删除（R）/放弃（U）］：　//依次选择需要修剪的部分

选择要修剪的对象，或按住 Shift 键选择要延伸的对象或

［剪切边（T）/窗交（C）/模式（O）/投影（P）/删除（R）/放弃（U）］：　//依次选择需要修剪的部分

选择要修剪的对象，或按住 Shift 键选择要延伸的对象或

［剪切边（T）/窗交（C）/模式（O）/投影（P）/删除（R）/放弃（U）］：　//依次选择需要修剪的部分

选择要修剪的对象，或按住 Shift 键选择要延伸的对象或

［剪切边（T）/窗交（C）/模式（O）/投影（P）/删除（R）/放弃（U）］：　//回车结束修剪命令

绘制结果如图 3-11 所示。

（6）单击【修改】面板中的偏移命令按钮 ，或在命令行输入 O 回车，命令行提示如下：

命令：_offset

当前设置：删除源 = 否　图层 = 源　OFFSETGAPTYPE = 30

指定偏移距离或［通过（T）/删除（E）/图层（L）］<通过>：　10　　//输入 10 回车

图 3-11　修剪圆弧后的图形

选择要偏移的对象，或［退出（E）/放弃（U）］<退出>：　　　//单击选择上边的圆弧（图 3-7）

指定要偏移的那一侧上的点，或［退出（E）/多个（M）/放弃（U）］<退出>：　　//在选定的圆弧上单击

选择要偏移的对象，或［退出（E）/放弃（U）］<退出>：　　//单击选择刚刚偏移出来的圆弧

指定要偏移的那一侧上的点，或［退出（E）/多个（M）/放弃（U）］<退出>：　　//在选定的圆弧上单击

选择要偏移的对象，或［退出（E）/放弃（U）］<退出>：　　//单击选择刚刚偏移出来的圆弧

指定要偏移的那一侧上的点，或［退出（E）/多个（M）/放弃（U）］<退出>：　　//在选定的圆弧上单击

选择要偏移的对象，或［退出（E）/放弃（U）］<退出>：　　//单击选择刚刚偏移出来的圆弧

指定要偏移的那一侧上的点，或［退出（E）/多个（M）/放弃（U）］<退出>：　　//在选定

的圆弧上单击

……

　　　　　　　　　　　//用与上面相似的操作，连续偏移其他圆弧

选择要偏移的对象，或［退出（E）/放弃（U）］＜退出＞：　　//回车结束偏移命令

最终的绘制结果如图3-12所示。

图3-12　偏移弧线后的效果

任务3.2　绘制吊灯平面图

　　绘制如图3-13所示的吊灯平面图。同时进一步学习圆命令、偏移命令、环形阵列命令的使用方法。

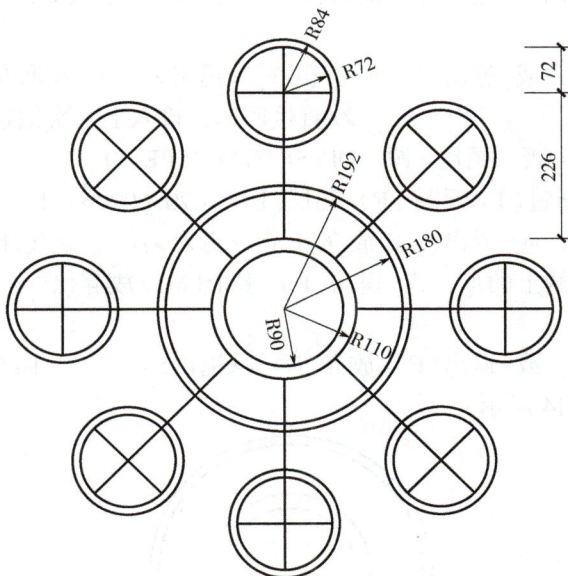

图3-13　吊灯平面图

1. 新建文件

双击Windows桌面上的AutoCAD 2024中文版图标，打开AutoCAD 2024，新建一个图形文件。

2. 绘制中间大灯

（1）单击绘图面板中的圆命令按钮 ⊙，或在命令行输入 C 回车，命令行提示如下：

命令：_circle

指定圆的圆心或［三点（3P）/两点（2P）/切点、切点、半径（T）］：
　　//在合适位置单击左键确定圆的圆心

指定圆的半径或［直径（D）］：90　　　　　　　　//输入圆的半径 90 并回车

（2）单击【修改】面板中的偏移命令按钮 ⊂，或在命令行输入 O 回车，命令行提示如下：

命令：_offset

当前设置：删除源=否　图层=源　OFFSETGAPTYPE=0

指定偏移距离或［通过（T）/删除（E）/图层（L）］<110.0000>：20　　//输入 20 并回车

选择要偏移的对象，或［退出（E）/放弃（U）］<退出>：　　　　//选择刚刚绘制好的圆

指定要偏移的那一侧上的点，或［退出（E）/多个（M）/放弃（U）］<退出>：　　//在圆的外侧单击鼠标左键

选择要偏移的对象，或［退出（E）/放弃（U）］<退出>：　　　　//回车结束偏移命令

命令：　OFFSET　　　　　　　　　　//直接回车，重复执行偏移命令

当前设置：删除源=否　图层=源　OFFSETGAPTYPE=0

指定偏移距离或［通过（T）/删除（E）/图层（L）］<20.0000>：70　　//输入 70 并回车

选择要偏移的对象，或［退出（E）/放弃（U）］<退出>：　　　　//选择半径为 110 的圆

指定要偏移的那一侧上的点，或［退出（E）/多个（M）/放弃（U）］<退出>：　　//在圆的外侧单击鼠标左键

选择要偏移的对象，或［退出（E）/放弃（U）］<退出>：　　　　//回车结束偏移命令

命令：　OFFSET　　　　　　　　　　//直接回车，输入上一次偏移命令

当前设置：删除源=否　图层=源　OFFSETGAPTYPE=0

指定偏移距离或［通过（T）/删除（E）/图层（L）］<70.0000>：12　　//输入 12 并回车

选择要偏移的对象，或［退出（E）/放弃（U）］<退出>：　　　　//选择半径为 180 的圆

指定要偏移的那一侧上的点，或［退出（E）/多个（M）/放弃（U）］<退出>：　　//在圆的外侧单击鼠标左键

选择要偏移的对象，或［退出（E）/放弃（U）］<退出>：　　　　//回车结束偏移命令

绘制的结果如图 3-14 所示。

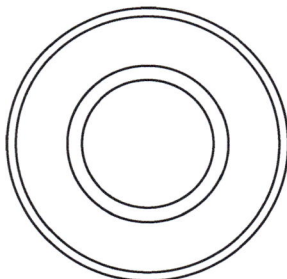

图 3-14　绘制大灯

3. 绘制小灯

（1）绘制连接杆。单击【绘图】面板中的直线命令按钮，或在命令行输入 L 回车，命令行提示如下：

命令：_line

　　指定第一个点：　　　　　　　　　　//捕捉图 3-14 中圆的象限点 A 点

　　指定下一点或［放弃(U)］：226　　　　//沿垂直向上极轴方向输入长度 226 并回车确定 B 点（图 3-15）

　　指定下一点或［放弃(U)］：72　　　　//沿垂直向上极轴方向输入长度 72 并回车确定 C 点（图 3-15）

　　指定下一点或［闭合(C)/放弃(U)］：　　//回车结束直线命令

　　命令：_line　　　　　　//直接回车，重复执行直线命令

　　指定第一个点：72　　　　//将光标移至 B 点（图 3-15），沿水平向左追踪线输入 72 并回车确定 D 点（图 3-15）

　　指定下一点或［放弃(U)］：144　　　　//沿水平向右极轴方向输入长度 144 并回车，确定 E 点（图 3-15）

　　指定下一点或［放弃(U)］：　　　　　　//回车结束直线命令

　绘制结果如图 3-15 所示。

（2）绘制一个小灯。单击【绘图】面板中圆命令按钮，或在命令行输入 C 回车，命令行提示如下：

命令：_circle

　　指定圆的圆心或［三点(3P)/两点(2P)/切点、切点、半径(T)］：　//捕捉 B 点（图 3-15）

　　指定圆的半径或［直径(D)］<72.0000>：　　　　　　　　//捕捉 D 点（图 3-15）

　　命令：　CIRCLE　　　　　　　//直接回车，重复执行圆命令

　　指定圆的圆心或［三点(3P)/两点(2P)/切点、切点、半径(T)］：　//捕捉 B 点（图 3-15）

　　指定圆的半径或［直径(D)］<72.0000>：84　　//输入圆的半径 84 并回车

　绘制结果如图 3-16 所示。

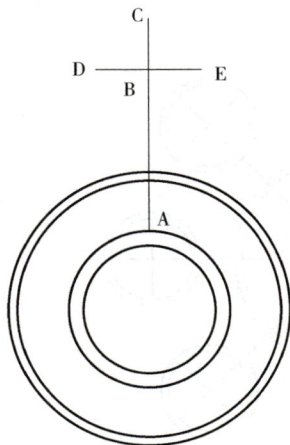

图 3-15　绘制连接杆　　　　　　图 3-16　绘制小灯

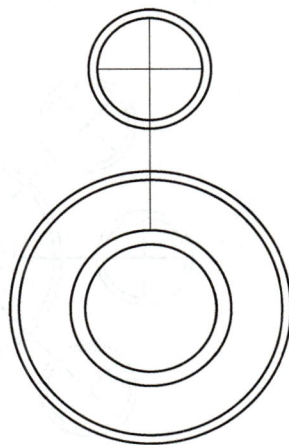

（3）阵列小灯。单击【修改】面板中的矩形阵列按钮 ⊞ 阵列 ▾ 右侧的下三角号，单击选择环形阵列 ⊙ 阵列 ，或在命令行输入 ARRAYP 回车，命令行提示如下：

命令：_arraypolar

选择对象：指定对角点：找到 5 个　　　　　//运用交叉窗口选择连接杆和小灯（图 3-17）

选择对象：　　　　　　　　　　　　　　//回车结束选择

类型 = 极轴　关联 = 是

指定阵列的中心点或［基点（B）/旋转轴（A）］：//指定图 3-18 中的圆心为阵列的中心点

选择夹点以编辑阵列或［关联（AS）/基点（B）/项目（I）/项目间角度（A）/填充角度（F）/行（ROW）/层（L）/旋转项目（ROT）/退出（X）］<退出>：I　　//输入 I 回车，或单击"项目"选项

输入阵列中的项目数或［表达式（E）］<6>：8　　　　　　　　//输入 8 并回车

选择夹点以编辑阵列或［关联（AS）/基点（B）/项目（I）/项目间角度（A）/填充角度（F）/行（ROW）/层（L）/旋转项目（ROT）/退出（X）］<退出>：　　　　//回车结束环形阵列命令

绘图结果如图 3-19 所示。

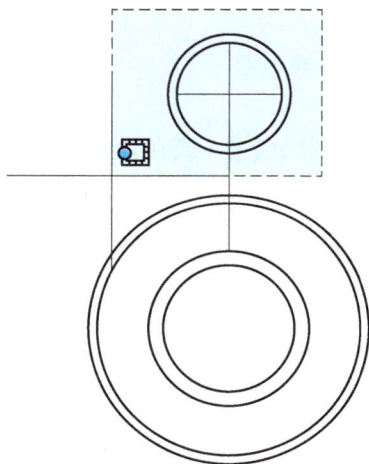

图 3-17　选择小灯及连接杆

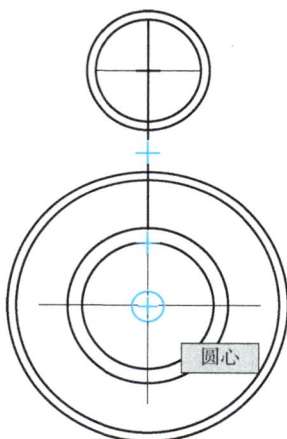

图 3-18　捕捉圆心

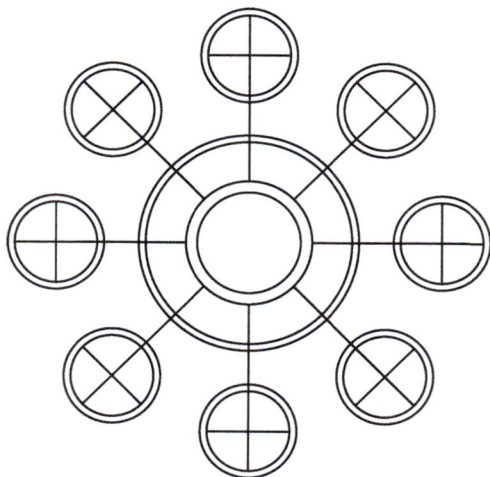

图 3-19　阵列小灯

注意：执行环形阵列命令，当指定了阵列中心点后，会弹出如图 3-20 所示的【创建阵列】面板，也可以在这里输入项目数，然后单击【关闭阵列】按钮结束环形阵列命令。

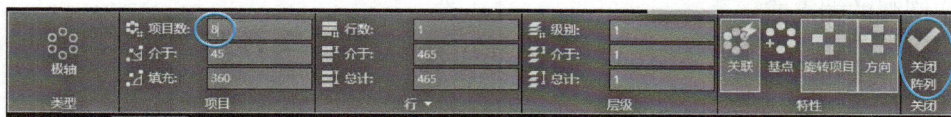

图 3-20　　【创建阵列】面板

任务 3.3　绘制音箱立面图

绘制如图 3-21 所示的音箱立面图，学习多段线命令、圆弧命令、偏移命令的使用方法。

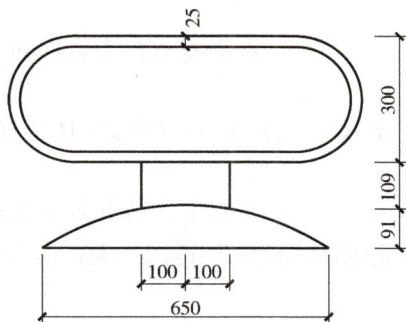

图 3-21　　音箱立面图

1. 设置绘图界限

双击 Windows 桌面上的 AutoCAD 2024 中文版图标，打开 AutoCAD 2024，新建一个图形文件。单击下拉菜单栏中的【格式】|【图形界限】命令，或在命令行输入 LIM 回车，根据命令行提示指定左下角点为原点，右上角点为"1500，1500"。

在命令行中输入 ZOOM 命令，回车后选择"全部（A）"选项，显示图形界限范围。

2. 绘制多段线

（1）单击【绘图】面板中的多段线命令按钮▇▇，或在命令行输入 PL 回车，命令行提示如下：

命令：_pline

指定起点：　　　　　　　　　　　　　　//在绘图区之内任意一点单击

当前线宽为 0.0000

指定下一个点或[圆弧（A）/半宽（H）/长度（L）/放弃（U）/宽度（W）]：650　　　//沿水平向右方向输入距离 650 并回车

指定下一点或[圆弧（A）/闭合（C）/半宽（H）/长度（L）/放弃（U）/宽度（W）]：a　　//输入 A 回车，或单击"圆弧（A）"选项

指定圆弧的端点或

[角度（A）/圆心（CE）/闭合（CL）/方向（D）/半宽（H）/直线（L）/半径（R）/第二个点

(S)/放弃(U)/

　　宽度(W)]：300　　　　　　　　　　//沿垂直向下方向输入距离 300 并回车

　　指定圆弧的端点或

　　[角度(A)/圆心(CE)/闭合(CL)/方向(D)/半宽(H)/直线(L)/半径(R)/第二个点(S)/放弃(U)/

　　宽度(W)]：l　　　　　　　　　　//输入 L 并回车，或单击"直线(L)"选项

　　指定下一点或[圆弧(A)/闭合(C)/半宽(H)/长度(L)/放弃(U)/宽度(W)]：650　//沿水平向左方向输入距离 650 并回车

　　指定下一点或[圆弧(A)/闭合(C)/半宽(H)/长度(L)/放弃(U)/宽度(W)]：a　//输入 A 回车，或单击"圆弧(A)"选项

　　指定圆弧的端点或

　　[角度(A)/圆心(CE)/闭合(CL)/方向(D)/半宽(H)/直线(L)/半径(R)/第二个点(S)/放弃(U)/

　　宽度(W)]：300　　　　　　　　　　//沿垂直向上方向输入距离 300 并回车

　　指定圆弧的端点或

　　[角度(A)/圆心(CE)/闭合(CL)/方向(D)/半宽(H)/直线(L)/半径(R)/第二个点(S)/放弃(U)/

　　宽度(W)]：　　　　　　　　　　　//回车，结束多段线命令

　　（2）单击【修改】面板中的偏移命令按钮 ，或在命令行输入 O 回车，命令行提示如下：

　　命令：_offset

　　当前设置：删除源=否　图层=源　OFFSETGAPTYPE=0

　　指定偏移距离或[通过(T)/删除(E)/图层(L)]<1.0000>：　25　//输入偏移距离 25 并回车

　　选择要偏移的对象，或[退出(E)/放弃(U)]<退出>：　　　　//选择前面绘制的多段线

　　指定要偏移的那一侧上的点，或[退出(E)/多个(M)/放弃(U)]<退出>：　//在多段线的内部任意一点单击

　　选择要偏移的对象，或[退出(E)/放弃(U)]<退出>：　　　　　//回车，结束偏移命令

　　绘制结果如图 3-22 所示。

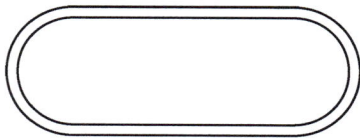

图 3-22　多段线绘制结果

3. 绘制直线

　　（1）单击【绘图】面板中的直线命令按钮 ，或在命令行输入 L 回车，命令行提示

如下：

命令：_line 指定第一点：100　　　　　　//沿多段线的中点 A（图3-23）水平向左追踪距离为
100，确定直线第一点

指定下一点或［放弃(U)］：109　　　　//沿垂直向下方向输入距离 109 并回车

指定下一点或［放弃(U)］：　　　　　　//回车，结束命令

命令：　　　　　　　　　　　　　　　//回车，重复执行直线命令

LINE 指定第一点：200　　　　　　　　//沿多段线的中点 A 垂直向下追踪间距为 200 并回车

指定下一点或［放弃(U)］：325　　　　//沿水平向左方向输入距离 325 并回车

指定下一点或［放弃(U)］：　　　　　　//回车，结束命令

结果如图 3-23 所示。

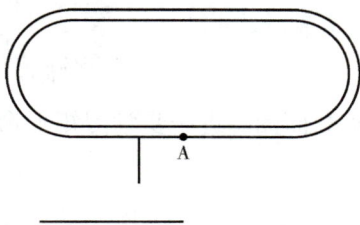

图 3-23　直线绘制结果

（2）单击【修改】面板中的镜像命令按钮 ⚠ 镜像，或在命令行输入 MI 回车，命令行提
示如下：

命令：_mirror

选择对象：指定对角点：找到 2 个　　　　　　　　　//选择图 3-23 中的两条直线对象

选择对象：　指定镜像线的第一点：指定镜像线的第二点：　　　//分别捕捉多段线的
中点 A 和中点 B 作为镜像线的第一点和第二点

要删除源对象吗？［是(Y)/否(N)］<N>：　　　　　//回车，不删除源对象

绘制结果如图 3-24 所示。

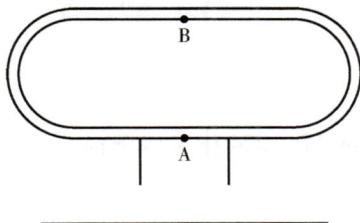

图 3-24　镜像结果

4. 绘制圆弧

单击【绘图】面板中圆弧命令按钮 ⟋，或在命令行输入 A 回车，命令行提示如下：

命令：_arc 指定圆弧的起点或［圆心(C)］：　　　　//捕捉 C 点（图3-25）

指定圆弧的第二个点或［圆心(C)/端点(E)］：　　　//捕捉 D 点（图3-25）

指定圆弧的端点：　　　　　　　　　　　　　　//捕捉 E 点（图3-25）

结果如图 3-25 所示。

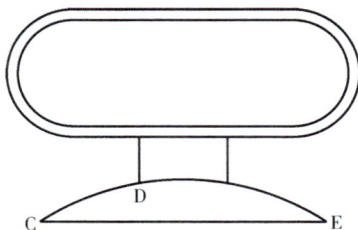

图 3-25   圆弧绘制结果

任务 3.4   绘制电视机立面图

绘制如图 3-26 所示的电视机立面图。进一步学习矩形命令、圆角命令、直线命令、镜像命令的使用方法。

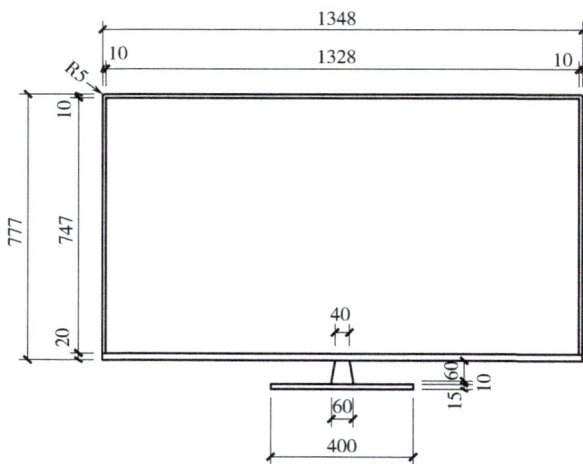

图 3-26   电视机立面图

1. 新建文件

双击 Windows 桌面上的 AutoCAD 2024 中文版图标，打开 AutoCAD 2024，新建一个图形文件。

2. 绘制电视机屏幕

（1）单击【绘图】面板中的矩形命令按钮 ，或在命令行输入 REC 回车，命令行提示如下：

命令：_rectang

指定第一个角点或 [倒角（C）/标高（E）/圆角（F）/厚度（T）/宽度（W）]：　　　 //在绘图区之内适当的位置单击

指定另一个角点或 [面积（A）/尺寸（D）/旋转（R）]：d　　//输入 D 并回车或单击"尺寸"选项

指定矩形的长度 <10.0000>：1328   //输入矩形的长度 1328 并回车

指定矩形的宽度 <10.0000>：747   //输入矩形的宽度 747 并回车

指定另一个角点或[面积（A）/尺寸（D）/旋转（R）]： //单击指定矩形所在一侧的点以确定矩形的方向，绘制出有效屏幕的形状

命令：RECTANG   //回车重复执行矩形命令

指定第一个角点或[倒角（C）/标高（E）/圆角（F）/厚度（T）/宽度（W）]：_from 基点：<偏移>：@-10，10   //按住键盘上 Shift 键的同时单击鼠标右键，在弹出的快捷菜单中单击选择"自"选项，在"_from 基点："提示下，捕捉 A 点（图 3-27）单击，作为基点，在"<偏移>："提示下，输入@-10，10 并回车，确定出屏幕外轮廓矩形的左上角点位置

指定另一个角点或[面积（A）/尺寸（D）/旋转（R）]：d //输入 D 并回车，或单击"尺寸"选项

指定矩形的长度 <940.0000>：1348   //输入矩形的长度 1348 并回车

指定矩形的宽度 <900.0000>：777   //输入矩形的宽度 777 并回车

指定另一个角点或[面积（A）/尺寸（D）/旋转（R）]： //在右下方单击鼠标左键确定矩形位置

绘制结果如图 3-27 所示。

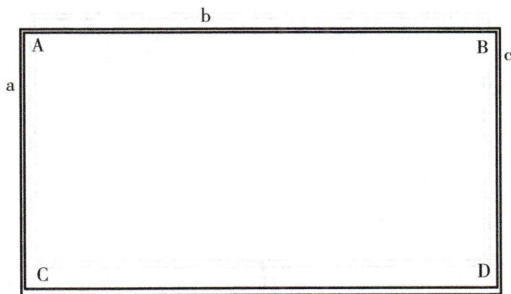

图 3-27 绘制两个矩形

（2）单击【修改】面板中的圆角命令按钮 圆角，或在命令行输入 F 回车，命令行提示如下：

命令：_fillet

当前设置：模式 = 修剪，半径 = 5.0000

选择第一个对象或[放弃（U）/多段线（P）/半径（R）/修剪（T）/多个（M）]：r //输入 R 回车，或单击"半径"选项

指定圆角半径 <5.0000>：5   //输入圆角半径 5 回车

选择第一个对象或[放弃（U）/多段线（P）/半径（R）/修剪（T）/多个（M）]： //单击选择外面大矩形的 a 边（图 3-27）

选择第二个对象，或按住 Shift 键选择对象以应用角点或[半径（R）]： //单击选择外面大矩形的 b 边（图 3-27）

命令：FILLET   //回车重复执行圆角命令

当前设置：模式 = 修剪，半径 = 5.0000

选择第一个对象或[放弃(U)/多段线(P)/半径(R)/修剪(T)/多个(M)]：　　//单击选择外面大矩形的 b 边（图 3-27）

选择第二个对象，或按住 Shift 键选择对象以应用角点或[半径(R)]：　　//单击选择外面大矩形的 c 边（图 3-27）

完成大矩形上面两个角的圆角。

（3）单击【绘图】面板中的直线命令按钮▨，或在命令行输入 L 回车，命令行提示如下：

命令：_line

指定第一个点：　　　　　　　　　　　//捕捉 C 点（图 3-27）单击

指定下一点或[放弃(U)]：　　　　　　//水平向左追踪到与外面矩形的交点后单击

指定下一点或[放弃(U)]：　　　　　　//回车结束直线命令

命令：　　LINE　　　　　　　　　　//回车重复执行线命令

指定第一个点：　　　　　　　　　　　//捕捉 D 点（图 3-27）单击

指定下一点或[放弃(U)]：　　　　　　//水平向右追踪到与外面矩形的交点后单击

指定下一点或[放弃(U)]：　　　　　　//回车结束直线命令

绘制结果如图 3-28 所示。

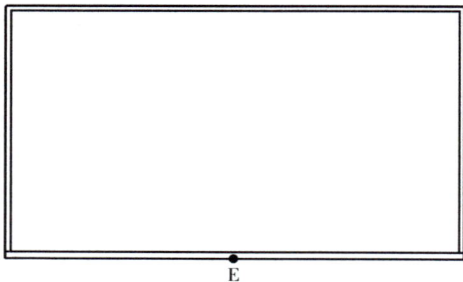

图 3-28　对大矩形圆角并画两段直线后的效果

3. 绘制基座

（1）单击【绘图】面板中的直线命令按钮▨，或在命令行输入 L 回车，命令行提示如下：

命令：_line

指定第一个点：20　　　　　//捕捉到电视下边线的中点 E（图 3-28）后，向左移动光标，沿水平向左追踪线方向，输入 20 并回车确定 F 点（图 3-29）

指定下一点或[放弃(U)]：@-10，-60　//输入相对坐标@-10，-60 回车确定 G 点

指定下一点或[放弃(U)]：10　　　　　　//沿竖直向下追踪线方向，输入 10 并回车确定 H 点（图 3-29）

绘制结果如图 3-29 所示。

（2）单击【修改】面板中的镜像命令按钮⚠ 镜像，或在命令行输入 MI 回车，命令行提示如下：

命令：_mirror

选择对象：指定对角点：找到 2 个　　　　　　　//选择上一步绘制的两段直线（图3-29）

选择对象：　指定镜像线的第一点：　　　　　//空格键结束选择，捕捉到电视下边线的中点 E（图3-29）单击

指定镜像线的第二点：　　　　　　　　　　//沿竖直向下追踪方向选择一任意点单击

要删除源对象吗？［是（Y）/否（N）］<否>：//空格键执行默认选项，不删除源对象

绘制结果如图 3-30 所示。

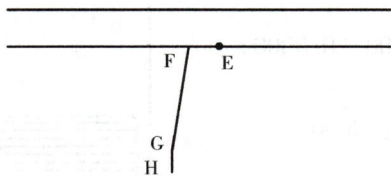

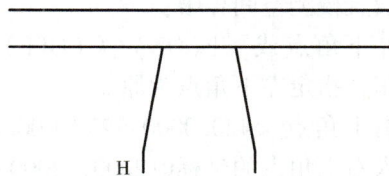

图 3-29　绘制直线　　　　　　　图 3-30　镜像两条直线

（3）单击【绘图】面板中的矩形命令按钮■，或在命令行输入 REC 回车，命令行提示如下：

命令：_rectang

指定第一个角点或［倒角（C）/标高（E）/圆角（F）/厚度（T）/宽度（W）］：170　　　//捕捉到 H 点后向左移动光标，出现水平向左追踪线后输入 170 回车

指定另一个角点或［面积（A）/尺寸（D）/旋转（R）］：@400，-15　　//输入相对坐标@400，-15 回车确定矩形的右下角点

绘制结果如图 3-31 所示。

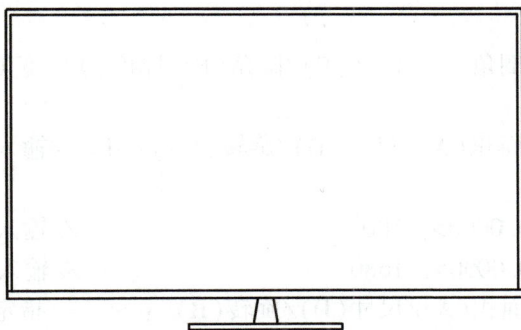

图 3-31　绘制基座矩形

任务 3.5　绘制空调立面图

绘制如图 3-32 所示的空调立面图。同时学习椭圆命令、矩形命令、直线命令、阵列命令的使用方法。

1. 新建文件

双击 Windows 桌面上的 AutoCAD 2024 中文版图标，打开 AutoCAD 2024，新建一个图形文件。

2. 设置绘图界限

（1）单击下拉菜单栏中的【格式】|【图形界限】命令，或在命令行输入 LIM 回车，命令行提示如下：

命令：'_limits

重新设置模型空间界限：

指定左下角点或［开（ON）/关（OFF）］<0.0000，0.0000>：

//回车，指定左下角点为原点

指定右上角点 <420.0000，297.0000>：2000，2000

//输入右上角点的坐标@ 2000，2000 并回车

（2）在命令行中输入 Z 并回车，命令行提示如下：

命令：_ZOOM

指定窗口的角点，输入比例因子（nX 或 nXP），或者

［全部（A）/中心（C）/动态（D）/范围（E）/上一个（P）/比例（S）/窗口（W）/对象（O）］<实时>：a

正在重新生成模型　　//输入 A 并回车，或单击"全部"选项，显示图形界限

3. 绘制空调轮廓线

（1）单击【绘图】面板中的矩形命令按钮▱，或在命令行输入 REC 回车，命令行提示如下：

命令：_rectang

指定第一个角点或［倒角（C）/标高（E）/圆角（F）/厚度（T）/宽度（W）］：　　//在绘图区之内任意指定一点

指定另一个角点或［面积（A）/尺寸（D）/旋转（R）］：d　　//输入 D 并回车，或单击"尺寸"选项

指定矩形的长度 <10.0000>：500　　　　　　　　//输入矩形的长度 500 并回车

指定矩形的宽度 <10.0000>：1680　　　　　　　　//输入矩形的宽度 1680 并回车

指定另一个角点或［面积（A）/尺寸（D）/旋转（R）］：　　//指定矩形所在一侧的点以确定矩形的方向

绘制结果如图 3-33 所示。

（2）单击【修改】面板中的圆角命令按钮⌐ 圆角，或在命令行输入 F 回车，命令行提示如下：

命令：_fillet

当前设置：模式 = 修剪，半径 = 0.0000

选择第一个对象或［放弃（U）/多段线（P）/半径（R）/修剪（T）/多个（M）］：r　　//输入 R 并回车，或单击"半径"选项

指定圆角半径 <0.0000>：50　　　　　　　//输入圆角半径 50 并回车

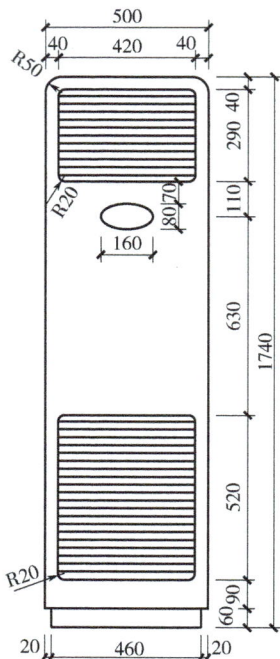

图 3-32　空调立面图

选择第一个对象或[放弃(U)/多段线(P)/半径(R)/修剪(T)/多个(M)]：m　//输入 M 回车，或单击"多个"选项

选择第一个对象或[放弃(U)/多段线(P)/半径(R)/修剪(T)/多个(M)]：　//选择线段 AD（图 3-33）

选择第二个对象，或按住 Shift 键选择对象以应用角点或[半径(R)]：　//选择线段 AB（图 3-33）

选择第一个对象或[放弃(U)/多段线(P)/半径(R)/修剪(T)/多个(M)]：　//选择线段 AB（图 3-33）

选择第二个对象，或按住 Shift 键选择对象以应用角点或[半径(R)]：　//选择线段 BC（图 3-33）

选择第一个对象或[放弃(U)/多段线(P)/半径(R)/修剪(T)/多个(M)]：　//回车

绘制结果如图 3-34 所示。

（3）单击【绘图】面板中的直线命令按钮，或在命令行输入 L 回车，命令行提示如下：

命令：_line

指定第一个点：20　　　//将光标移至 D 点（图 3-34），沿水平向右追踪线输入 20 并回车确定直线第一点

指定下一点或[放弃(U)]：60　　　　　　　　//沿垂直向下极轴方向输入 60 并回车

指定下一点或[放弃(U)]：460　　　　　　　 //沿水平向右极轴方向输入 460 并回车

指定下一点或[闭合(C)/放弃(U)]：60　　　　//沿垂直向上极轴方向输入 60 并回车

指定下一点或[闭合(C)/放弃(U)]：　　　　　//回车

绘制结果如图 3-35 所示。

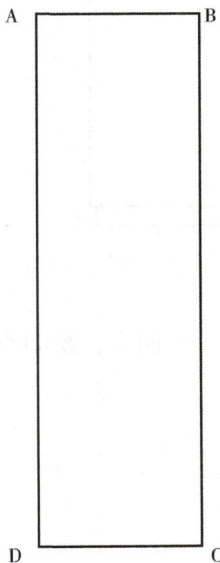

图 3-33　绘制空调轮廓线　　　　图 3-34　圆角空调轮郭线　　　　图 3-35　绘制空调底座

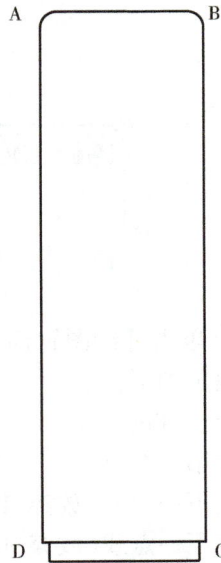

4. 绘制空调出风口

（1）单击【绘图】面板中的矩形命令按钮▱，或在命令行输入 REC 回车，命令行提示如下：

命令：_rectang

指定第一个角点或［倒角（C）/标高（E）/圆角（F）/厚度（T）/宽度（W）］：f　　//输入 F 回车，或单击"圆角"选项

指定矩形的圆角半径 <0.0000>：20　　　　//输入 20 并回车，设置圆角半径为 20

指定第一个角点或［倒角（C）/标高（E）/圆角（F）/厚度（T）/宽度（W）］：_from 基点：<偏移>：@40，-40　　　　//按住键盘上 Shift 键的同时单击鼠标右键，弹出捕捉快捷菜单，选择"自"选项，在"_from 基点："提示下，捕捉图 3-36 所示的交点为基点，在"<偏移>："提示下，输入@40，-40 并回车，确定矩形左上角点

指定另一个角点或 ［面积（A）/尺寸（D）/旋转（R）］：@420，-290　　//输入相对坐标@420，-290 并回车确定矩形的右下角点位置

绘制结果如图 3-37 所示。

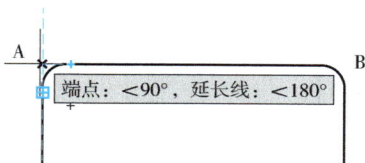

图 3-36　追踪左上角交点

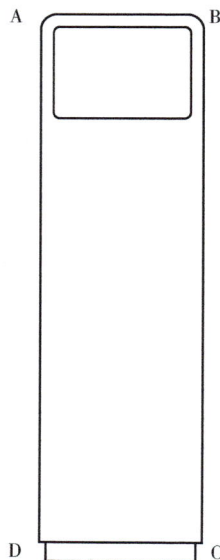

图 3-37　绘制空调出风口轮廓

（2）单击【绘图】面板中的直线命令按钮／，或在命令行输入 L 回车，绘制直线 EF，命令行提示如下：

命令：_line

指定第一个点：　　　　　　　　　//捕捉图 3-38 中圆角端点 E

指定下一点或［放弃（U）］：　　　　//捕捉图 3-38 中圆角端点 F

指定下一点或［放弃（U）］：　　　　//回车结束直线命令

（3）单击【修改】面板中的矩形阵列命令按钮▦ 阵列，或在命令行输入 ARRAYR 回车，命令行提示如下：

命令：_arrayrect

选择对象：找到 1 个　　　　　　　　　　　　//选择直线 EF（图 3-38）

选择对象：　　　　　　　　　　　　　　　　//回车结束选择

类型 = 矩形　关联 = 是

选择夹点以编辑阵列或［关联（AS）/基点（B）/计数（COU）/间距（S）/列数（COL）/行数（R）/层数（L）/退出（X）］＜退出＞：COL　　　　　//输入 COL 回车，或单击"列数"选项

输入列数或［表达式（E）］＜4＞：1　　　　//输入 1 并回车，设置 1 列

指定列数之间的距离或［总计（T）/表达式（E）］＜630＞：　　　　//回车

选择夹点以编辑阵列或［关联（AS）/基点（B）/计数（COU）/间距（S）/列数（COL）/行数（R）/层数（L）/退出（X）］＜退出＞：R　　　　　//输入 R 回车，或单击"行数"选项

输入行数或［表达式（E）］＜3＞：11　　　　//输入 11 并回车，设置 11 行

指定行数之间的距离或［总计（T）/表达式（E）］＜1＞：−25　　　　//输入−25 并回车，设置行数之间的距离为−25

指定行数之间的标高增量或［表达式（E）］＜0＞：　　　　//回车

选择夹点以编辑阵列或［关联（AS）/基点（B）/计数（COU）/间距（S）/列数（COL）/行数（R）/层数（L）/退出（X）］＜退出＞：　　　　//回车结束命令

绘制结果如图 3-38 所示。

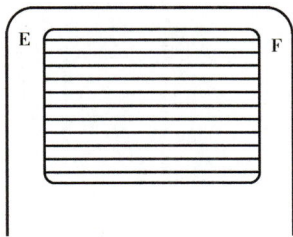

图 3-38　绘制上部空调出风口

5. 绘制空调下部分隔线

方法与绘制出风口相似。先利用矩形命令绘制分隔线轮廓，再利用直线命令绘制其上部的一条直线，最后用阵列命令阵列直线，阵列 1 列 20 行，行间距为−25。

绘制结果如图 3-39 所示。

6. 绘制椭圆形标志

单击【绘图】面板中的椭圆命令按钮，或在命令行输入 EL 回车，命令行提示如下：

命令：_ellipse

指定椭圆的轴端点或［圆弧（A）/中心点（C）］：_c

指定椭圆的中心点：110　　　　//将光标移至空调扇下端直线的中点处，如图 3-40 所示，向下移动光标，沿垂直向下追踪线输入 110 并回车，确定椭圆圆心

指定轴的端点：80　　　　　　//沿水平向右极轴方向输入 80 并回车

指定另一条半轴长度或［旋转（R）］：40　　　　//输入 40 并回车

绘图结果如图 3-41 所示。

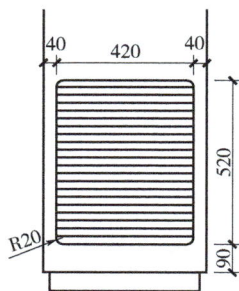

图 3-39　绘制空调下部分隔线　　　图 3-40　捕捉空调出风口的中点　　　图 3-41　绘制椭圆

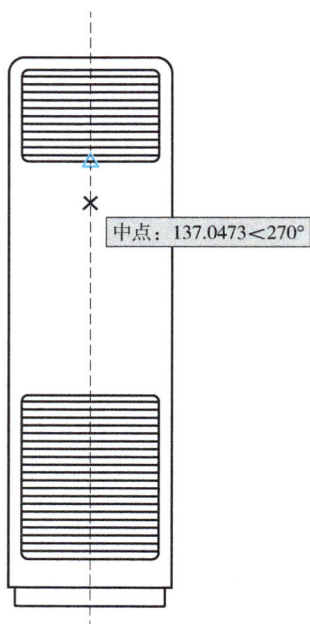

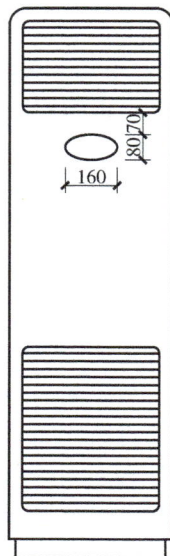

任务 3.6　拓展任务

1. 思考并回答下列问题

（1）如何绘制圆角矩形？

（2）举例说明偏移命令的作用和使用方法。

（3）如何用【相切、相切、相切】命令方式绘制圆？

（4）说明修剪命令的用法。

（5）说明镜像命令的用法。

（6）环形阵列和矩形阵列各适用于绘制什么样的图形？

2. 选择正确的答案

（1）多段线命令是（　　　）。

A．LINE

B．PLINE

C．RECTANG

D．FILLET

（2）下列输入点的方式中，是相对直角坐标的为（　　　）。

A．100，320

B．135，232

C．@223，135

D．35<30

3. 绘制下列图形

（1）电冰箱立面图，如图 3-42 所示。

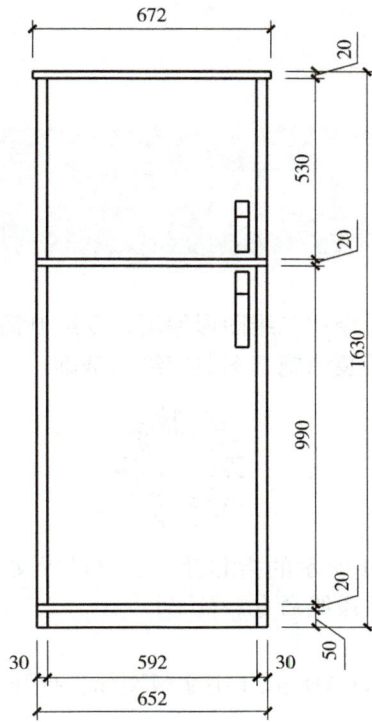

图 3-42 电冰箱立面图

（2）电视柜平面图，如图 3-43 所示。

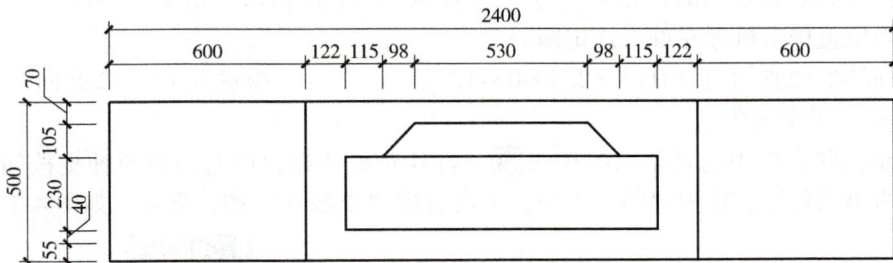

图 3-43 电视柜平面图

项目4

绘制各类建筑图元

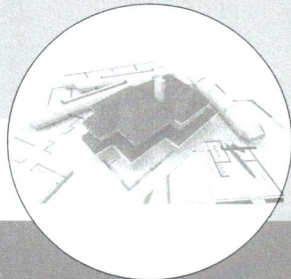

本项目运用二维基本绘图命令和二维图形编辑命令绘制简单的建筑图块，同时学习工程标注的方法，进一步为绘制建筑装饰施工图奠定绘图基础。

任务 4.1 绘制指北针

以 1:1 的比例绘制如图 4-1 所示的指北针。学习设置文字样式、进行文字标注、学习单行文字命令，并进一步学习多段线命令。

1. 新建文件

双击 Windows 桌面上的 AutoCAD 2024 中文版图标，打开 AutoCAD 2024，新建一个图形文件。

2. 运用细实线绘制圆

单击【绘图】面板中圆命令按钮，或在命令行输入 C 回车，命令行提示如下：

命令：_circle 指定圆的圆心或[三点(3P)/两点(2P)/相切、相切、半径(T)]：　　//绘图区内适当位置单击鼠标左键，指定圆心

指定圆的半径或[直径(D)]<2.5000>:12　　　　　　　　　//输入半径 12 并回车

3. 绘制多段线箭头

(1) 单击状态栏中的对象捕捉按钮，打开对象捕捉。再右击对象捕捉按钮或单击其右侧的小三角号，在弹出的列表中，单击启用"象限点"捕捉模式，如图 4-2 所示。

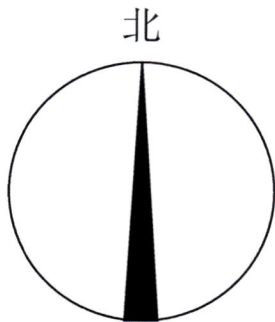

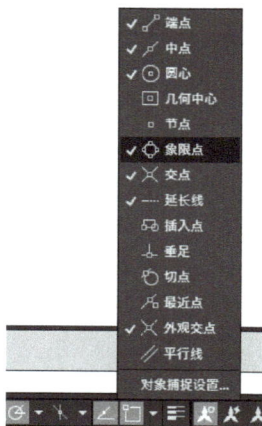

图 4-1　指北针　　　　　　　图 4-2　启用"象限点"捕捉模式

（2）单击【绘图】面板中的多段线命令按钮 ，或在命令行输入 PL 回车，命令行提示如下：

命令：_pline

指定起点： //单击圆上端象限点，如图 4-3 所示

当前线宽为 0.0000

指定下一个点或［圆弧（A）/半宽（H）/长度（L）/放弃（U）/宽度（W）］：W　　//输入 W 并回车选择"宽度"选项

指定起点宽度 <0.0000>：0 //输入 0 并回车，设置起点宽度

指定端点宽度 <0.0000>：3 //输入 3 并回车，设置端点宽度

指定下一个点或［圆弧（A）/半宽（H）/长度（L）/放弃（U）/宽度（W）］： //单击圆下端象限点，如图 4-4 所示

指定下一点或［圆弧（A）/闭合（C）/半宽（H）/长度（L）/放弃（U）/宽度（W）］： //回车

绘制结果如图 4-5 所示。

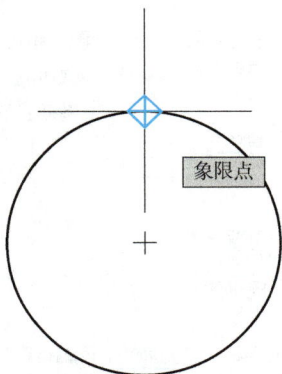

图 4-3 捕捉圆上端象限点　　　　　图 4-4 捕捉圆下端象限点

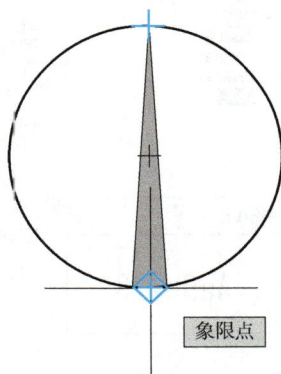

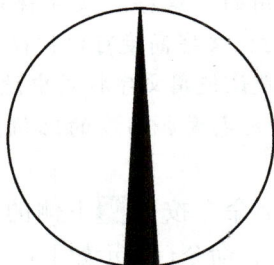

图 4-5 多段线绘制结果

4. 标注指北针方向

（1）创建并设置"汉字"文字样式。单击【注释】面板的按钮，展开注释面板，如图 4-6 所示。单击文字样式命令按钮，弹出【文字样式】对话框。单击【新建】按钮，弹出【新建文字样式】对话框，如图 4-7 所示。在【样式名】文本框中输入新样式名"汉字"，单击【确定】按钮，返回【文字样式】对话框。从【字体名】下拉列表框中

选择"仿宋"字体，【宽度比例】文本框设置为 0.8，【高度】文本框保留默认的值 0，【文字样式】对话框如图 4-8 所示，依次单击【应用】按钮、【置为当前】按钮和【关闭】按钮。

注意：单击下拉菜单栏中的【格式】|【文字样式】命令，或在命令行输入 ST 也可以弹出【文字样式】对话框，进而设置文字样式。

图 4-6　展开注释面板

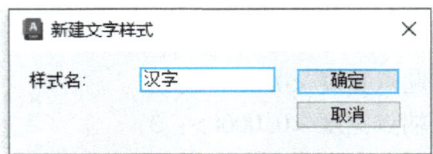

图 4-7　【新建文字样式】对话框

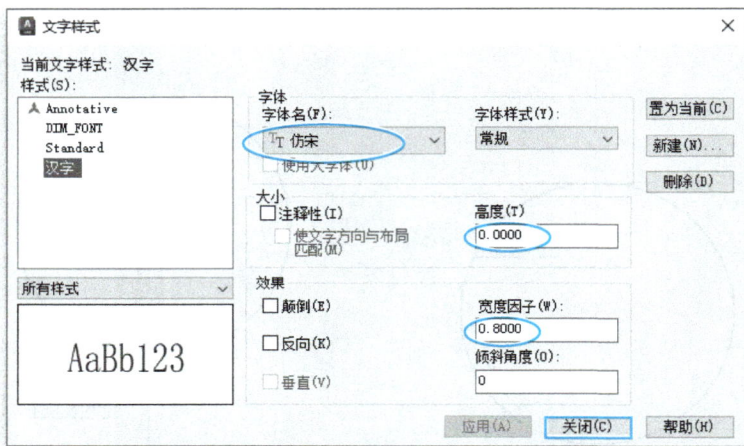

图 4-8　"汉字"文字样式

注意：这里创建了我们后面常用的"汉字"文字样式。如果文字样式将文字的高度设置为 0，则在使用该样式输入文字时，文字高度可以按提示进行设置。如果样式中指定了文字高度，则在用该样式输入文字时默认使用文字样式中设置的文字高度，不再出现文字高度的提示。"宽度因子"指的是文字的宽度和高度的比值，0.800 表示文字的宽度是高度的 0.8 倍。

（2）单击【注释】面板中文字命令按钮 A 下侧的下三角号，再单击单行文字命令 A 单行文字，或在命令行输入 TEXT 回车，命令行提示如下：

命令：_text
当前文字样式："汉字"　文字高度：2.5000　注释性：否　对正：左
指定文字的起点 或［对正（J）/样式（S）］：j　　　//单击"对正"选项
输入选项［左（L）/居中（C）/右（R）/对齐（A）/中间（M）/布满（F）/左上（TL）/中上（TC）/右上（TR）/左中（ML）/正中（MC）/右中（MR）/左下（BL）/中下（BC）/右下（BR）］：mc　　　//单击"正中"对正选项
指定文字的中间点：5　　　　　　//如图 4-9 所示，捕捉箭头的上端点，向上移动光标

追踪延长线方向，输入 5 回车，确定单行文字的中心位置

指定高度 <2.5000>：3.5 　　　　　//输入 3.5 并回车，设置文字高度

指定文字的旋转角度 <0>：　　　　　//回车，取默认的旋转角度 0

此时，绘图区将进入文字编辑状态，输入文字"北"，回车换行，再一次回车结束单行文字命令。

绘制结果如图 4-10 所示。

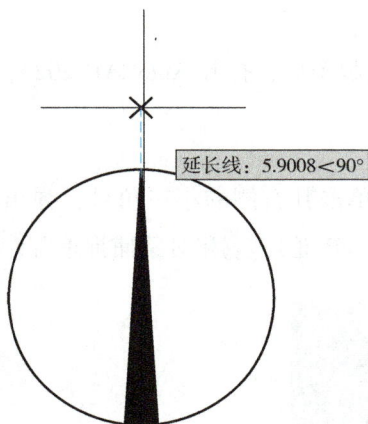

图 4-9　捕捉箭头的上端点向上追踪　　　　图 4-10　指北针绘制结果

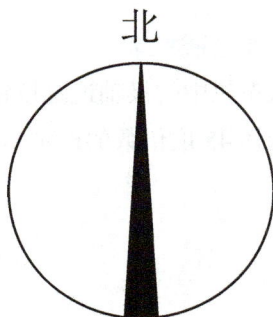

注意：单行文字用来创建内容比较简短的文字对象，如图名、门窗标号等。当前使用的文字样式"汉字"已经将文字的高度设置为 0，命令行显示了"指定高度："选项。双击图形中的文字，或者在命令行输入 DDEDIT 或 ED 回车，可以对单行文字或多行文字的内容进行编辑。在绘图过程中，经常会用到一些特殊的符号，如直径符号、正负公差符号、度符号等，对于这些特殊的符号，可以运用单行文字命令绘制。AutoCAD 提供了相应的控制符来实现其输出功能，在输入文字的提示下，输入相应的控制符，即可实现相应的文字格式或输入相应的符号。常用控制符如表 4-1 所示。

表 4-1　常用控制符

控制符	功能
%%O	打开或关闭文字上划线
%%U	打开或关闭文字下划线
%%D	度（°）符号
%%P	正负公差（±）符号
%%C	圆直径（¢）符号

任务 4.2　绘制标高符号

以 1∶100 的比例绘制如图 4-11 所示的标高符号。进一步学习文字样式设置、单行文字

命令、镜像命令等。

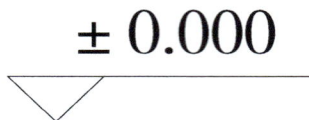

$$\pm\,0.000$$

图 4-11　标高符号

1. 新建文件

双击 Windows 桌面上的 AutoCAD 2024 中文版图标，打开 AutoCAD 2024，新建一个图形文件。

2. 设置 45 度极轴追踪

右键单击状态栏中的极轴追踪按钮或单击其右侧的小三角号，弹出图 4-12 所示极轴设置选项，选择 45 度倍数的极轴角，并打开极轴追踪和对象捕捉追踪功能。

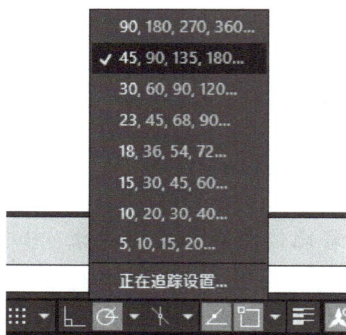

图 4-12　设置 45 度极轴追踪

3. 运用细实线绘制标高符号

（1）绘制长度为 300 的辅助直线。单击【绘图】面板中的直线命令按钮，或在命令行输入 L 回车，命令行提示如下：

命令：_line

指定第一个点：　　　　　　　　　　//在绘图区适当位置单击鼠标左键，确定 A 点（图 4-13）

指定下一点或[放弃(U)]：300　　//沿竖直向上极轴方向输入长度 300 并回车，确定 B 点（图 4-13）

指定下一点或[放弃(U)]：　　　　　　　　//回车

（2）单击【绘图】面板中的直线命令按钮，或在命令行输入 L 回车，命令行提示如下：

命令：_line

指定第一个点：　　　　　　　　　　//捕捉 A 点（图 4-13）并单击

指定下一点或[放弃(U)]：　　　　　　//将光标移至 A 点（图 4-13），出现端点捕捉提示，从 A 点（图 4-13）向 135 度方向移动光标，出现对象追踪线，如图 4-14 所示，再将光标移至 B 点（图 4-13），出现端点捕捉提示，从 B 点向左移动光标，在图 4-14 所示的两

条对象追踪线的交点处单击左键，确定 C 点

指定下一点或［放弃（U）］：2000　　　　　　//沿水平向右极轴方向输入 2000 并回车

指定下一点或［闭合（C）/放弃（U）］：　　　//回车

绘制结果如图 4-13 所示。

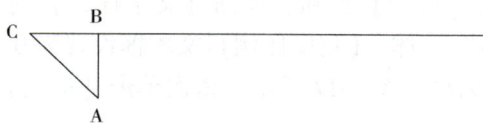

图 4-13　绘制直线

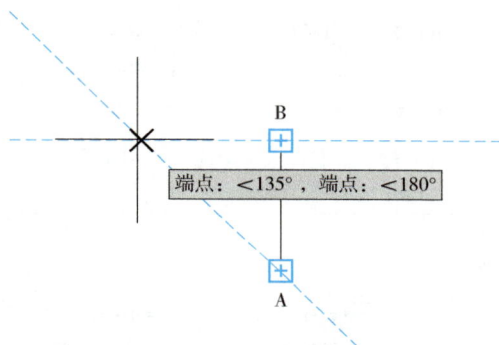

图 4-14　两条对象追踪线的交点

（3）镜像直线 AC。单击【修改】面板中的镜像命令按钮 ⚠ 镜像，或在命令行输入 MI 回车，命令行提示如下：

命令：_mirror

选择对象：找到 1 个　　　　　　　　　　//选择直线 AC

选择对象：　　　　　　　　　　　　　　//回车结束选择

指定镜像线的第一点：　　　　　　　　　//捕捉 A 点单击

指定镜像线的第二点：　　　　　　　　　//捕捉 B 点单击

要删除源对象吗？［是（Y）/否（N）］<N>：　　//回车，默认不删除源对象

（4）删除直线 AB。单击【修改】面板中的删除命令按钮 ✒，或在命令行输入 E 回车，命令行提示如下：

命令：_erase

选择对象：找到 1 个　　　　//选择直线 AB

选择对象：　　　　　　　　//回车结束删除命令

绘制结果如图 4-15 所示。

图 4-15　删除辅助线

4. 运用单行文字命令绘制文字

（1）创建并设置"数字"文字样式。单击【注释】面板的按钮 注释 ▼ ，展开注释面板，单击文字样式命令按钮 A，或在命令行输入 ST 回车，弹出【文字样式】对话框。单击【新建】按钮，弹出【新建文字样式】对话框，如图 4-16 所示。在【样式名】文本框中输入新样式名"数字"，单击【确定】按钮，返回【文字样式】对话框。从【字体名】下拉列表框中选择"romans. shx"字体，【宽度比例】文本框设置为 0.8，【高度】文本框保留默认的值 0，【文字样式】对话框如图 4-17 所示，依次单击【应用】按钮、【置为当前】按钮和【关闭】按钮。

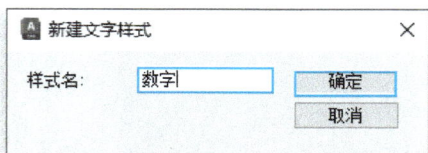

图 4-16　【新建文字样式】对话框

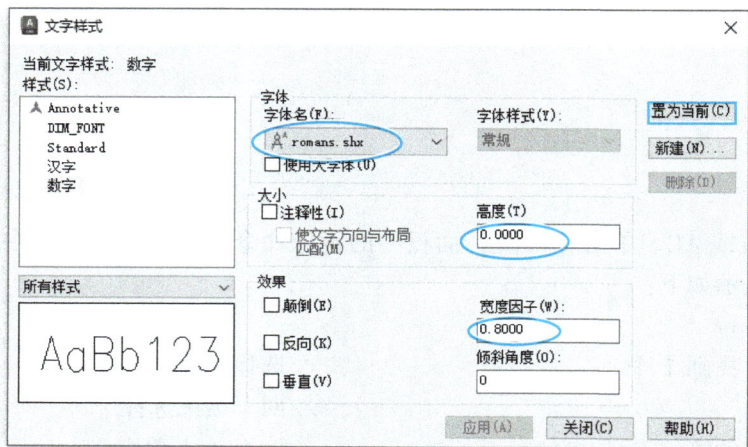

图 4-17　"数字"文字样式

注意：这里创建了后面常用的"数字"文字样式。

（2）单击【注释】面板中文字命令按钮 A 下侧的下三角号，选择单行文字命令 A 单行文字，或在命令行输入 TEXT 回车，命令行提示如下：

命令：_text

当前文字样式："数字"　文字高度：　2.500　注释性：　否　对正：　正中

指定文字的起点 或[对正(J)/样式(S)]：j　　　//单击"对正"选项

输入选项[左(L)/居中(C)/右(R)/对齐(A)/中间(M)/布满(F)/左上(TL)/中上(TC)/右上(TR)/左中(ML)/正中(MC)/右中(MR)/左下(BL)/中下(BC)/右下(BR)]：mc　　　//单击"正中"对正选项

指定文字的中间点 或[对正(J)/样式(S)]：200　　　//如图 4-18 所示，捕捉到辅助线的中点后向上移动光标，沿追踪延长线输入 200 回车，确定单行文字的中心位置

指定高度 <60.0000>：250　　　　　　　//输入 250 并回车，设置高度

指定文字的旋转角度 <0>：　　　　　　　//回车，取默认的旋转角度 0，此时，绘图区进入文字编辑状态，输入文字"%%p0.000"，回车换行，再一次回车结束命令

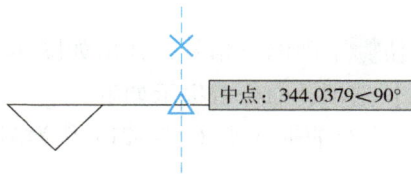

绘制结果如图 4-19 所示。

图 4-18　捕捉辅助线的中点向上追踪　　　　图 4-19　标高符号绘制结果

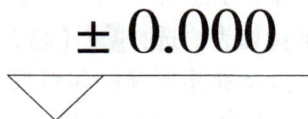

注意：这里用控制符"%%p"输入了正负号"±"，掌握表 4-1 所示的控制符的使用方法。

任务 4.3　绘制门平面图

绘制如图 4-20 所示的内外开双扇门、外开双扇门平面图，进一步学习用矩形命令、圆弧命令、镜像命令等绘制建筑图元的方法。

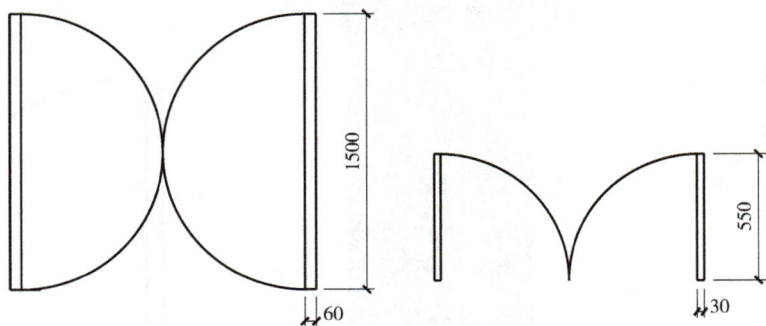

图 4-20　内外开双扇门、外开双扇门平面图

1. 绘制图 4-20 左侧所示的内外开双扇门平面图

（1）双击 Windows 桌面上的 AutoCAD 2024 中文版图标，打开 AutoCAD 2024，新建一个图形文件。

（2）设置绘图界限。单击下拉菜单栏中的【格式】|【图形界限】命令，根据命令行提示指定左下角点为坐标原点，右上角点为"2000，2000"。

在命令行中输入 ZOOM 命令，回车后单击"全部（A）"选项，显示图形界限。

（3）绘制矩形。单击【绘图】面板中的矩形命令按钮 ，或在命令行输入 REC 回车，命令行提示如下：

命令：_rectang

指定第一个角点或［倒角（C）/标高（E）/圆角（F）/厚度（T）/宽度（W）］：　　　　//在绘图区内适当位置单击指定一点

指定另一个角点或［面积（A）/尺寸（D）/旋转（R）］：@ 60，1500　　//输入相对坐标@ 60，1500 并回车，确定矩形的右上角点位置

绘制结果如图 4-21 所示。

（4）绘制圆弧。单击【绘图】面板中圆弧按钮下面的三角号，弹出如图 4-22 所示的圆弧命令下拉列表，选择【起点、端点、方向】选项，命令行提示如下：

命令：_arc 指定圆弧的起点或［圆心（C）］：　　　//捕捉 A 点（图 4-21）作为圆弧的起点

指定圆弧的第二个点或［圆心（C）/端点（E）］：_e

指定圆弧的端点：　　　　　　　　　　　　//捕捉 B 点（图 4-21）作为圆弧的端点

指定圆弧的圆心或［角度（A）/方向（D）/半径（R）］：_d 指定圆弧的起点切向：　　//沿 A 点（图 4-21）水平向右极轴方向任取一点单击鼠标左键确定圆弧的起点切向

绘制结果如图 4-23 所示。

（5）镜像图形。单击【修改】面板中的镜像命令按钮，或在命令行输入 MI 回车，命令行提示如下：

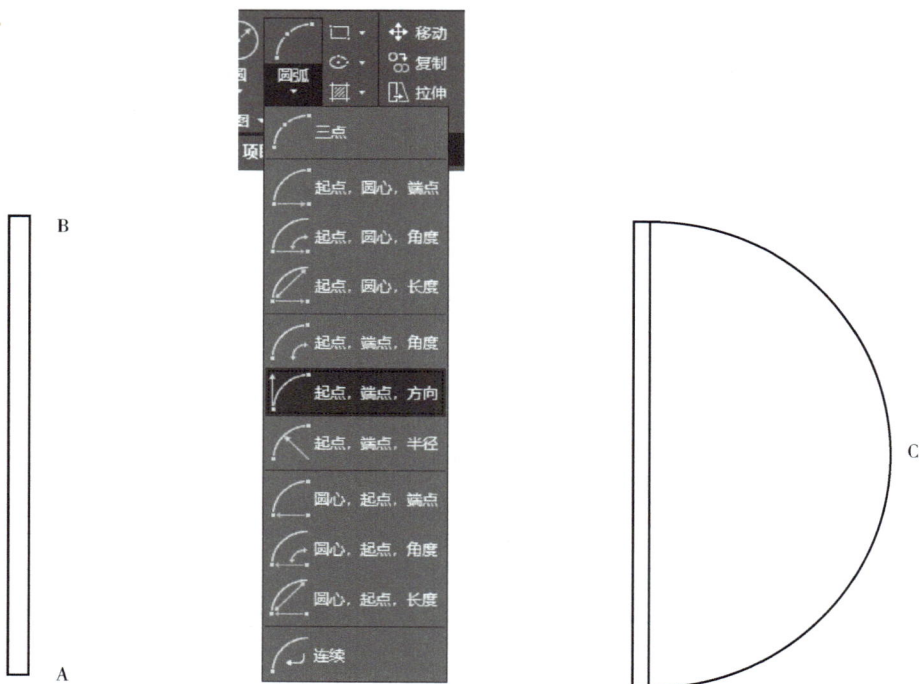

图 4-21　矩形绘制结果　　图 4-22　圆弧命令下拉列表　　图 4-23　圆弧绘制结果

命令：_mirror

选择对象：指定对角点：找到 2 个　　　　//选择图 4-23 中的矩形和圆弧

选择对象：指定镜像线的第一点：　　　　　//回车，结束对象选择，捕捉圆弧中点 C（图 4-23）单击作为镜像线的第一点

指定镜像线的第二点：　　　　　　　//捕捉圆弧中点 C（图 4-23）沿竖直方向向上追踪，在追踪线上任意一点单击，作为镜像线的第二点

要删除源对象吗？［是(Y)/否(N)］<否>：　　　　　//回车，不删除源对象

镜像结果如图 4-20 左图所示。

2. 绘制图 4-20 右侧所示的外开双扇门平面图

（1）双击 Windows 桌面上的 AutoCAD 2024 中文版图标，打开 AutoCAD 2024，新建一个图形文件。

（2）设置绘图界限。单击下拉菜单栏中的【格式】|【图形界限】命令，根据命令行提示指定左下角点为坐标原点，右上角点为"1000，1000"。

在命令行中输入 ZOOM 命令，回车后单击"全部（A）"选项，显示图形界限。

（3）绘制矩形。单击【绘图】面板中的矩形命令按钮 ▭，或在命令行输入 REC 回车，命令行提示如下：

命令：_rectang

指定第一个角点或［倒角(C)/标高(E)/圆角(F)/厚度(T)/宽度(W)］：　　//在绘图区域内适当位置单击指定第一个角点

指定另一个角点或［面积(A)/尺寸(D)/旋转(R)］：@30，550　　//输入相对坐标"30，550"并回车，确定矩形的右上角点位置

绘制结果如图 4-24 所示。

（4）绘制圆弧。单击【绘图】面板中圆弧按钮下面的三角号，在弹出的圆弧命令下拉列表中选择【起点、圆心、端点】选项，命令行提示如下：

命令：_arc 指定圆弧的起点或［圆心(C)］：　　//捕捉 D 点（图 4-24）作为圆弧的起点

指定圆弧的第二个点或［圆心(C)/端点(E)］：_c 指定圆弧的圆心：　　//捕捉 E 点（图 4-24）作为圆弧的圆心

指定圆弧的端点或［角度(A)/弦长(L)］：　　//沿 E 点水平向左极轴方向任意一点单击鼠标左键

绘制结果如图 4-25 所示。

图 4-24　矩形绘制结果　　　　　图 4-25　圆弧绘制结果

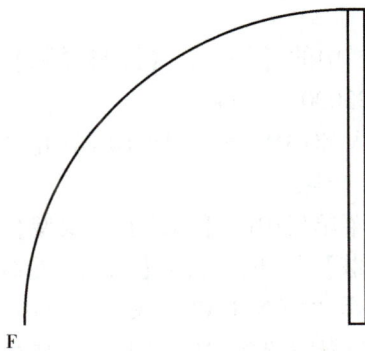

（5）镜像图形。单击【修改】面板中的镜像命令按钮 ⚠ 镜像，或在命令行输入 MI 回车，命令行提示如下：

命令：_mirror

选择对象：指定对角点：找到 2 个　　　//选择图 4-25 中的矩形和圆弧

选择对象：　指定镜像线的第一点：　　　//回车，结束选择，捕捉圆弧端点 F（图 4-25）单击，作为镜像线的第一点

指定镜像线的第二点：　　　//沿竖直追踪线方向上任意一点作为镜像线的第二点

要删除源对象吗？［是(Y)/否(N)］<否>：　　　//回车，不删除源对象

镜像后结果如图 4-20 右图所示。

任务 4.4　绘制轴线和柱子

绘制如图 4-26 所示的轴网分布图。本任务用到直线命令、矩形命令、复制命令、偏移命令和镜像命令的使用方法，还涉及线型比例设置的知识。

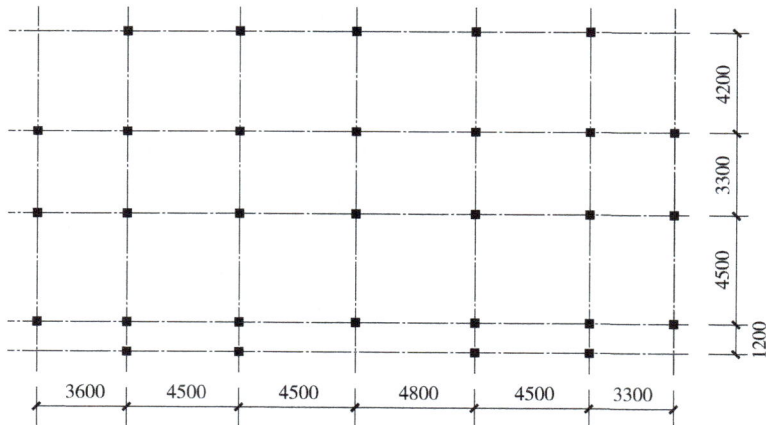

图 4-26　轴网分布图

1. 设置绘图界限

单击下拉菜单栏中的【格式】|【图形界限】命令，根据命令行提示指定左下角点为原点，右上角点为"33000,33000"。

在命令行中输入 ZOOM 命令，回车后单击"全部（A）"选项，显示图形界限。

2. 加载点划线"CENTER2"线型

（1）单击下拉菜单栏中的【格式】|【线型】命令，弹出【线型管理器】对话框。

（2）单击【加载】按钮，弹出【加载或重载线型】对话框，如图 4-27 所示。从【可用线型】列表框中选择"CENTER2"线型，单击【确定】按钮，返回【线型管理器】对话框，从该对话框的列表中选择"CENTER2"线型，并单击【当前】按钮，即可将当前线型设置为 CENTER2 线型。单击【显示细节】按钮，【线型管理器】对话框下面显示选中型的

详细信息，将【全局比例因子】的值改为100。此时【线型管理器】对话框如图4-28所示。单击【确定】按钮，关闭【线型管理器】对话框。

注意：单击【显示细节】按钮，该按钮将转变为【隐藏细节】按钮，同时显示【详细信息】选项区域。如果再单击【隐藏细节】按钮，该按钮将再次转变为【显示细节】按钮，同时【详细信息】选项区域再次被隐藏。

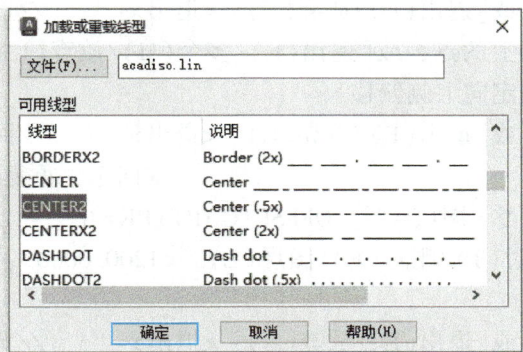

图 4-27 【加载或重载线型】对话框

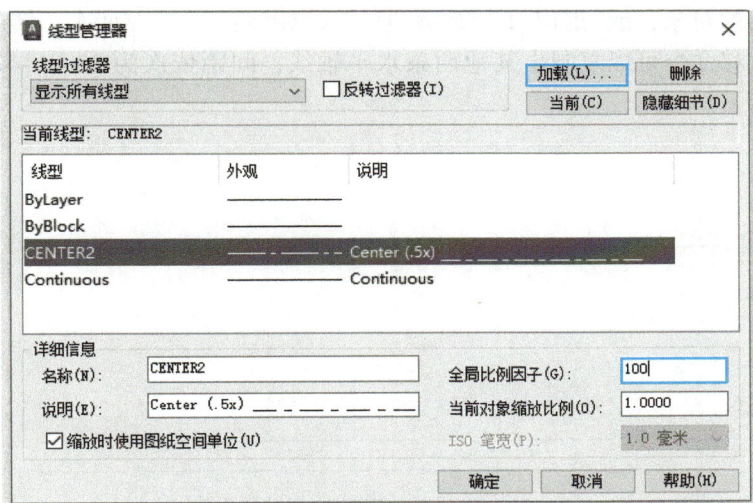

图 4-28 【线型管理器】对话框

3. 绘制水平轴线

（1）运用直线命令绘制第一条水平轴线。单击【绘图】面板中的直线命令按钮，或在命令行输入 L 回车，命令行提示如下：

命令：_line 指定第一点：   //在绘图区内适当位置单击

指定下一点或[放弃(U)]：27000   //沿水平向右的极轴方向输入轴线长度27000并回车

指定下一点或[放弃(U)]：   //回车，结束命令

（2）运用偏移命令复制其他的水平轴线。单击【修改】面板中的偏移命令按钮，或

在命令行输入 O 回车，命令行提示如下：

命令：_offset

当前设置：删除源＝否　图层＝源　OFFSETGAPTYPE＝0

指定偏移距离或［通过（T）/删除（E）/图层（L）］<30.0000>：1200　　　　//输入两条轴线之间的间距 1200 并回车

选择要偏移的对象，或［退出（E）/放弃（U）］<退出>：　　//选择第一条水平轴线

指定要偏移的那一侧上的点，或［退出（E）/多个（M）/放弃（U）］<退出>：　　//在所选水平轴线的上侧单击确定向上侧偏移

选择要偏移的对象，或［退出（E）/放弃（U）］<退出>：　　//回车，结束命令

命令：OFFSET　　　　　　　　　　　　　　//回车，重复执行偏移命令

当前设置：删除源＝否　图层＝源　OFFSETGAPTYPE＝0

指定偏移距离或［通过（T）/删除（E）/图层（L）］<1200.0000>：　4500　　　//输入偏移距离 4500 并回车

选择要偏移的对象，或［退出（E）/放弃（U）］<退出>：　　//选择第二条水平轴线

指定要偏移的那一侧上的点，或［退出（E）/多个（M）/放弃（U）］<退出>：　　//在所选水平轴线的上侧单击确定向上侧偏移

选择要偏移的对象，或［退出（E）/放弃（U）］<退出>：　　//回车，结束命令

同样，用偏移命令可以复制出其他两条水平轴线，间距依次为 3300、4200，绘制结果如图 4-29 所示。

图 4-29　水平轴线绘制结果

4. 绘制竖直轴线

（1）运用直线命令绘制第一条竖直轴线。

命令：_line 指定第一点：　　　　//在适当位置单击确定竖直轴线的一个端点

指定下一点或［放弃（U）］：　　　　//在适当位置单击确定竖直轴线的另一个端点

指定下一点或［放弃（U）］：　　　　//回车，结束命令

结果如图 4-30 所示。

（2）运用偏移命令绘制其他的竖直轴线。单击【修改】面板中的偏移命令按钮，或在命令行输入 O 回车，命令行提示如下：

命令：_offset

当前设置：删除源=否　图层=源　OFFSETGAPTYPE=0

指定偏移距离或[通过(T)/删除(E)/图层(L)]<4200.0000>：　3600　　//输入偏移距离3600

选择要偏移的对象，或[退出(E)/放弃(U)]<退出>：　　//选择第一条竖直轴线

指定要偏移的那一侧上的点，或[退出(E)/多个(M)/放弃(U)]<退出>：　//在所选竖直轴线的右侧单击以确定右侧偏移

选择要偏移的对象，或[退出(E)/放弃(U)]<退出>：　　//回车，结束命令

同样，用偏移命令可以复制其他的竖直轴线，其间距依次为4500、4500、4800、4500、3300。绘制结果如图4-31所示。

图 4-30　第一条竖直轴线绘制结果

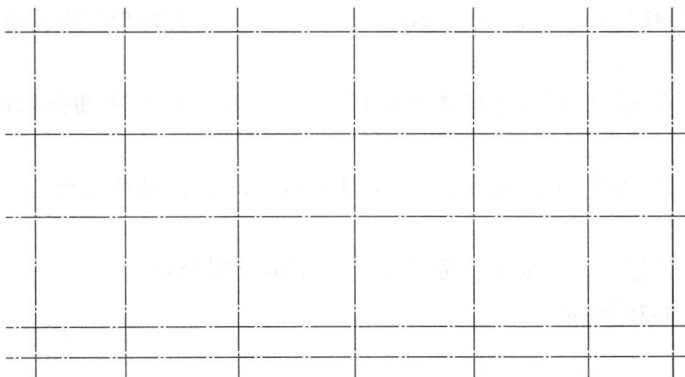

图 4-31　竖直轴线绘制结果

5. 绘制柱子

（1）绘制矩形。单击【绘图】面板中的矩形命令按钮，或在命令行输入 REC 回车，命令行提示如下：

命令：_rectang

指定第一个角点或[倒角(C)/标高(E)/圆角(F)/厚度(T)/宽度(W)]：　　//在绘图区任意一点单击

指定另一个角点或[面积(A)/尺寸(D)/旋转(R)]：@240,240　　//输入相对直角坐

标@ 240，240 确定矩形的另一个角点，回车结束命令

（2）填充矩形。单击【绘图】面板中的填充命令按钮▦，或在命令行输入 H 回车，弹出【图案填充创建】面板，如图 4-32 所示。单击选择 SOLID 图案，再在绘图区的矩形内部任意位置单击拾取点，然后单击【关闭图案填充创建】按钮，关闭【图案填充创建】面板。结果如图 4-33 所示。

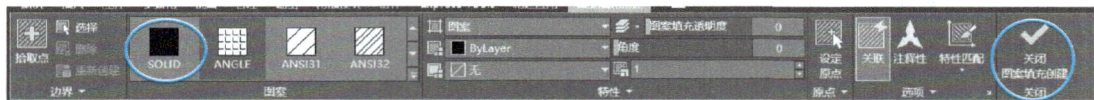

图 4-32　【图案填充创建】面板

图 4-33　矩形填充结果

（3）复制填充矩形。单击【修改】面板中的复制命令按钮🖧 复制，或在命令行输入 CO 回车，命令行提示如下：

命令：_copy

选择对象：指定对角点：找到 2 个　　　　　　　//选择填充的矩形

选择对象：　　　　　　　　　　　　　　　　//回车，结束对象选择状态

当前设置：　复制模式 = 多个

指定基点或[位移（D）/模式（O）]<位移>：　　//捕捉矩形的中心点为基点，如图 4-34 所示

指定第二个点或 <使用第一个点作为位移>：　　//然后依次捕捉轴网的交点，复制填充矩形

指定第二个点或[退出（E）/放弃（U）]<退出>：　//捕捉轴线的交点，复制填充矩形

……

依次捕捉轴网的交点进行复制，完成后回车结束复制命令。

绘制结果如图 4-26 所示。

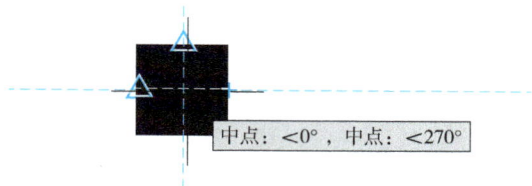

图 4-34　捕捉填充矩形的中心点

注意：在复制柱子时，可以先复制一条轴线上的所有柱子，再把这组柱子复制到其他轴线上。这样能加快绘图速度。

任务 4.5　标注设计说明

用多行文字命令创建如图 4-35 所示的项目概况说明。

（1）用和任务 4.1 同样的方法创建"汉字"文字样式。

（2）单击【注释】面板中的多行文字命令按钮 **A**，或在命令行输入 MT 回车，命令行提示如下：

命令：_mtext

当前文字样式："汉字"　文字高度：　250　注释性：否

指定第一角点：　　　　　　　　　//在绘图区任意一点单击

指定对角点或［高度（H）/对正（J）/行距（L）/旋转（R）/样式（S）/宽度（W）/栏（C）］：

//指定矩形框的另一角点，弹出【文字编辑器】工具栏和文字窗口

项目概况：
1.本工程位于辽阳市，具体位置详见总平面图
2.本工程总建筑面积12000m²，基底建筑面积为1200m²
3.建筑层数、高度：10层、建筑主体高度42m
4.设计内容：本工程为办公楼
5.建筑结构形式：框架结构，正常使用年限为50年，抗震设防烈度为7级

图 4-35　项目概况说明

在【文字编辑器】工具栏中，选择"汉字"文字样式，文字高度设置为 200，在文字窗口中输入相应的项目概况说明，如图 4-36 所示。然后单击【关闭文字编辑器】按钮。

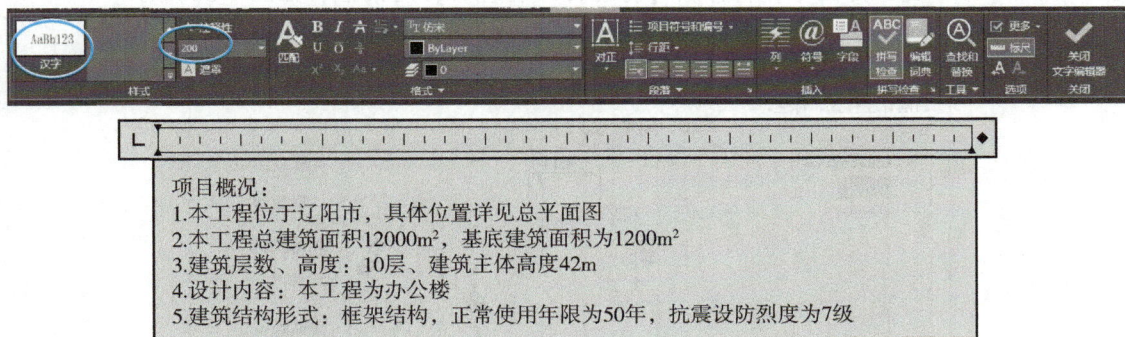

项目概况：
1.本工程位于辽阳市，具体位置详见总平面图
2.本工程总建筑面积12000m²，基底建筑面积为1200m²
3.建筑层数、高度：10层、建筑主体高度42m
4.设计内容：本工程为办公楼
5.建筑结构形式：框架结构，正常使用年限为50年，抗震设防烈度为7级

图 4-36　【文字编辑器】工具栏和文字窗口内容

注意：如果【注释】面板中的文字命令按钮为单行文字按键，则需要单击下侧的下三角号，选择多行文字命令。多行文字可以包含不同高度的字符。要使用堆叠文字，文字中必须包含插入符（^）、正向斜杠（/）或磅符号（#）。选中要进行堆叠的文字，单击鼠标右键，然后在快捷菜单中单击"堆叠"，即可将堆叠字符左侧的文字堆叠在右侧的文字之上。选中堆叠文字，单击鼠标右键，单击选择"堆叠特性"，弹出【堆叠特性】对话框，如图 4-37 所示。"文字"选项可以分别编辑上面和下面的文字，"外观"选项控制堆叠文字的堆叠样式、位置和大小。

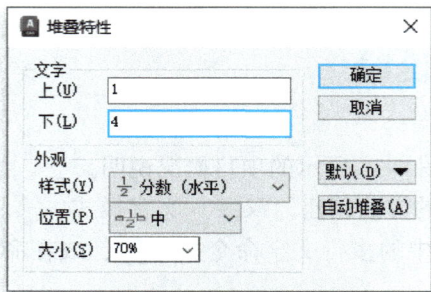

图 4-37 【堆叠特性】对话框

任务 4.6 标注轴网图

标注如图 4-26 所示的轴网图尺寸。通过本任务学习设置标注样式的方法，学习尺寸标注的方法。

1. 打开任务 4.4 绘制的轴网图文件

2. 用与任务 4.2 相同的方法创建"数字"文字样式

3. 新建"建筑"标注样式

（1）单击下拉菜单栏中的【格式】|【标注样式】命令；也可以单击【注释】面板的按钮 注释 ▼，展开注释面板，如图 4-6 所示。单击【注释】面板中的 按钮，或者在命令行输入 DIMSTYLE 或 D 并回车，将弹出【标注样式管理器】对话框，如图 4-38 所示。

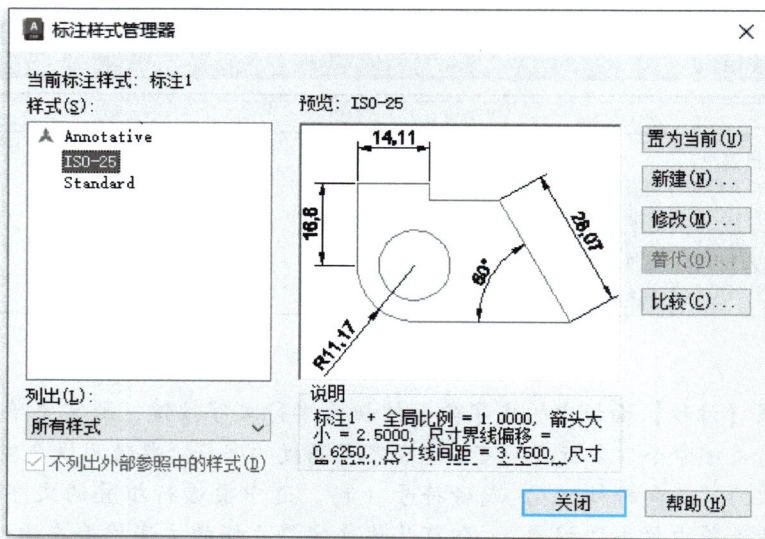

图 4-38 【标注样式管理器】对话框

注意：在【样式】列表框中列出了当前文件所设置的所有标注样式，【预览】显示框显示【样式】列表框中所选的尺寸标注样式。【置为当前】按钮可以将【样式】列表框中所选的尺寸标注样式设置为当前样式,【新建】按钮可新建尺寸标注样式,【修改】按钮可修改当前选中的尺寸标注样式。

(2)单击【新建】按钮,弹出【创建新标注样式】对话框,选择【基础样式】为"ISO-25",在【新样式名】文本框中输入"建筑"样式名,如图4-39所示。

注意:【基础样式】下拉列表框可以选择新建标注样式的模板,新建的标注样式将在此样式的基础上进行修改。

(3)单击【继续】按钮,将弹出【新建标注样式:建筑】对话框,单击【线】选项卡,将【尺寸界线】选项区域中的【起点偏移量】值设置为3,如图4-40所示。

注意:【新建标注样式:建筑】对话框包含【线】【符号和箭头】【文字】【调整】【主单位】【换算单位】和【公差】七个选项卡。各选项卡的功能及作用如下:

【线】选项卡:用来设置尺寸线及尺寸界线的格式和位置。

【符号和箭头】选项卡:用来设置箭头及圆心标记的样式和大小、弧长符号的样式、半径折弯角度等参数。

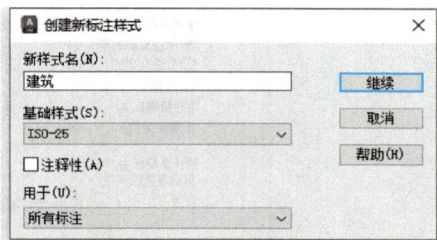

图4-39 【创建新标注样式】对话框

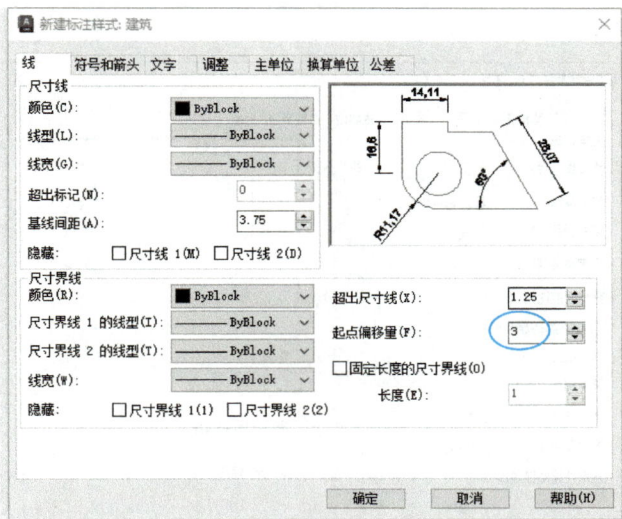

图4-40 【新建标注样式:建筑】对话框

【文字】选项卡:用来设置文字的外观、位置、对齐方式等参数。

【调整】选项卡:用来设置标注特征比例、文字位置等,还可以根据尺寸界线的距离设置文字和箭头的位置。

【主单位】选项卡：用来设置主单位的格式和精度。

【换算单位】选项卡：用来设置换算单位的格式和精度。

【公差】选项卡：用来设置公差的格式和精度。

（4）单击【符号和箭头】选项卡，在【箭头】选项区域中，将箭头的格式设置为"建筑标记"，箭头大小设置为"1.5"，如图4-41所示。

（5）单击【文字】选项卡，在【文字外观】选项区域中，从【文字样式】下拉列表框中选择"数字"文字样式，【文字高度】设置为2.5，如图4-42所示。

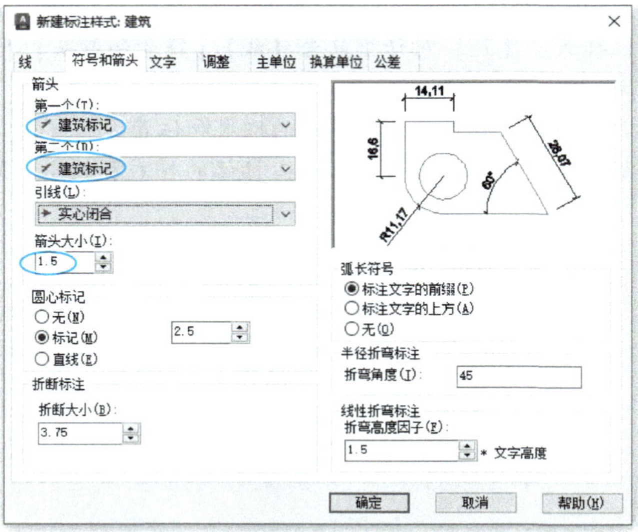

图 4-41　【符号和箭头】选项卡

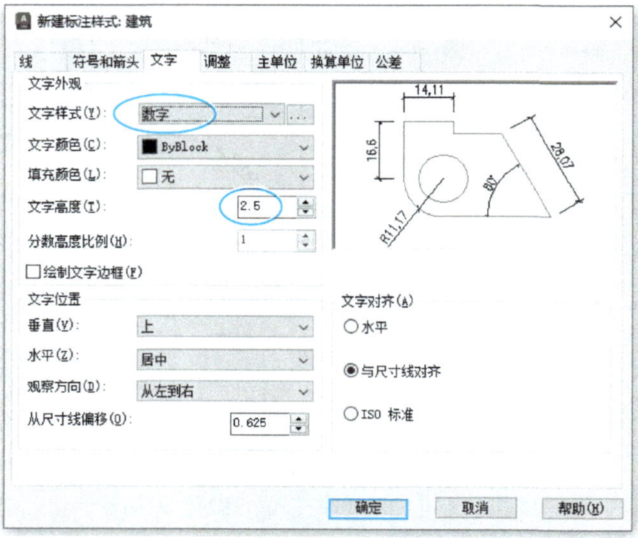

图 4-42　【文字】选项卡

（6）单击【调整】选项卡，在【文字位置】选项区域中，选择"尺寸线上方，不带引线"单选按钮，【使用全局比例】设置为 200，如图 4-43 所示。

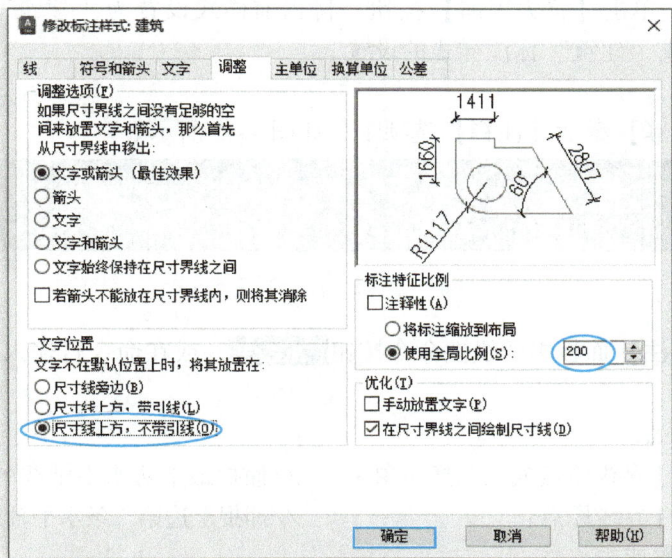

图 4-43 【调整】选项卡

注意：实际绘图时，需要根据比例调整全局比例。例如：出图比例为 1：100，可将"使用全局比例"设置为 100，使得 AutoCAD 中尺寸标注的各项值等于标注样式管理器对话框中的对应值乘以 100，但测量的尺寸数值不受影响。

（7）单击【主单位】选项卡，将【线性标注】选项区域的【单位格式】设置为"小数"，【精度】设置为"0"，如图 4-44 所示。

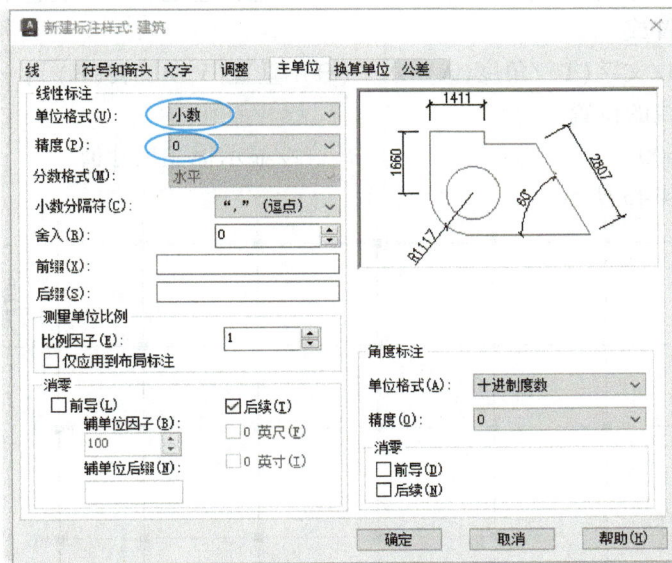

图 4-44 【主单位】选项卡

（8）单击【确定】按钮，回到【标注样式管理器】对话框，在【样式】列表框中选择"建筑"标注样式，单击【置为当前】按钮，将当前样式设置为"建筑"标注样式，单击【关闭】按钮，完成"建筑"标注样式的设置。

4. 标注轴网图尺寸

（1）单击【注释】激活【注释】选项卡，如图 4-45 所示。

图 4-45　激活【注释】选项卡

（2）单击【标注】面板中的线性命令按钮 线性，或在命令行输入 DIML 回车，命令行提示如下：

命令：_dimlinear

指定第一个尺寸界线原点或 <选择对象>：　　//捕捉最上边水平轴线的右端点单击

指定第二条尺寸界线原点：　　　　　　　　//捕捉上边第二条水平轴线的右端点单击

指定尺寸线位置或

[多行文字（M）/文字（T）/角度（A）/水平（H）/垂直（V）/旋转（R）]：　　//在适当位置单击鼠标左键确定尺寸线的位置

标注文字 = 4200　　　　　　　　　　　//显示标注尺寸值

命令：　　　　　　　　　　　　　　　//回车重复执行线性标注命令

DIMLINEAR

指定第一个尺寸界线原点或 <选择对象>：　　//捕捉最左边竖直轴线的下端点单击

指定第二条尺寸界线原点：　　　　　　　　//捕捉左边第二条竖直轴线的下端点单击

指定尺寸线位置或

[多行文字（M）/文字（T）/角度（A）/水平（H）/垂直（V）/旋转（R）]：//在适当位置单击鼠标左键确定尺寸线的位置

标注文字 = 3600　　　　　　　　　　　//显示标注尺寸值

标注结果如图 4-46 所示。

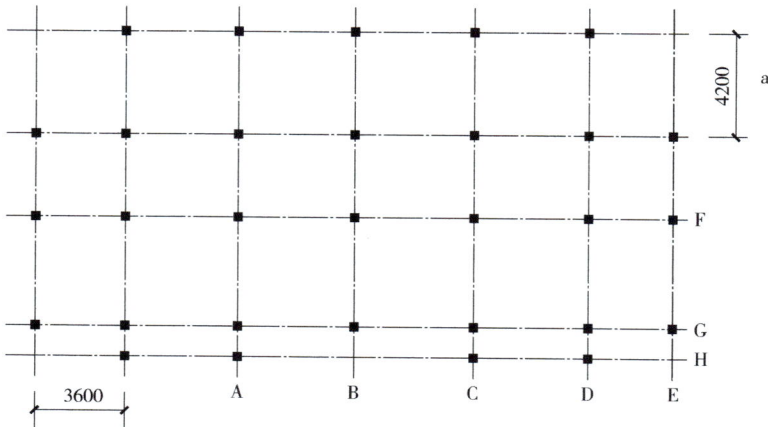

图 4-46　线性标注两个尺寸

注意：线性标注只能标注水平的尺寸和竖直的尺寸，如果想标注倾斜的尺寸，则需要用对齐标注。

（3）单击【标注】面板中的连续命令按钮┤├ 连续，或在命令行输入 DIMC 回车，命令行提示如下：

命令：_dimcontinue

指定第二个尺寸界线原点或［选择(S)/放弃(U)］<选择>：//捕捉端点 A（图 4-46）单击

标注文字 = 4500

指定第二个尺寸界线原点或［选择(S)/放弃(U)］<选择>：//捕捉端点 B（图 4-46）单击

标注文字 = 4500

指定第二个尺寸界线原点或［选择(S)/放弃(U)］<选择>：//捕捉端点 C（图 4-46）单击

标注文字 = 4800

指定第二个尺寸界线原点或［选择(S)/放弃(U)］<选择>：//捕捉端点 D（图 4-46）单击

标注文字 = 4500

指定第二个尺寸界线原点或［选择(S)/放弃(U)］<选择>：//捕捉端点 E（图 4-46）单击

标注文字 = 3300

指定第二个尺寸界线原点或［选择(S)/放弃(U)］<选择>：//回车结束水平连续标注

选择连续标注：   //选择竖直标注 a 单击

指定第二个尺寸界线原点或［选择(S)/放弃(U)］<选择>：//捕捉端点 F（图 4-46）单击

标注文字 = 3300

指定第二个尺寸界线原点或［选择(S)/放弃(U)］<选择>：//捕捉端点 G（图 4-46）单击

标注文字 = 4500

指定第二个尺寸界线原点或［选择(S)/放弃(U)］<选择>：//捕捉端点 H（图 4-46）单击

标注文字 = 1200

指定第二个尺寸界线原点或［选择(S)/放弃(U)］<选择>：//回车结束竖直连续标注

选择连续标注：   //回车结束连续标注命令

连续标注后的结果如图 4-26 所示。

注意：尺寸标注是图形设计的一项重要内容，能够反映对象的真实大小和相互位置。尺寸标注包括线性标注、对齐标注、半径标注、直径标注、引线标注、坐标标注等。AutoCAD 2024 的标注命令和标注编辑命令都集中在【标注】菜单和【注释】面板中。利用这些标注命令可以方便地进行各种尺寸标注。

单击快速访问工具栏右侧的下三角号，弹出自定义快速访问工具栏菜单，如图 4-47 所示，在工具栏中可以通过选择"显示菜单栏"或"隐藏菜单栏"选项打开或关闭菜单栏。单击【标注】菜单，将弹出图 4-48 所示的【标注】子菜单，可以执行其中的各个标注命令。

在图 4-45 所示的【注释】选项卡中，再单击【标注】面板中标注命令下的三角号，弹出各种标注命令，如图 4-49 所示。

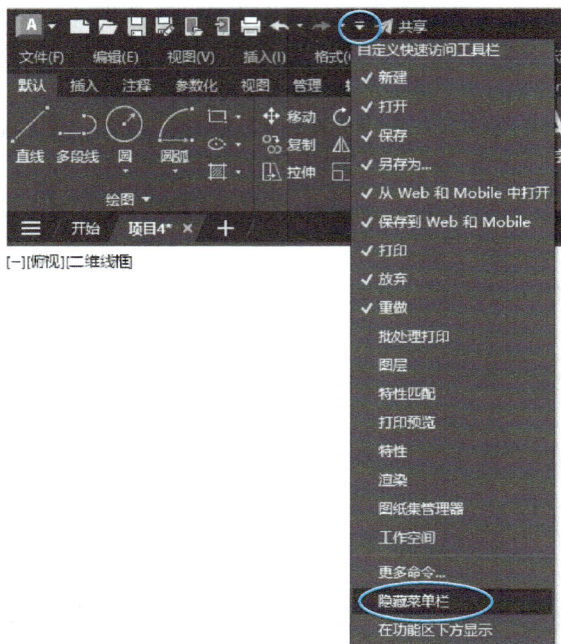

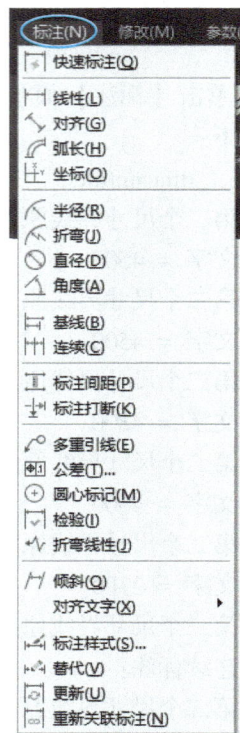

图 4-47　快速访问工具栏　　　　　　　　　　　　　图 4-48　【标注】菜单

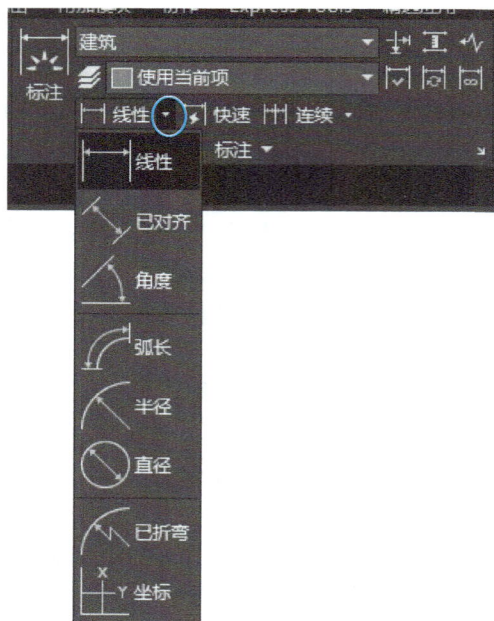

图 4-49　【标注】面板中的标注命令

任务 4.7　绘制旋转楼梯

绘制如图 4-50 所示的旋转楼梯，进一步学习环形阵列命令、学习打断于点命令的使用方法，本任务还用到直线命令、圆弧命令等。

1. 设置绘图界限

单击下拉菜单栏中的【格式】|【图形界限】命令，根据命令行提示指定左下角点为原点，右上角点为"6000，6000"。

在命令行中输入 ZOOM 命令，回车后单击"全部（A）"选项，显示图形界限。

2. 绘制直线

（1）绘制直线 AB。单击【绘图】面板中的直线命令按钮 ⬛，或在命令行输入 L 回车，命令行提示如下：

命令：_line 指定第一点：　　　　//在绘图区域内适当位置单击，确定点 A（图 4-51）

指定下一点或［放弃(U)］：@2400<45　　//输入相对直角坐标@2400<45 回车，确定 B 点的位置

指定下一点或［放弃(U)］：　　　　//回车，结束直线命令

绘制结果如图 4-51 所示。

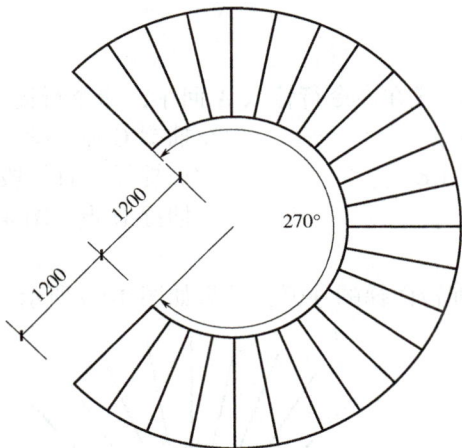

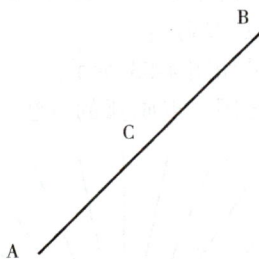

图 4-50　旋转楼梯　　　　　　　　图 4-51　直线绘制结果

（2）将直线 AB 从中点 C 处（图 4-51）断开。单击【修改】面板中【修改】右侧的三角号，单击其中的打断于点命令按钮 ⬛，或在命令行输入 BREAKA 回车，命令行提示如下：

命令：_breakatpoint

选择对象：　　　　　　　　//选择直线 AB（图 4-51）

指定打断点：　　　　　　　//捕捉直线 AB 的中点 C（图 4-51）

注意：捕捉直线 AB 的中点时，应打开"中点"捕捉模式。

3. 阵列直线 AC（图 4-51）

单击【修改】面板中的矩形阵列按钮 ⬛ 阵列 ▾ 右侧的下三角号，选择环形阵列 ⬛ 阵列，

命令行提示如下：

命令：_arraypolar

选择对象：找到 1 个　　　　　　　　　　//选择直线 AC（图 4-51）

选择对象：　　　　　　　　　　　　　　//回车

类型 = 极轴　关联 = 是

指定阵列的中心点或［基点（B）/旋转轴（A）］：　　　//指定 B 点（图 4-52）为阵列的中心点

选择夹点以编辑阵列或［关联（AS）/基点（B）/项目（I）/项目间角度（A）/填充角度（F）/行（ROW）/层（L）/旋转项目（ROT）/退出（X）］<退出>：I　　//输入 I 并回车，或单击"项目"选项

输入阵列中的项目数或［表达式（E）］<6>：25　　　　　//输入 25 并回车

选择夹点以编辑阵列或［关联（AS）/基点（B）/项目（I）/项目间角度（A）/填充角度（F）/行（ROW）/层（L）/旋转项目（ROT）/退出（X）］<退出>：F　　//输入 F 并回车，或单击"填充角度"选项

指定填充角度（+=逆时针、-=顺时针）或［表达式（EX）］<360>：270　　//输入 270 并回车

选择夹点以编辑阵列或［关联（AS）/基点（B）/项目（I）/项目间角度（A）/填充角度（F）/行（ROW）/层（L）/旋转项目（ROT）/退出（X）］<退出>：　　//回车结束环形阵列命令

结果如图 4-52 所示。

4. 绘制圆弧

单击【绘图】面板中圆弧命令按钮，或在命令行输入 A 回车，命令行提示如下：

命令：_arc 指定圆弧的起点或［圆心（C）］：　　　　//捕捉 C 点（图 4-53）

指定圆弧的第二个点或［圆心（C）/端点（E）］：　　//捕捉任一直线段的里侧端点

指定圆弧的端点：　　　　　　　　　　　　　　//捕捉 D 点（图 4-53）

绘制结果如图 4-53 所示。

同样，运用三点画弧的方法可以绘制旋转楼梯的外弧，结果如图 4-50 所示。

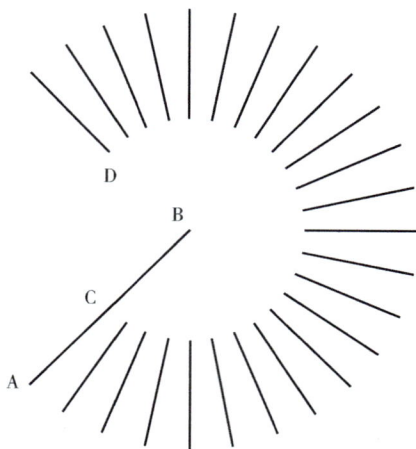

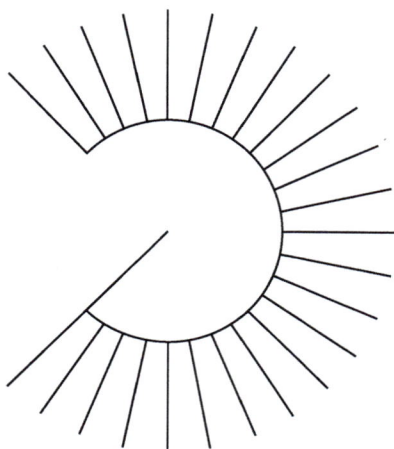

图 4-52　阵列结果　　　　　　　　图 4-53　圆弧绘制结果

任务4.8　拓展任务

1. 思考并回答下面的问题

（1）单行文字命令和多行文字命令有什么区别？各适用于什么情况？

（2）如何创建新的文字样式？

（3）如何新建尺寸标注样式？

（4）标注样式中的全局比例有什么作用？

（5）尝试后说明线性标注和对齐标注有何区别？

（6）尝试后说明基线标注和连续标注有何区别？

2. 通过课后绘图练习，尝试将左侧的命令与右侧的功能对应连接起来

TEXT　　　　　　　　　创建多行文字

MTEXT　　　　　　　　创建表格对象

STYLE　　　　　　　　编辑文字内容

DDEDIT　　　　　　　创建单行文字

TABLE　　　　　　　　创建文字样式

3. 选择正确的答案填写到括号中

（1）以下（　　）命令是多行文字命令。

A. TEXT　　　　　　B. MTEXT　　　　　C. TABLE　　　　　D. STYLE

（2）以下（　　）控制符表示正负公差符号。

A. %%P　　　　　　B. %%D　　　　　　C. %%C　　　　　　D. %%U

（3）中文字体有时不能正常显示，只显示为"?"，或者显示为一些乱码。使中文字体正常显示的方法有（　　）。

A. 选择 AutoCAD 2024 自动安装的 txt. shx 文件

B. 选择 AutoCAD 2024 自带的支持中文字体正常显示的 TTF 文件

C. 在文本样式对话框中，将字体修改成支持中文的字体

D. 拷贝第三方发布的支持中文字体的 SHX 文件

（4）系统默认的 STANDARD 文字样式采用的字体是（　　）。

A. Simplex. shx　　　　B. 仿宋_GB2312　　　　C. txt. shx　　　　D. 宋体

（5）对于 TEXT 命令，下面描述正确的是（　　）。

A. 只能用于创建单行文字

B. 可创建多行文字，每一行为一个对象

C. 可创建多行文字，所有多行文字为一个对象

D. 可创建多行文字，但所有行必须采用相同的样式和颜色

（6）下列各图中的尺寸标注不能由线性标注命令完成的是（　　）。

A. 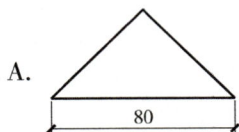　　B. 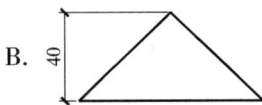　　C. 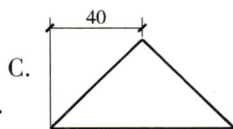　　D.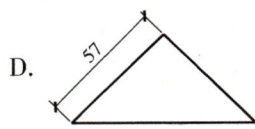

4. 创建"数字"文字样式，要求其字体为"Simplex. shx"，宽度比例为 0.8

5. 用 MTEXT 命令标注以下文字，要求字体采用"仿宋_GB2312"，字高为 50，字体的宽度比例为 0.8

设计要求

（1）本工程所有现浇混凝土构件中受力钢筋的混凝土保护层厚度，梁、柱为 25mm，板厚 100mm 时为 10mm，板厚 130mm 时为 15mm。

（2）梁内纵向受力钢筋搭接和接头位置为图中有斜线的部位，每处接头为 25% 钢筋总面积，悬臂梁不允许有接头和搭接。

6. 绘制如图 4-54 所示的玻璃窗立面图并按图进行标注

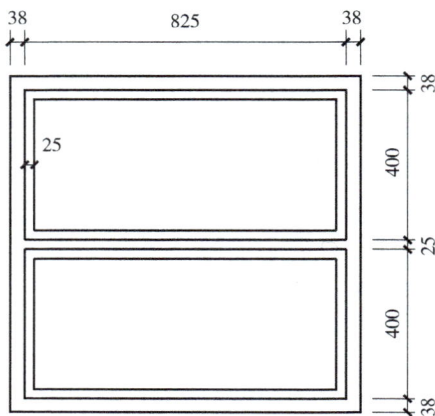

图 4-54　玻璃窗立面图

项目5

绘制住宅原始平面图

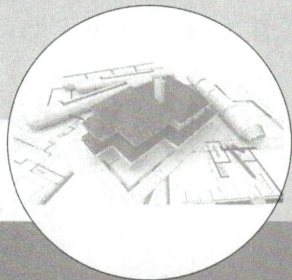

在进行室内装饰施工之前，设计师需要将房型结构、空间关系、房间尺寸等用图样表现出来，即需要绘制原始平面图。本项目绘制如图 5-1 所示的原始平面图，讲述绘制原始平面图的方法。

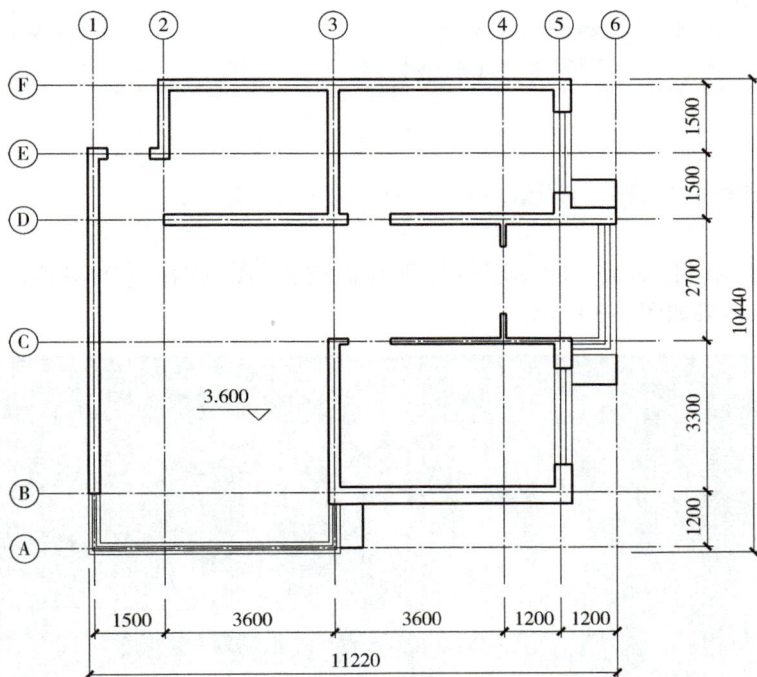

图 5-1　某住宅原始平面图

任务 5.1　设置绘图环境

1. 创建新图形

单击快速访问工具栏中的新建按钮，或在命令行输入 NEW 回车，弹出【选择样板】对话框，如图 5-2 所示。选择【文件名】下拉列表框中的"acadiso.dwt"文件，单击【打开】按钮，新建一个 AutoCAD 文件。

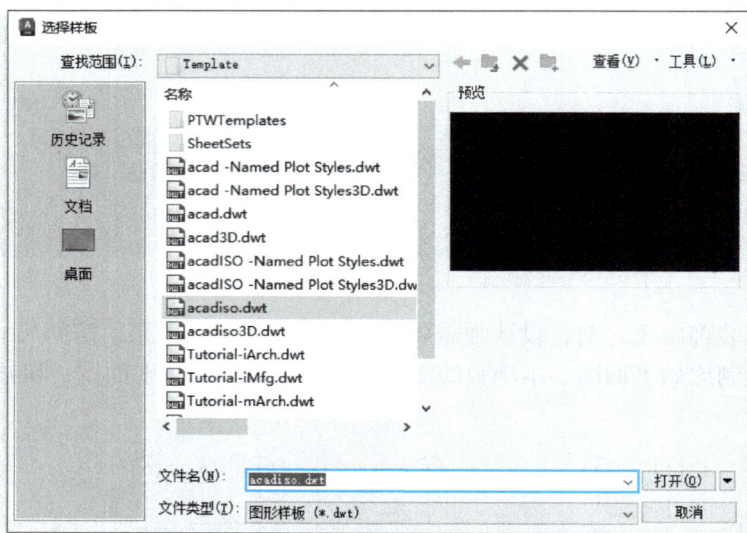

图 5-2　【选择样板】对话框

2. 单击状态栏中的栅格按钮▦，关闭绘图区的栅格显示

3. 设置图层

（1）单击【图层】面板中的图层特性管理器按钮▦，弹出【图层特性管理器】对话框，设置图层，结果如图 5-3 所示。

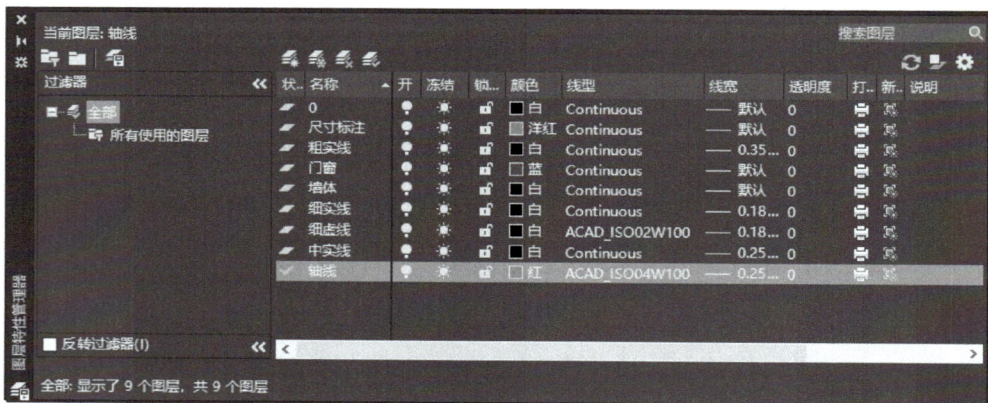

图 5-3　【图层特性管理器】对话框

注意：图层设置方法详见任务 1.6，此处也为后面绘制建筑装饰施工图设置了一些需要的图层。

（2）设置完图层后，单击选择"轴线"图层，单击当前按钮▦，将"轴线"图层设置为当前图层。

（3）单击【图层特性管理器】对话框左上角的▨，关闭【图层特性管理器】对话框。

4. 设置文字样式

（1）单击【注释】面板中 注释▾，打开如图 5-4 所示的注释面板下拉列表。

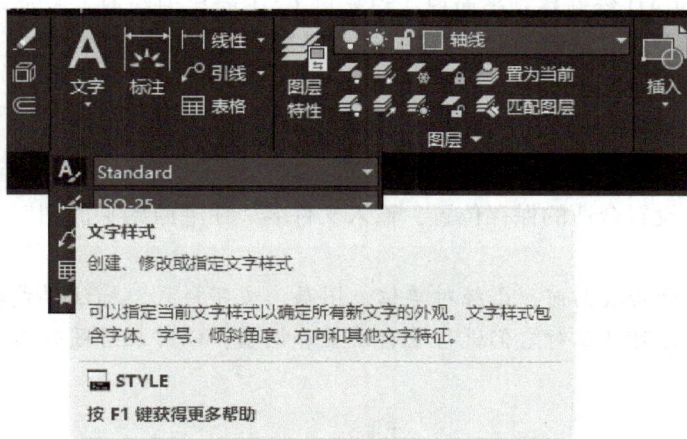

图 5-4　注释面板下拉列表

（2）单击文字样式命令按钮 **A**，或在命令行输入 ST 回车，弹出【文字样式】对话框。按任务 4.1 和任务 4.2 相同的方法，建立两个文字样式："汉字"文字样式和"数字"文字样式。"汉字"样式采用"仿宋"字体，宽度因子设为 0.8，用于填写工程做法、标题栏、会签栏中的汉字样式等；"数字"样式采用"romans.shx"字体，宽度比例设为 0.8，用于书写数字及特殊字符。

（3）单击【关闭】按钮 ✕，关闭【文字样式】对话框。

注意：也可以利用菜单栏中的【格式】【文字样式】命令，或输入命令 ST（或 STYLE）回车，弹出【文字样式】对话框，进而设置文字样式。

5. 设置标注样式

用和任务 4.6 相同的方法，单击图 5-4 中的标注样式命令按钮，或在命令行输入 D 回车，弹出【标注样式管理器】对话框，新建"建筑"标注样式，将【线】选项卡中【尺寸界限】中的"起点偏移量"修改为 3；将【符号和箭头】选项卡中【箭头】中的"第一个"和"第二个"均修改为建筑标记、"箭头大小"修改为 1.5；将【文字】选项卡中【文字外观】中的"文字样式"修改为"数字"，"文字高度"修改为 2.5，【文字位置】中的"从尺寸线偏移"修改为 1.5；将【调整】选项卡中【特性标注比例】中的"使用全局比例"修改为 100，【文字位置】修改为"尺寸线上方，不带引线"；将【主单位】选项卡中【线性标注】中的"精度"修改为 0。然后单击"确定"按钮，再单击"关闭"按钮关闭【标注样式管理器】对话框。

注意：单击下拉菜单栏中的【格式】|【标注样式】，或者在命令行输入 DIMSTYLE 或 D 并回车，也可以执行标注样式命令，弹出【标注样式管理器】对话框。

6. 设置图形单位

单击下拉菜单栏中的【格式】|【单位】，或在命令行输入 UN 命令后回车，弹出如图 1-8 所示的【图形单位】对话框，设置长度的单位为"0"后单击【确定】按钮关闭对话框。

7. 设置线型比例

在命令行输入线型比例命令 LTS 并回车，然后输入 50 回车，将全局比例因子设置为 50。

注意：用 AutoCAD 绘制建筑平面图，均采用 1：1 的比例绘图，长度以 mm 为单位，如果打印输出的比例采用 1：50，为了使点划线在屏幕和图纸上能正常显示，须将全局比例因子设置成比例尺分母的数值。

8. 完成设置并保存文件

单击快速访问工具栏中的保存命令按钮 💾，或在命令行输入 SAVE 回车，打开【图形另存为】对话框。设置合适的保存位置，输入文件名"住宅原始平面图"，单击【保存】命令按钮保存文件。

注意：虽然在开始绘图前，已经对单位、图层、文字样式、标注样式等进行了设置，但是在绘图过程中，随时可以对它们进行重新设置和调整，以防在绘图时因设置不合理而影响绘图。

任务 5.2 绘制轴线

打开任务 5.1 存盘的文件"住宅原始平面图 . dwg"文件，将"轴线"图层设置为当前图层。单击状态栏中的正交限制图标 🔲，打开正交方式（打开正交方式后，移动鼠标时，只能沿水平或竖直方向移动光标），单击状态栏中的正交开关 🔲 右侧的下三角标志，设置对象捕捉方式为"端点"和"交点"捕捉方式。

1. 绘制水平轴线

（1）绘制轴线Ⓐ。单击【绘图】面板中的直线命令按钮 📏，或在命令行输入 L 回车，命令行提示：

命令：_line
指定第一个点：   //在绘图区的左下角适当位置单击鼠标左键
指定下一点或［放弃（U）］：13200   //沿水平向右极轴方向，输入长度 13200 回车
指定下一点或［放弃（U）］：   //按回车键，结束直线命令

在命令行中输入 ZOOM 命令，单击"全部（A）"选项，显示绘制的第一条水平轴线Ⓐ（图 5-5）

注意：轴线的总长度可以根据需要适当调整，本任务中水平轴线长度假设为 13200mm，竖直轴线长度假设为 12000mm。实际绘图时可不采用这两个长度，可在绘图后进行修剪或延伸到合适的长度。

（2）绘制其他水平轴线。单击【修改】面板中的偏移命令按钮 ⊏，或在命令行输入 O 回车，命令行提示：

命令：_offset
当前设置：删除源＝否 图层＝源 OFFSETGAPTYPE＝0
指定偏移距离或［通过（T）/删除（E）/图层（L）］＜通过＞：1200 //输入距离 1200 回车
选择要偏移的对象，或［退出（E）/放弃（U）］＜退出＞： //选择水平轴线Ⓐ轴（图 5-5）
指定要偏移的那一侧上的点，或［退出（E）/多个（M）/放弃（U）］＜退出＞： //在Ⓐ轴（图 5-5）的上侧单击鼠标左键复制出Ⓑ轴

选择要偏移的对象，或[退出(E)/放弃(U)]<退出>：　　　　//按回车键，结束命令

然后按回车键重复偏移命令（或者再一次单击【修改】面板中的偏移命令按钮▣），或在命令行输入 O 回车，命令行提示：

OFFSET

当前设置：删除源=否　图层=源　OFFSETGAPTYPE=0

指定偏移距离或[通过(T)/删除(E)/图层(L)]<1200>：3300　　　//输入Ⓑ、Ⓒ轴（图 5-5）之间的距离 3300 回车

选择要偏移的对象，或[退出(E)/放弃(U)]<退出>：　//选择水平轴线Ⓑ轴（图 5-5）

指定要偏移的那一侧上的点，或[退出(E)/多个(M)/放弃(U)]<退出>：　　//在Ⓑ轴（图 5-5）的上侧单击鼠标左键复制出Ⓒ轴（图 5-5）

选择要偏移的对象，或[退出(E)/放弃(U)]<退出>：　　　//按回车键，结束偏移命令

同理利用偏移命令复制出所有的水平轴线，Ⓒ轴、Ⓓ轴、Ⓔ轴和Ⓕ轴轴线间距，由下至上，分别为 2700、1500、1500

绘制结果如图 5-5 所示。

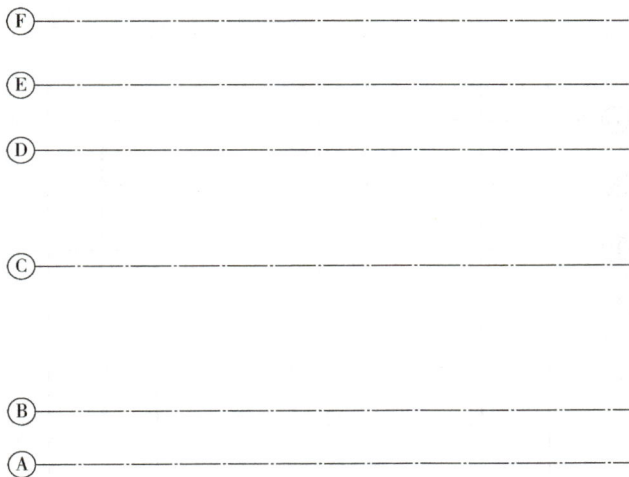

图 5-5　绘制水平轴线

2. 绘制竖直轴线

同样做法，运用直线命令在适当位置画出①轴，长度为 12000，如图 5-6 所示，再运用偏移命令复制出其他的竖直轴线，①～⑥轴线间的距离分别为 1500、3600、3600、1200、1200，绘制结果如图 5-7 所示。

3. 标注轴线尺寸

将"尺寸标注"图层设置为当前图层，将当前标注样式设置为"建筑"标注样式。尺寸标注步骤如下：

（1）单击【注释】面板中的线性命令按钮▣ 线性，或在命令行输入 DIML 回车，命令行提示：

命令：_dimlinear

指定第一个尺寸界线原点或 <选择对象>：　　　　　　//捕捉①轴线下端点

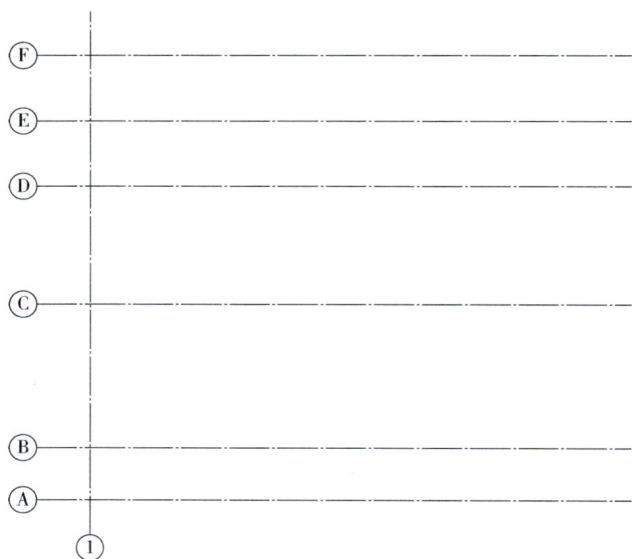

图 5-6　绘制①轴

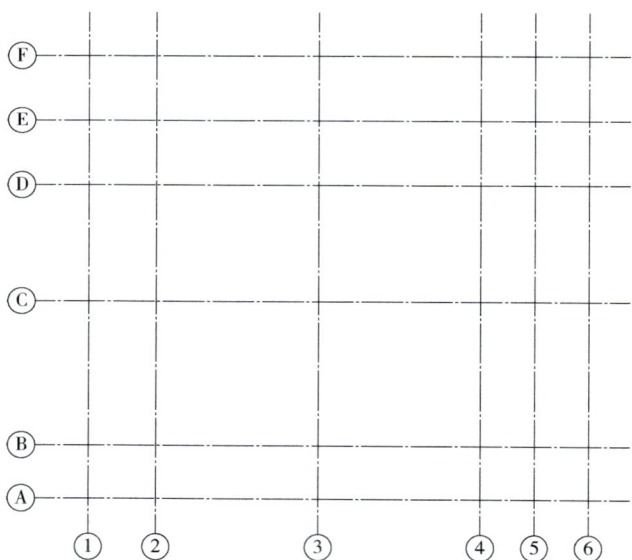

图 5-7　绘制出所有的竖直轴线

指定第二条尺寸界线原点：　　　　　　　　　　　　　　　　//捕捉②轴线下端点

指定尺寸线位置或

[多行文字(M)/文字(T)/角度(A)/水平(H)/垂直(V)/旋转(R)]：//在适当位置单击鼠标左键

标注文字 = 1500

标注结果如图 5-8 所示。

（2）单击快速访问工具栏下面的【注释】，切换"默认"面板集到"注释"面板集，单击【标注】面板中的连续标注命令按钮 ╫ 连续，或在命令行输入 DIMC 回车，根据命令行提示依次选择③、④、⑤、⑥轴线的下端点，命令行提示：

图 5-8　标注线性尺寸

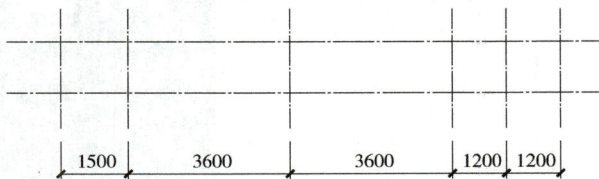

命令：_dimcontinue
指定第二条尺寸界线原点或［放弃（U）/选择（S）］＜选择＞：　　//选择③轴线下端点
标注文字 = 3600
指定第二条尺寸界线原点或［放弃（U）/选择（S）］＜选择＞：　　//选择④轴线下端点
标注文字 = 3600
指定第二条尺寸界线原点或［放弃（U）/选择（S）］＜选择＞：　　//选择⑤轴线下端点
标注文字 = 1200
指定第二条尺寸界线原点或［放弃（U）/选择（S）］＜选择＞：　　//选择⑥轴线下端点
标注文字 = 1200
指定第二条尺寸界线原点或［放弃（U）/选择（S）］＜选择＞：　　//回车结束连续标注

竖直轴线间的水平尺寸标注结果如图 5-9 所示。

（3）同理，利用线性标注命令及连续标注命令标注水平轴线间的竖直尺寸，标注结果如图 5-10 所示。完成后保存文件。

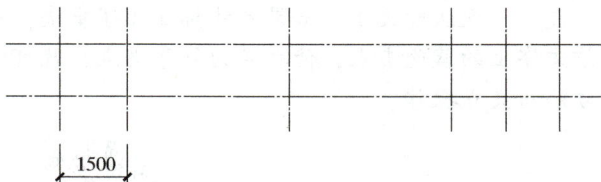

图 5-9　标注水平尺寸

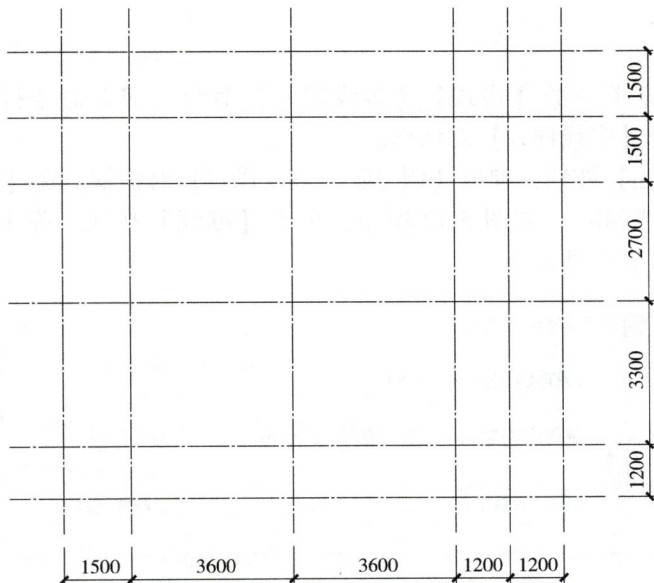

图 5-10　标注竖直尺寸

注意：默认情况下，如果尺寸标注文字重叠，可以单击该标注，出现蓝色夹点后，再单击该文字上的蓝色夹点，使之变为红色夹点，就可以将标注文字移动到适当的位置。这种操作方法叫夹点操作。

任务 5.3　绘制墙体

将"墙体"图层为设置为当前图层。再单击【图层】面板中显示的当前图层右侧的三角号，弹出如图 5-11 所示的图层列表，单击"轴线"图层和"尺寸标注"图层的解锁开关，使之变为锁定状态，锁定"轴线"图层和"尺寸标注"图层。

图 5-11　图层列表

1. 设置多线样式

（1）单击下拉菜单中的【格式】|【多线样式】命令（或在命令行输入 MLST 或 ML-STYLE 回车），弹出【多线样式】对话框。

（2）单击【新建】按钮，弹出【创建新的多线样式】对话框。在【新样式名】文本框中输入多线的名称"240"，如图 5-12 所示，单击【继续】按钮，弹出【新建多线样式：240】对话框，如图 5-13 所示。

图 5-12　【创建新的多线样式】对话框

（3）在【图元】选项框中，分别单击选中两条平行线图元，并分别在【偏移】文本框中设置偏移距离为"120"和"-120"。

（4）单击【确定】按钮，返回【多线样式】对话框，如图5-14所示，完成"240"多线样式的设置。

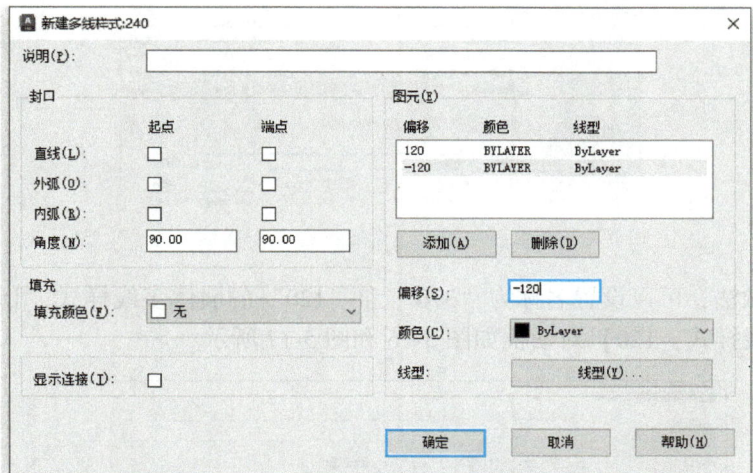

图5-13　"240"墙体多线的设置

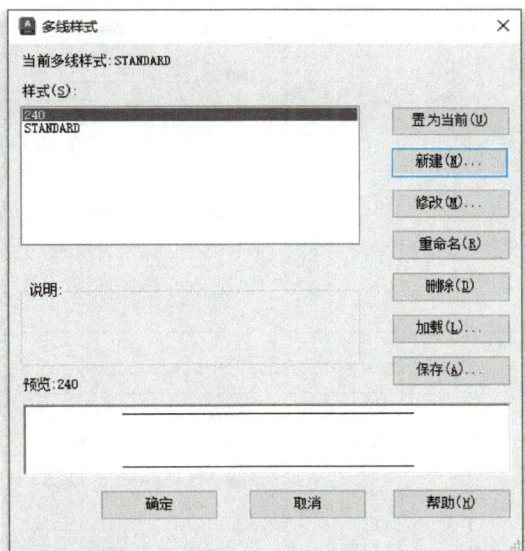

图5-14　【多线样式】对话框

（5）单击【保存】按钮，弹出如图5-15所示的【保存多线样式】对话框，在【文件名】文本框中输入文件名"240墙.mln"，单击【保存】按钮，返回【多线样式】对话框。

注意：单击【多线样式】对话框中的【保存】按钮，将当前多线样式保存为"*.mln"文件，则当前文件的多线样式能通过【多线样式】对话框中的【加载】按钮来加载，从而被其他文件使用。

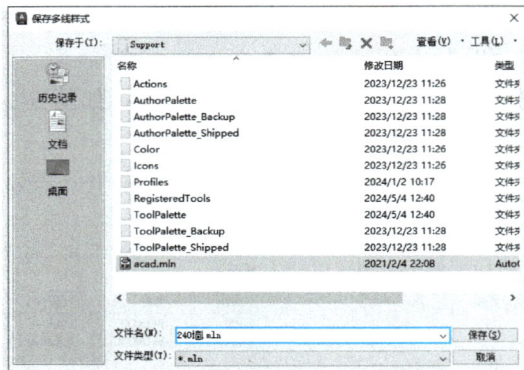

图 5-15　【保存多线样式】对话框

（6）同样做法，可以设置名称为"370"和"120"的墙体多线样式，【新建多线样式：370】【新建多线样式：120】对话框如图 5-16 和图 5-17 所示。

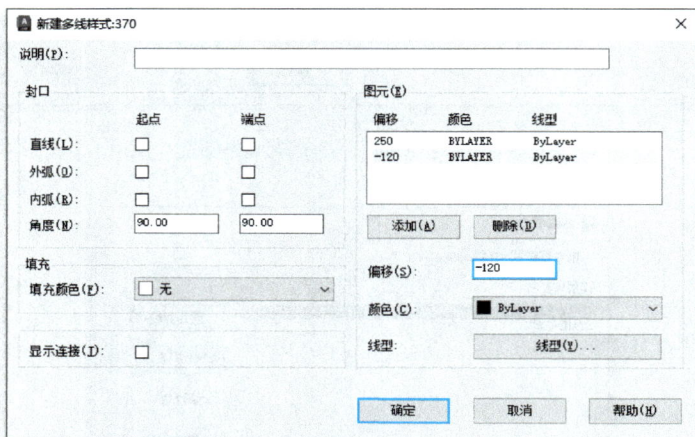

图 5-16　"370"墙体多线的设置

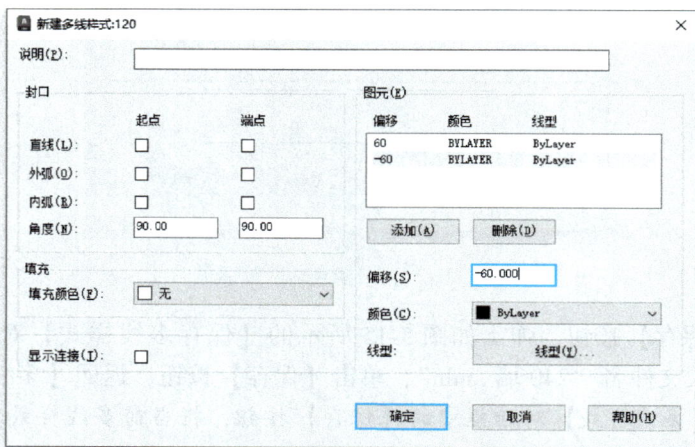

图 5-17　"120"墙体多线的设置

（7）同样做法，可以设置名称为"240C"和"370C"的两种窗多线样式，设置两种窗多线样式时，设置起点和端点直线封口，【新建多线样式：240C】【新建多线样式：370C】对话框如图 5-18 和图 5-19 所示。完成后返回【多线样式】对话框，单击【确定】按钮，关闭【多线样式】对话框。

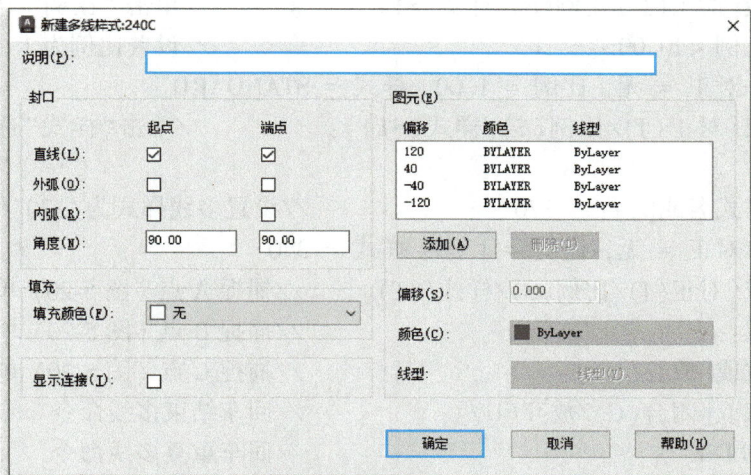

图 5-18　　"240C"窗多线样式设置

图 5-19　　"370C"窗多线样式设置

注意：单击【图元】选项框中的【添加】按钮可添加平行线图元，单击其中的【删除】按钮可删除选中的平行线图元。

2. 绘制墙体多线

（1）绘制外墙多线。单击下拉菜单中的【绘图】|【多线】命令（或在命令行输入 ML 回车），命令行提示：

命令：ML

MLINE

当前设置：对正 = 上，比例 = 20.00，样式 = STANDARD

指定起点或［对正（J）/比例（S）/样式（ST）］：　j　　　　//单击"对正"选项

输入对正类型［上（T）/无（Z）/下（B）］＜上＞：　z　　//采用中线对齐方式

当前设置：对正 = 无，比例 = 20.00，样式 = STANDARD

指定起点或［对正（J）/比例（S）/样式（ST）］：　s　　//单击"比例"选项

输入多线比例＜20.00＞：　1　　　　　　　　　　//设置比例为1

当前设置：对正 = 无，比例 = 1.00，样式 = STANDARD

指定起点或［对正（J）/比例（S）/样式（ST）］：　st　//单击"样式"选项，设置多线样式

输入多线样式名或［?］：　370　　　　　　　//设置多线样式为"370"样式

当前设置：对正 = 无，比例 = 1.00，样式 = 370

指定起点或［对正（J）/比例（S）/样式（ST）］：　//捕捉 A 点（图 5-20）单击

指定下一点：　　　　　　　　　　　　　//捕捉 B 点（图 5-20）单击

指定下一点或［放弃（U）］：　　　　　　//捕捉 C 点（图 5-20）单击

指定下一点或［闭合（C）/放弃（U）］：　//回车结束多线命令

命令：　MLINE　　　　　　　　　　//回车重复多线命令

当前设置：对正 = 无，比例 = 1.00，样式 = 370

指定起点或［对正（J）/比例（S）/样式（ST）］：　//捕捉 D 点（图 5-20）单击

指定下一点：　　　　　　　　　　　　　//捕捉 E 点（图 5-20）单击

指定下一点或［放弃（U）］：　　　　　　//捕捉 F 点（图 5-20）单击

指定下一点或［闭合（C）/放弃（U）］：　//回车结束多线命令

命令：　MLINE　　　　　　　　　　//回车重复多线命令

当前设置：对正 = 无，比例 = 1.00，样式 =370

指定起点或［对正（J）/比例（S）/样式（ST）］：　st　//单击"样式"选项

输入多线样式名或［?］：240　　　　　　//设置多线样式为"240"样式

当前设置：对正 = 无，比例 = 1.00，样式 = 240

指定起点或［对正（J）/比例（S）/样式（ST）］：　//捕捉 G 点（图 5-20）单击

指定下一点：7500　　　　　　　　//沿竖直向上方向，输入长度 7500 回车

指定下一点或［放弃（U）］：　　　　　//水平向右追踪捕捉交点 H 点单击

指定下一点或［闭合（C）/放弃（U）］：　//捕捉 I 点（图 5-20）单击

指定下一点或［闭合（C）/放弃（U）］：　//捕捉 A 点（图 5-20）单击

指定下一点或［闭合（C）/放弃（U）］：　//回车结束多线命令

绘制结果如图 5-20 所示。

注意：执行多线命令时，在"输入多线样式名或［?］："提示下，输入问号"?"并回车可查看当前所有的多线样式名。

（2）绘制内墙多线。单击下拉菜单中的【绘图】|【多线】命令（或输入 ML 回车），用与绘制外墙相同的方法绘制所有的内墙，绘制结果如图 5-21 所示。在图 5-21 中，JK 和 LM 段内墙采用120 多线样式，其他内墙为 240 多线样式。

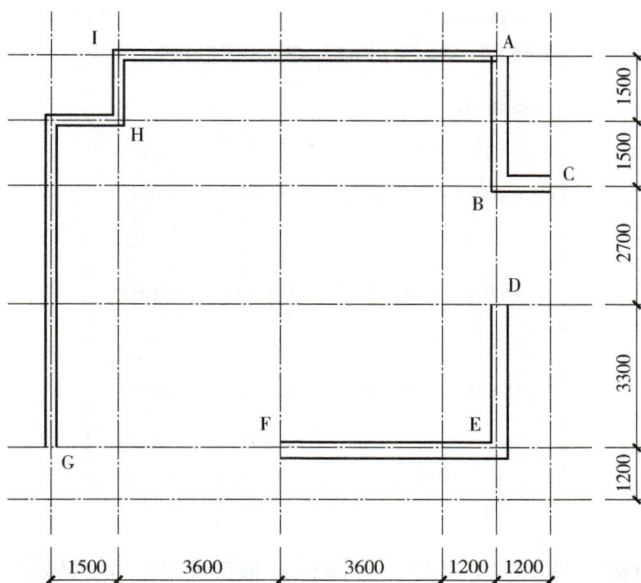

图 5-20　外墙绘制结果

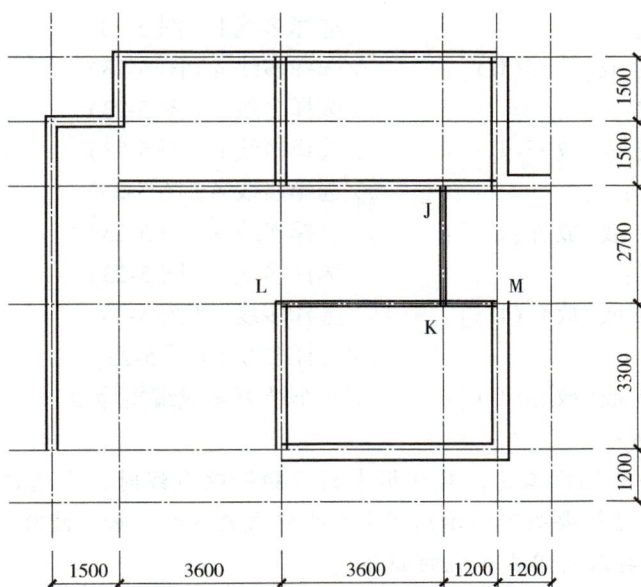

图 5-21　墙体多线绘制结果

3. 编辑墙体多线

（1）在图 5-11 所示的图层列表中，单击"轴线"图层对应的![按钮]按钮变为![按钮]（由黄色变为浅蓝色），关闭"轴线"图层。单击下拉菜单中的【修改】|【对象】|【多线】命令（或输入 MLED 回车），弹出【多线编辑工具】对话框，如图 5-22 所示。

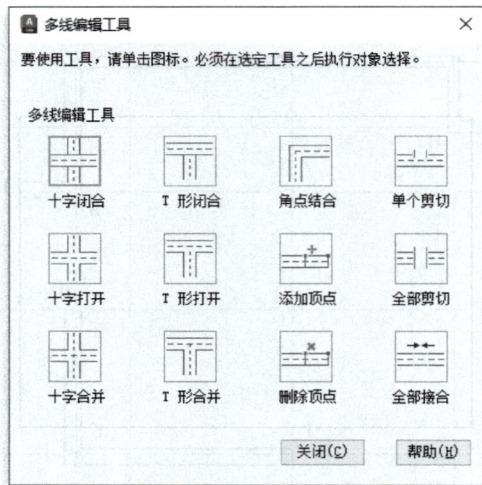

图 5-22 【多线编辑工具】对话框

（2）单击第二行第二列的"T 形打开"图标，根据命令行提示做如下操作。

命令：MLEDIT

选择第一条多线：   //选择多线 a（图 5-23）

选择第二条多线：   //选择多线 b（图 5-23）

选择第一条多线 或［放弃（U）］：   //选择多线 a（图 5-23）

选择第二条多线：   //选择多线 c（图 5-23）

选择第一条多线 或［放弃（U）］：   //选择多线 c（图 5-23）

选择第二条多线：   //选择多线 d（图 5-23）

选择第一条多线 或［放弃（U）］：   //选择多线 e（图 5-23）

选择第二条多线：   //选择多线 c（图 5-23）

选择第一条多线 或［放弃（U）］：   //选择多线 e（图 5-23）

选择第二条多线：   //选择多线 f（图 5-23）

选择第一条多线 或［放弃（U）］：   //回车结束多线编辑命令

结果如图 5-23 所示。

注意：利用【多线编辑工具】对话框中的按钮修改多线时，先选择要编辑为示意图中竖直样式的多线，再选择要编辑为示意图中水平样式的多线。如果修改结果异常，可以撤销（输入 U 回车）后，再改变单击多线的顺序。

（3）单击下拉菜单中的【修改】|【对象】|【多线】命令（或输入 MLED 回车），弹出如图 5-22 所示的【多线编辑工具】对话框。单击第一行第三列的"角点结合"命令，根据命令行提示做如下操作。

命令：mledit

选择第一条多线：   //选择多线 d（图 5-24）

选择第二条多线：   //选择多线 b（图 5-24）

选择第一条多线 或［放弃（U）］：   //选择多线 g（图 5-24）

选择第二条多线：   //选择多线 f（图 5-24）

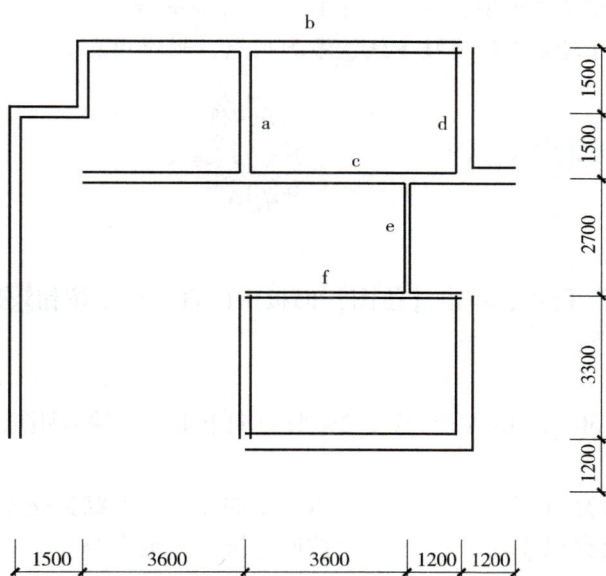

图 5-23 "T 形打开"修改后的结果

选择第一条多线 或[放弃(U)]:　　//选择多线 g（图 5-24）

选择第二条多线:　　　　　　//选择多线 h（图 5-24）

选择第一条多线 或[放弃(U)]:　　//选择多线 i（图 5-24）

选择第二条多线:　　　　　　//选择多线 f（图 5-24）

选择第一条多线 或[放弃(U)]:　　//回车结束多线编辑命令

"角点结合"修改后的结果如图 5-24 所示。

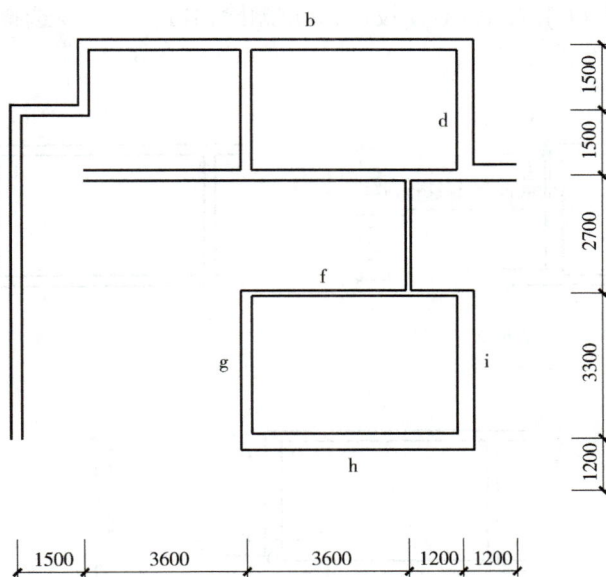

图 5-24 "角点结合"修改结果

注意：多线编辑可以将十字接头、丁字接头、角接头等修正为图 5-22 所示的形式，还可以用多线编辑命令打断多线和连接多线、添加顶点、删除顶点。

任务 5.4　绘制窗和阳台

1. 修剪门窗洞口

（1）打开"轴线"图层，单击【绘图】面板中的直线命令按钮█，或在命令行输入 L 回车，命令行提示如下：

命令：_line

指定第一个点：550　　//由 N 点（图 5-25）竖直向下追踪，输入距离为 720 回车，得到起点 O

指定下一点或[放弃(U)]：　　　　　　//沿水平向左方向追踪到交点 P 点单击（图 5-26）

指定下一点或[放弃(U)]：　　　　　　//按回车键，结束命令

直线 OP 绘制结果如图 5-26 所示。

（2）同样方法，如图 5-27 所示，绘制直线 RS。利用直线命令，由 Q 点向上追踪 350 确定直线起点 R，再沿水平向左方向追踪，捕捉交点 S 单击，绘制出直线 RS。

（3）单击【修改】面板中的修剪命令按钮█ 修剪，或在命令行输入 TR 回车，命令行提示如下：

命令：_trim

当前设置：投影=UCS，边=无，模式=快速

选择要修剪的对象，或按住 Shift 键选择要延伸的对象或

[剪切边(T)/窗交(C)/模式(O)/投影(P)/删除(R)]：　　//选择多线的被修剪段 OR（图 5-28）

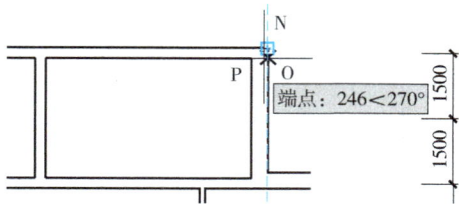

图 5-25　捕捉 N 点并向下追踪

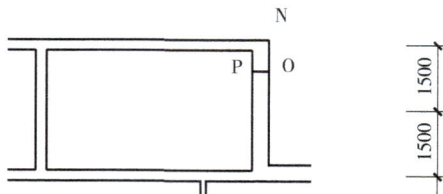

图 5-26　绘制直线 OP

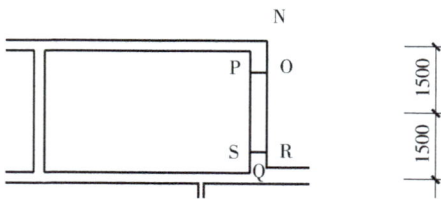

图 5-27　绘制直线 RS

选择要修剪的对象，或按住 Shift 键选择要延伸的对象或

［剪切边（T）/窗交（C）/模式（O）/投影（P）/删除（R）/放弃（U）］：　//回车结束修剪命令

绘制结果如图 5-28 所示。

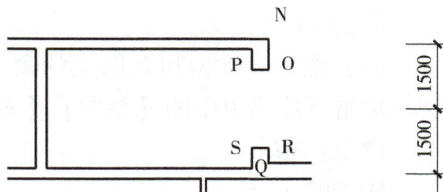

（4）同理，运用直线、修剪等命令修剪出其他的门窗洞口。各种洞口尺寸和绘制结果如图 5-29 所示，图中打开了"轴线"图层。

（5）将"墙体"图层设置为当前图层，用直线命令对未封闭的墙线进行封口，关闭轴线图层后，绘制结果如图 5-30 所示。

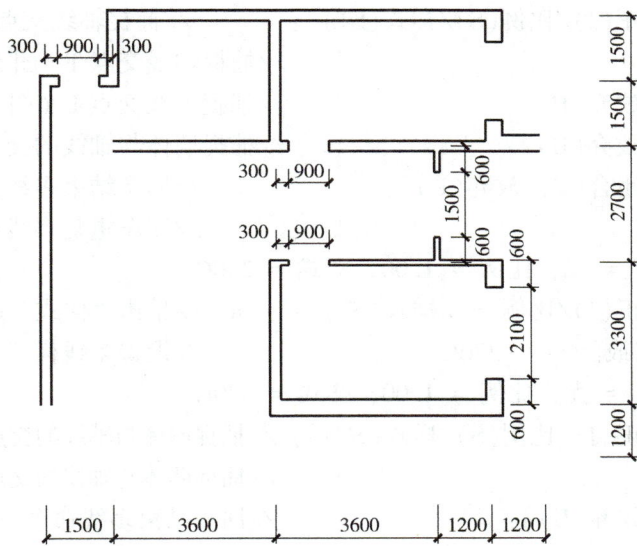

图 5-28　修剪窗洞口

图 5-29　修剪完的门窗洞口和相应尺寸

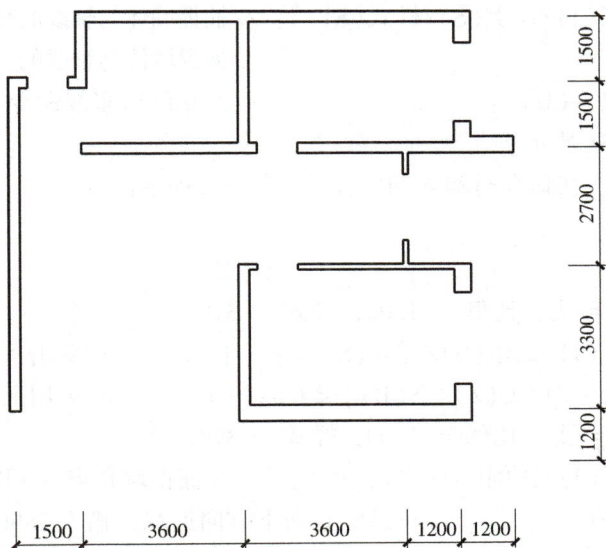

图 5-30　墙线封口

2. 绘制窗

（1）绘制客厅窗和东墙上的窗。打开"轴线"图层，将"门窗"图层设置为当前图层。单击下拉菜单中的【绘图】|【多线】命令（或在命令行输入 ML 回车），命令行提示：

命令：ML

MLINE

当前设置：对正 = 无，比例 = 1.00，样式 = 120

指定起点或[对正(J)/比例(S)/样式(ST)]：　st　　//单击"样式"选项

输入多线样式名或[?]：　240C　　　　　　　　//设置多线样式为"240C"，回车

当前设置：对正 = 无，比例 = 1.00，样式 = 240C

指定起点或[对正(J)/比例(S)/样式(ST)]：　　　　//捕捉轴线交点 G（图 5-31）单击

指定下一点：　　　　　　　　　　　　　//捕捉轴线交点 T（图 5-31）单击

指定下一点或[放弃(U)]：　　　　　　　//捕捉轴线交点 U（图 5-31）单击

指定下一点或[放弃(U)]：　　　　　　　//捕捉墙体与轴线的交点 V（图 5-31）单击

指定下一点或[闭合(C)/放弃(U)]：　　　　//回车结束多线命令

命令：　MLINE　　　　　　　　　　//回车重复多线命令

当前设置：对正 = 无，比例 = 1.00，样式 = 240C

指定起点或[对正(J)/比例(S)/样式(ST)]：　st　//单击"样式"选项

输入多线样式名或[?]：　370C　　　　　　//设置多线样式为"370C"样式

当前设置：对正 = 无，比例 = 1.00，样式 = 370C

指定起点或[对正(J)/比例(S)/样式(ST)]：//捕捉墙体与轴线的交点 W（图 5-31）单击

指定下一点：　　　　　　　　　　　//捕捉墙体与轴线的交点 X（图 5-31）单击

指定下一点或[放弃(U)]：　　　　　　//回车结束多线命令

命令：　MLINE　　　　　　　　　　//回车重复多线命令

当前设置：对正 = 无，比例 = 1.00，样式 = 370C

指定起点或[对正(J)/比例(S)/样式(ST)]：//捕捉墙体与轴线的交点 Y（图 5-31）单击

指定下一点：　　　　　　　　　　　//捕捉墙体与轴线的交点 Z（图 5-31）单击

指定下一点或[放弃(U)]：　　　　　　//回车结束多线命令

绘制结果如图 5-31 所示。

（2）绘制阳台窗。在命令行输入 ML 回车，命令行提示：

命令：ML

MLINE

当前设置：对正 = 无，比例 = 1.00，样式 = 370C

指定起点或[对正(J)/比例(S)/样式(ST)]：　j　　　//单击"对正"选项

输入对正类型[上(T)/无(Z)/下(B)]<上>：　t　　//采用上对齐方式

当前设置：对正 = 上，比例 = 1.00，样式 = 370C

指定起点或[对正(J)/比例(S)/样式(ST)]：　//捕捉墙角点 A（图 5-31）单击

指定下一点：2890　　　//沿竖直向下方向追踪，输入 2890 回车

指定下一点或[放弃(U)]：　　//沿水平向左方向追踪，捕捉到与墙面的交点单击

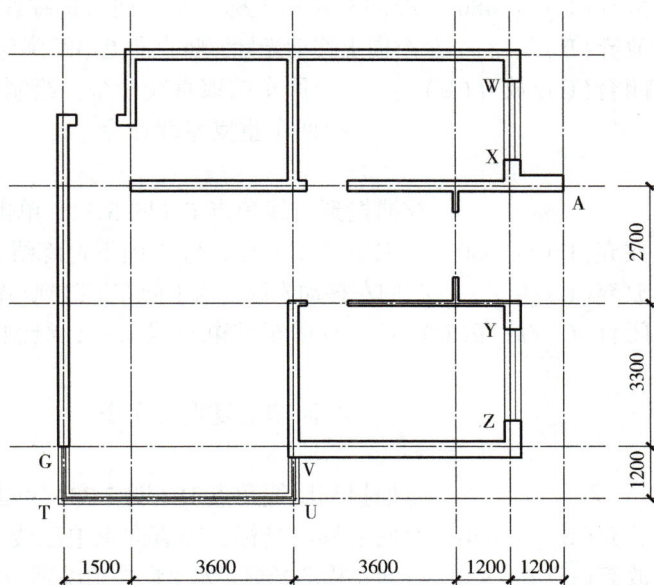

图 5-31   客厅窗和东墙上窗的绘制结果

指定下一点或［闭合（C）/放弃（U）］：   //回车结束多线命令

关闭"轴线"图层，绘制结果如图 5-32 所示。

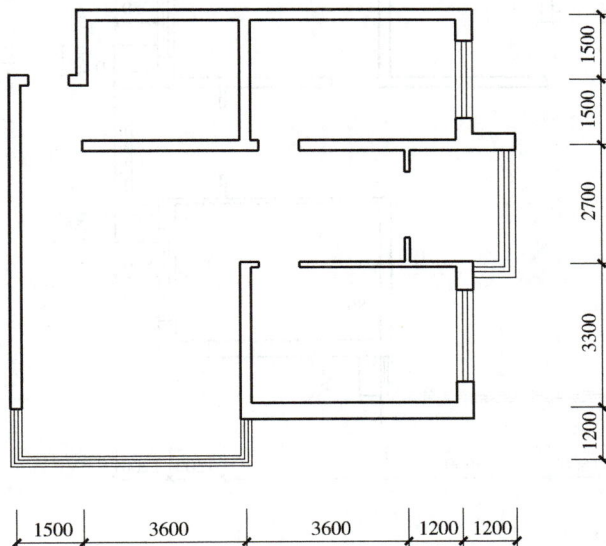

图 5-32   绘制完东侧阳台窗的结果

3. 绘制空调机位

单击【绘图】面板中的直线命令按钮█，或在命令行输入 L 回车，命令行提示如下：

命令：_line

指定第一个点：120   //捕捉到窗线角点 B（图 5-33）后，向上移动光标，

出现竖直向上的追踪线后输入 120 回车，确定直线的起点

指定下一点或［放弃（U）］：480　　//向右移动光标，水平向右追踪线方向输入480回车

指定下一点或［放弃（U）］：　　　　//向上移动光标，竖直向上追踪到与墙线的交点后单击

指定下一点或［闭合（C）/放弃（U）］：　　//回车结束直线命令，绘制出南面的空调机位

命令：　　　　　　　　　　　　　　//回车重复直线命令

LINE

指定第一个点：　　　　　　　　　//捕捉到窗线角点C（图5-33）单击

指定下一点或［放弃（U）］：650　　//向下移动光标，竖直向下追踪线方向输入650回车

指定下一点或［放弃（U）］：　　　　//向左移动光标，水平向左追踪到与窗线的交点后单击

指定下一点或［闭合（C）/放弃（U）］：　　//回车结束直线命令，绘制出东面的一个空调机位

命令：　　　　　　　　　　　　　　//回车重复直线命令

LINE

指定第一个点：　　　　　　　　　//捕捉到墙线角点D（图5-33）单击

指定下一点或［放弃（U）］：650　　//向上移动光标，竖直向上追踪线方向输入650回车

指定下一点或［放弃（U）］：　　　　//向左移动光标，水平向左追踪到与窗线的交点后单击

指定下一点或［闭合（C）/放弃（U）］：　　//回车结束直线命令

绘制出全部的空调机位后如图5-33所示。

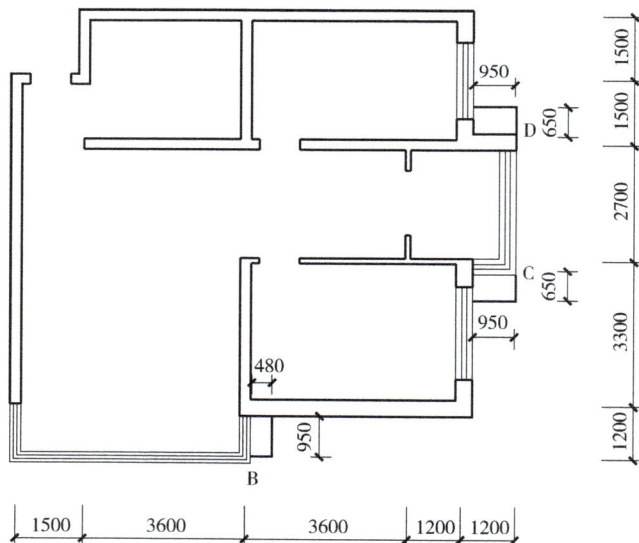

图5-33　绘制空调机位

任务 5.5　标注标高、轴号和总尺寸

1. 创建带属性的标高块

注意：块是利用 AutoCAD 2024 绘图时，可多次重复插入到图形中的基本图形。块属性是块中可随时改变的文字内容，利用带属性的块，特别方便修改一些注释性的文字内容。

（1）将0图层设为当前图层，参照任务4.2，利用直线命令在空白位置绘制如图5-34所示标高符号。

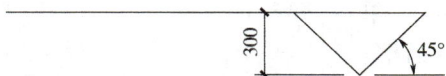

图 5-34　标高符号

（2）单击下拉菜单中的【绘图】|【块】|【定义属性】命令，弹出如图5-35所示的【属性定义】对话框。

（3）在【属性定义】对话框的【属性】选项区域中设置【标记】文本框为"bg"、【提示】文本框为"请输入标高"、【默认】文本框为"%%p0.000"、【对正】右侧的列表中选择"中下"、【文字样式】右侧的列表中选择"数字"。选择【插入点】选项区域中的【在屏幕上指定】复选框。选择【锁定位置】复选框。在【文字设置】选项区域中设置文字高度为300。此时【属性定义】对话框如图5-35所示。

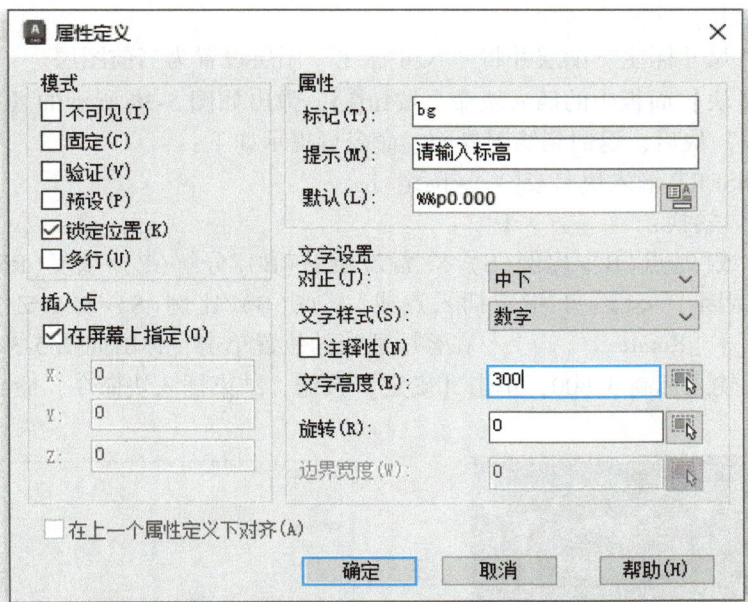

图 5-35　【属性定义】对话框

（4）单击【属性定义】对话框中的【确定】按钮，返回到绘图界面，然后指定插入点在标高符号上水平直线的中点上方，完成"bg"属性的定义。此时标高符号如图5-36所示。

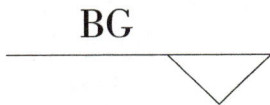

图 5-36　定义属性后的标高符号

（5）单击【块】面板中的创建块命令按钮，或在命令行输入B回车，弹出【块定义】对话框，输入块名称为"bg"，单击选择对象按钮 ，退出【块定义】对话框返回到绘图方式，框选图 5-36 中的标高符号和刚刚定义的属性"bg"，单击右键又弹出【块定义】对话框，单击拾取点按钮 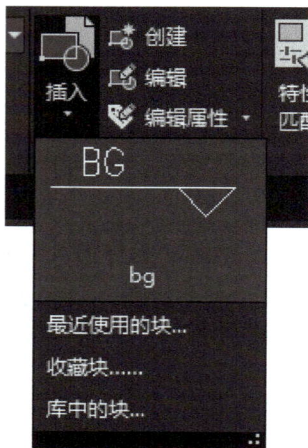，捕捉标高符号三角形下方的顶点为插入点，再返回到【块定义】对话框，再选中"删除"单选按钮，此时的【块定义】对话框如图 5-37 所示。

（6）单击【块定义】对话框中的【确定】按钮，返回到绘图界面，所绘制的标高符号被删除。定义完带属性的标高块，名为"bg"。

图 5-37　【块定义】对话框

2. 插入标高块，完成标高标注

（1）解锁"尺寸标注"图层并将"尺寸标注"图层设置为当前图层。

（2）单击【块】面板中的插入块命令按钮 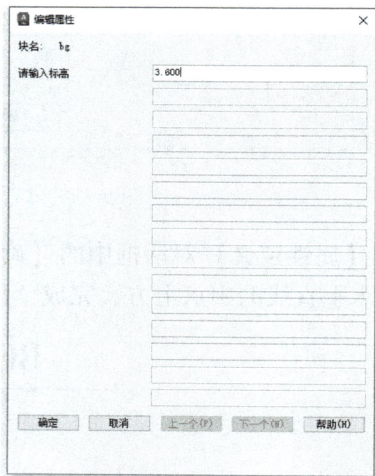，弹出如图 5-38 所示的【插入块】列表，选择其中的"bg"块后，返回到绘图界面。命令行提示如下：

命令：_-INSERT 输入块名或［？］<bg>：bg

单位：mm　转换：　　　　　　1

指定插入点或［基点（B）/比例（S）/X/Y/Z/旋转（R）/分解（E）/重复（RE）］：_Scale 指定 XYZ 轴的比例因子 <1>：1 指定插入点或［基点（B）/比例（S）/X/Y/Z/旋转（R）/分解（E）/重复（RE）］：_Rotate　　　//在客厅适当的位置单击，弹出如图 5-39 所示的【编辑属性】对话框，输入标高 3.600，单击【确定】按钮，结束插入块命令，命令行会有如下两行提示：

图 5-38　【插入块】列表

图 5-39　【编辑属性】对话框

指定旋转角度 <0>：0

指定插入点或［基点（B）/比例（S）/X/Y/Z/旋转（R）/分解（E）/重复（RE）］：

完成标高标注后，绘制结果如图 5-40 所示。

注意：如果在命令行中输入 I 回车，也可以执行插入块命令，此时弹出如图 5-41 所示的【块】对话框，可以在这个对话框中设置插入块的比例和旋转角度等选项，再选择块插入到当前图形中。

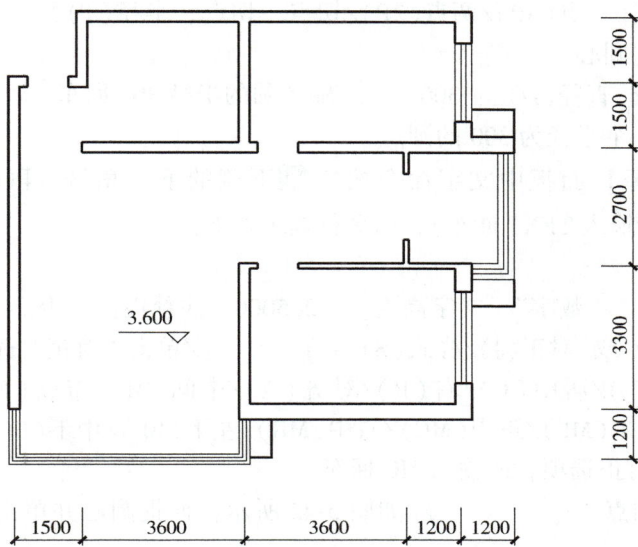

图 5-40　完成标高标注的住宅平面图

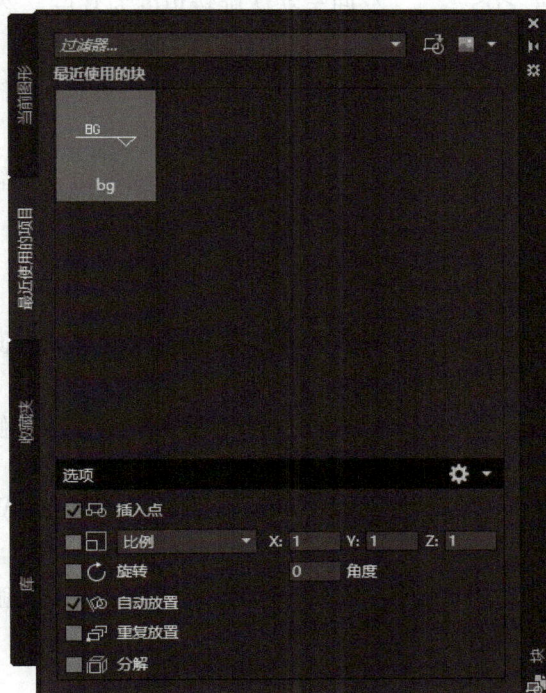

图 5-41　【块】对话框

3. 轴号标注

（1）打开"轴线"图层，解锁"尺寸标注"图层并将"尺寸标注"图层设置为当前图层。

（2）单击【绘图】面板中的圆命令按钮 ，或在命令行输入 C 回车，命令行提示如下：

命令：_circle

指定圆的圆心或[三点(3P)/两点(2P)/切点、切点、半径(T)]：　　　//在绘图区任意空白位置单击指定圆心

指定圆的半径或[直径(D)]：300　　//输入圆的半径 300 回车

这样就绘制了一个半径为 300 的圆。

（3）单击【注释】面板中文字命令按钮 A 下侧的下三角号，再单击单行文字命令 A 单行文字 （或在命令行输入 TEXT 回车），命令行提示如下：

命令：_text

当前文字样式："数字" 文字高度：2.5000 注释性：否 对正：左

指定文字的起点 或[对正(J)/样式(S)]：j　　//单击"对正"选项或输入 J 回车

输入选项 [左(L)/居中(C)/右(R)/对齐(A)/中间(M)/布满(F)/左上(TL)/中上(TC)/右上(TR)/左中(ML)/正中(MC)/右中(MR)/左下(BL)/中下(BC)/右下(BR)]：mc　　//单击"正中"对正选项，或输入 MC 回车

指定文字的中间点：　　　　//如图 5-42 所示，捕捉圆心并单击，确定单行文字的中心位置

指定高度 <450>：450　　　　//输入 450 回车，指定文字高度为 450

指定文字的旋转角度 <0>：　　//回车默认旋转角度为 0 度，然后输入轴号文字"A"，再两次回车结束单行文字命令

（4）单击状态栏中对象捕捉按钮 右侧的三角号，弹出如图 5-43 所示的对象捕捉列表，在对象捕捉列表中选择"象限点"捕捉方式

（5）单击【修改】面板中的移动命令按钮 移动，或在命令行输入 M 回车，命令行提示如下：

命令：M

MOVE

选择对象：指定对角点：找到 2 个　　//框选图 5-44 所示的圆和文字

选择对象：　　　　//回车结束选择

指定基点或[位移(D)] <位移>：　　//光标移动到圆的右侧，捕捉到如图 5-45 所示的右象限点单击

指定第二个点或 <使用第一个点作为位移>：　　//光标捕捉到Ⓐ轴的左端点（图 5-46）单击，完成Ⓐ轴的轴号标注。

（6）单击【修改】面板中的复制命令按钮 复制，或在命令行输入 CO 回车，命令行提示如下：

命令：CO

COPY

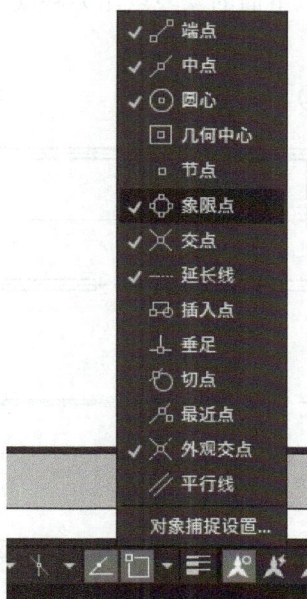

图 5-42 捕捉圆心   图 5-43 对象捕捉列表   图 5-44 绘制单行文字

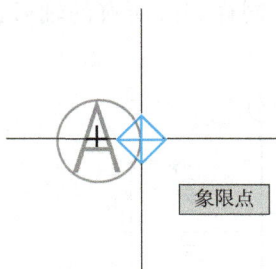

图 5-45 捕捉象限点   图 5-46 捕捉端点

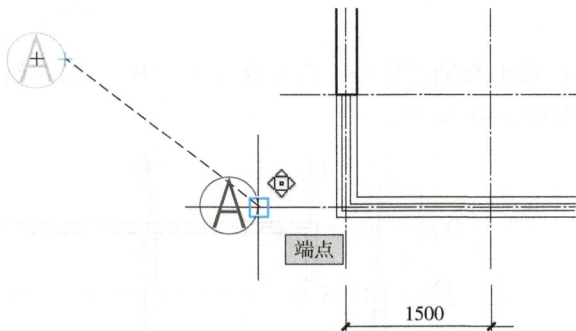

选择对象：指定对角点：找到 2 个	//框选Ⓐ轴的轴号（圆和数字）
选择对象：	//回车结束选择
当前设置： 复制模式 = 多个	
指定基点或 [位移(D)/模式(O)] <位移>：	//捕捉Ⓐ轴轴号圆的右象限点
作为基点	
指定第二个点或 [阵列(A)] <使用第一个点作为位移>：	//捕捉Ⓑ轴的左端点单击
指定第二个点或 [阵列(A)/退出(E)/放弃(U)] <退出>：	//捕捉Ⓒ轴的左端点单击
指定第二个点或 [阵列(A)/退出(E)/放弃(U)] <退出>：	//捕捉Ⓓ轴的左端点单击
指定第二个点或 [阵列(A)/退出(E)/放弃(U)] <退出>：	//捕捉Ⓔ轴的左端点单击
指定第二个点或 [阵列(A)/退出(E)/放弃(U)] <退出>：	//捕捉Ⓕ轴的左端点单击
指定第二个点或 [阵列(A)/退出(E)/放弃(U)] <退出>：	//回车结束复制命令

　　同样，复制Ⓐ轴的轴号，以下面的象限点作为基点，复制到①~⑥轴的上端点上，结果如图 5-47 所示。

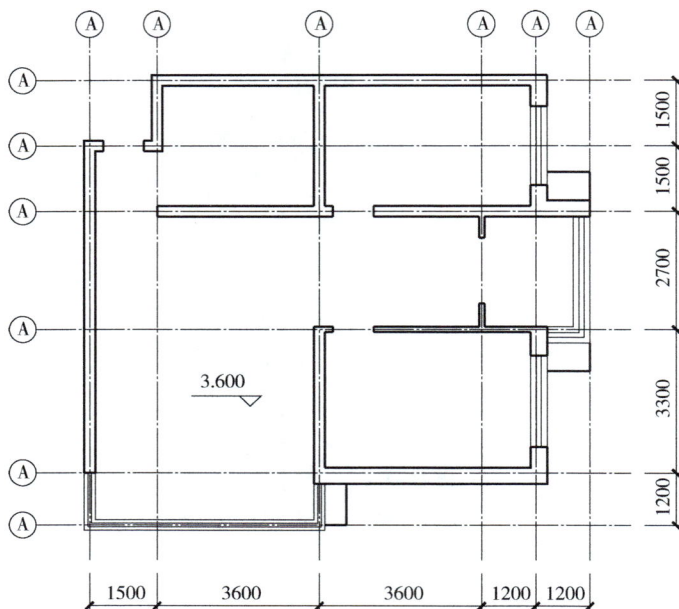

图 5-47　复制轴号

　　（7）双击Ⓑ轴的轴号，修改文字为"B"，回车结束修改。同样修改所有的轴号，修改后结果如图 5-48 所示。

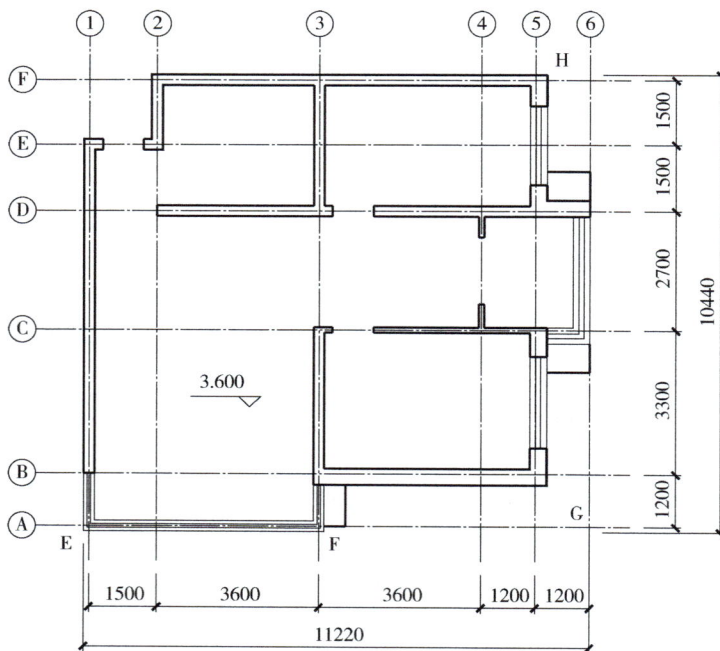

图 5-48　修改完轴号文字后的图形

4. 标注总尺寸

单击【注释】面板中的线性标注命令按钮 **┣─线性**，或在命令行输入 DIML 回车，命令行提示如下：

命令：_dimlinear

指定第一个尺寸界线原点或 <选择对象>：　　　　　//捕捉窗线角点 E（图 5-49）后单击

指定第二条尺寸界线原点：　　　　　　//捕捉Ⓐ轴和⑥轴的交点 G（图 5-49）单击

指定尺寸线位置或

[多行文字(M)/文字(T)/角度(A)/水平(H)/垂直(V)/旋转(R)]：　　　//向下移动光标到适当的位置单击

标注文字 = 11220

命令：　　DIMLINEAR　　　　　　　//回车重复线性标注命令

指定第一个尺寸界线原点或 <选择对象>：　　　　　//捕捉到窗线角点 F（图 5-49）后向右移动光标，沿水平追踪线捕捉到与⑥轴的交点单击

指定第二条尺寸界线原点：　　　　　//捕捉到墙线角点 H（图 5-49）后向右移动光标，沿水平追踪线捕捉到与⑥轴的交点单击

指定尺寸线位置或

[多行文字(M)/文字(T)/角度(A)/水平(H)/垂直(V)/旋转(R)]：　　　//向右移动光标到适当的位置单击

标注文字 = 10440

总尺寸标注完成后如图 5-49 所示。

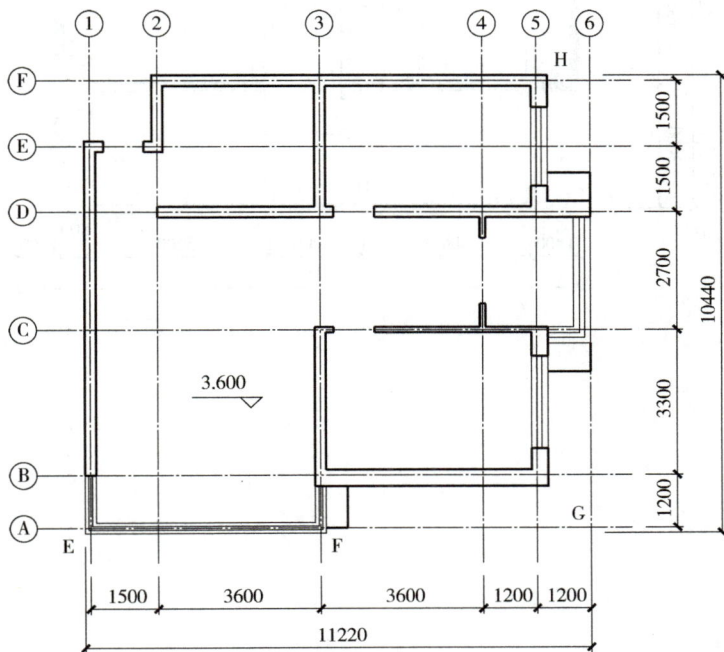

图 5-49　某住宅原始平面图

　　最后锁定"尺寸标注"图层，完成原始平面图的绘制。单击快速访问工具栏中的保存命令按钮，或在命令行输入 SAVE 回车，保存文件。

任务 5.6　拓展任务

1. 思考并回答下面的问题

（1）本项目中，绘制一张完整的原始平面图经历了哪几个步骤？

（2）用多线命令绘制墙体之前，如何设置多线样式？

（3）图形块在创建和插入时对图层有何要求？

（4）原始平面图尺寸标注样式如何设置？

2. 绘制如图 5-50 所示的某住宅原始平面图

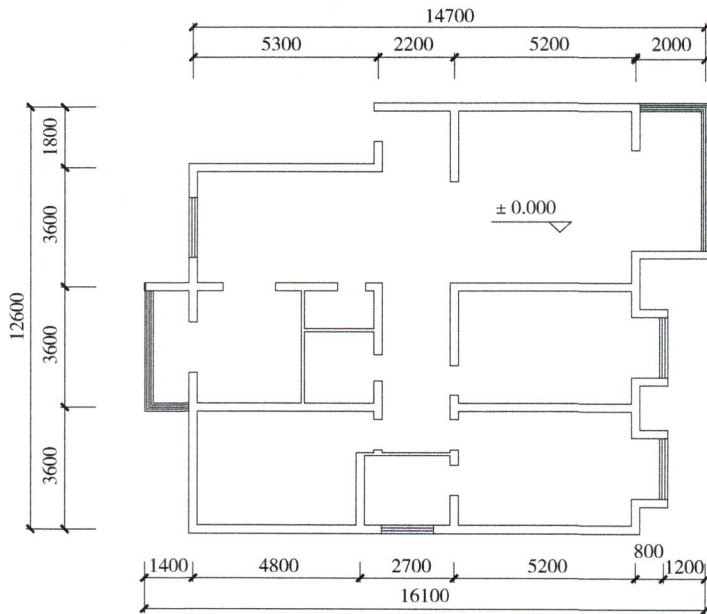

图 5-50　某住宅原始平面图

项目6

绘制住宅平面布置图

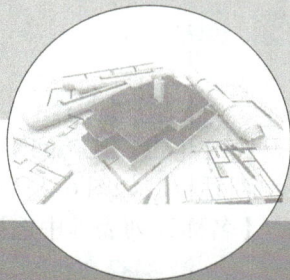

平面布置图体现室内各空间的功能划分，对室内设施进行精准定位，能让业主非常直观地了解设计师的设计理念和设计意图，是设计师与业主沟通的桥梁。居室的功能空间通常包括客厅、厨房、餐厅、卧室、书房和卫生间等，根据户型的大小，功能空间也各不相同。绘制平面布置图时，应首先调用原始平面图，根据业主的要求划分功能空间，然后确定各功能空间的家具设施和摆放位置。本项目将完成如图 6-1 所示的住宅平面布置图的绘制。

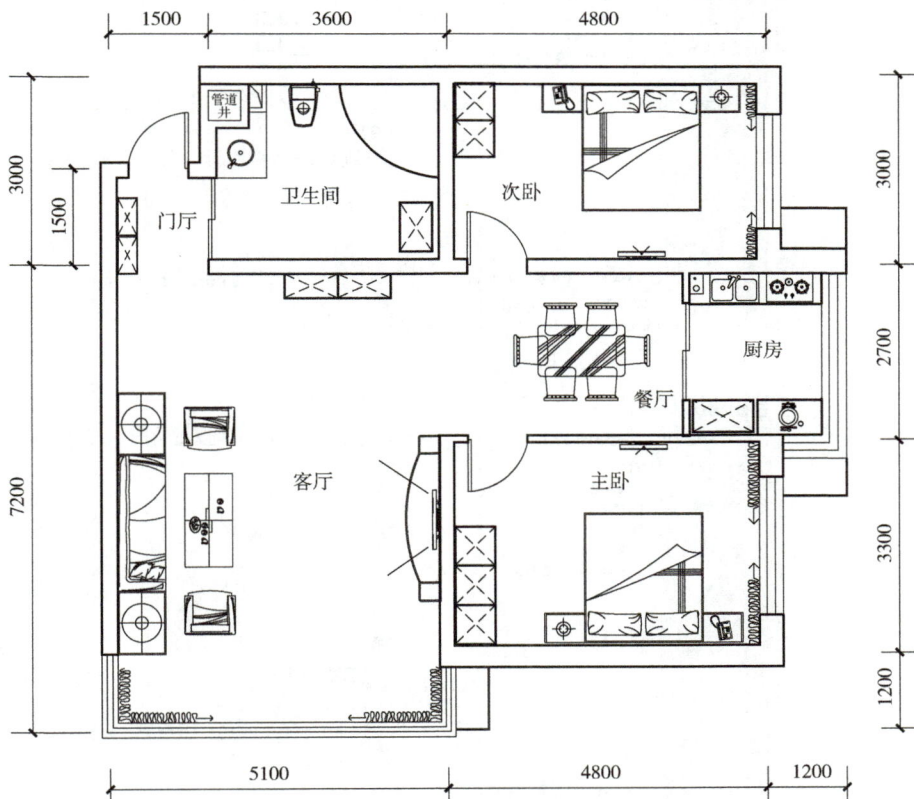

图 6-1　某住宅平面布置图

任务 6.1　新建图形并标注房间尺寸

平面布置图需要利用原始平面图中已经绘制好的墙体、窗等图形，因此要在原始平面图的基础上绘制。

1. 打开文件

单击快速访问工具栏中的打开按钮 📂，或在命令行输入 OPE 回车，弹出【选择文件】对话框，如图 6-2 所示。在【查找范围】下拉列表框中选择原始平面图所在的路径，在【名称】列表框中选择"住宅原始平面图 .dwg"，单击【打开】按钮，打开文件。

2. 另存文件

单击界面左上角的 AutoCAD 2024 应用程序按钮 ，在下拉列表中选择另存为按钮 单击，或在命令行输入 SA 回车，弹出【图形另存为】对话框，如图 6-3 所示。在【保存于】下拉列表框中选择正确的路径，在【文件名】文本框中输入文件名称"住宅平面布置图"，单击【保存】命令按钮保存文件。

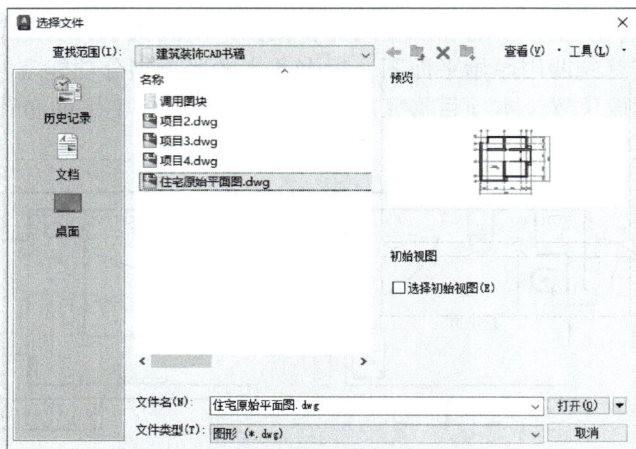

图 6-2 【选择文件】对话框

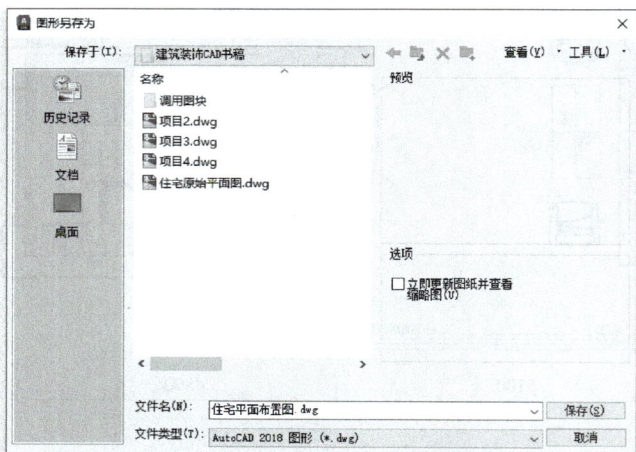

图 6-3 【图形另存为】对话框

3. 删除标注

锁定"墙体""轴线"和"门窗"图层，打开并解锁"尺寸标注"图层，并将"尺寸标注"图层设置为当前图层。然后选择所有图形，单击【修改】面板中的删除命令按钮 或输入 E 回车删除所有的标注信息。结果如图 6-4 所示。

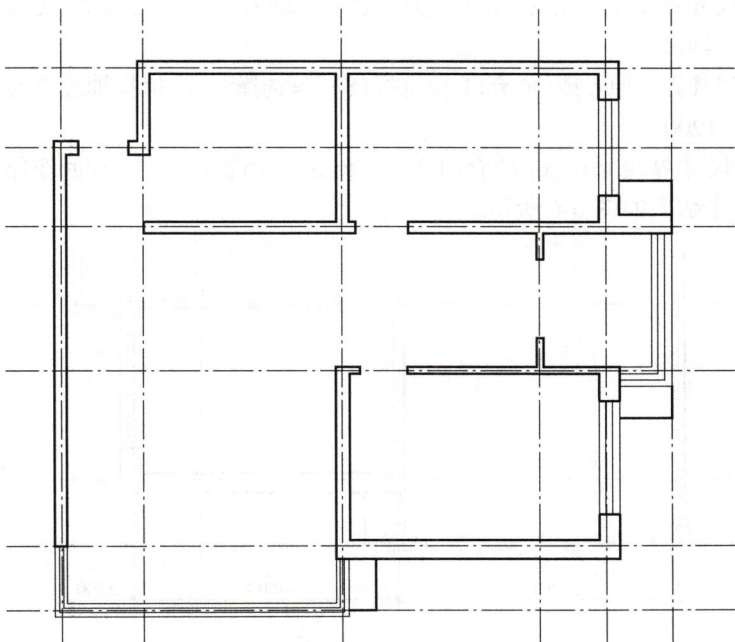

图 6-4 删除原始平面图标注后的图形

4. 房间尺寸标注

（1）将当前标注样式设置为"建筑"标注样式。单击【注释】面板中的线性命令按钮 **线性**，或在命令行输入 DIML 回车，命令行提示如下：

命令：_dimlinear
指定第一个尺寸界线原点或 <选择对象>： //捕捉轴线交点 A（图 6-5）单击
指定第二条尺寸界线原点： //捕捉轴线交点 B（图 6-5）单击
指定尺寸线位置或
[多行文字(M)/文字(T)/角度(A)/水平(H)/垂直(V)/旋转(R)]：//在适当位置单击鼠标左键
标注文字 = 5100
标注结果如图 6-5 所示。

（2）单击快速访问工具栏下面的【注释】，切换"默认"面板集到"注释"面板集，单击【标注】面板中的连续标注命令按钮 **连续**，或在命令行输入 DIMC 回车，命令行提示如下：

命令：_dimcontinue

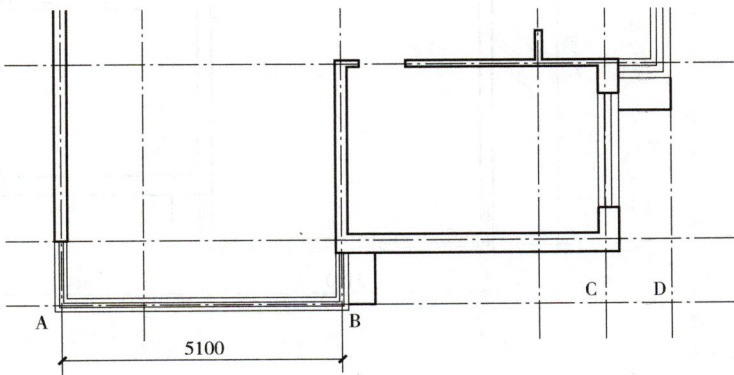

图 6-5 标注线性尺寸

指定第二条尺寸界线原点或[放弃(U)/选择(S)]<选择>：//捕捉轴线交点 C（图 6-5）单击

标注文字 = 4800

指定第二条尺寸界线原点或[放弃(U)/选择(S)]<选择>：//捕捉轴线交点 D（图 6-5）单击

标注文字 = 1200

指定第二条尺寸界线原点或[放弃(U)/选择(S)]<选择>： //回车结束连续标注

水平尺寸标注结果如图 6-6 所示。

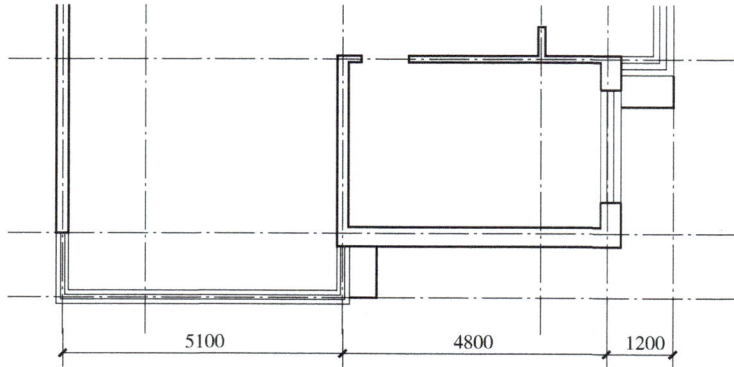

图 6-6　房间平面水平尺寸标注结果

（3）用与上述相同的标注方法，标注其他的房间尺寸，标注完成后锁定"尺寸标注"图层，关闭"轴线图层"，结果如图 6-7 所示。

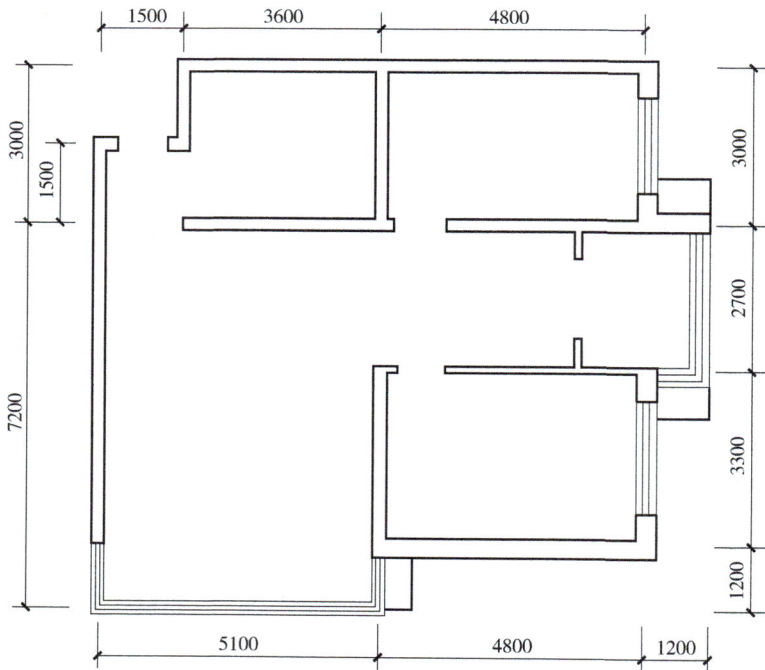

图 6-7　房间尺寸标注结果

5. 保存文件

单击左上侧顶部快捷访问工具栏中的快速保存命令按钮📇，或在命令行中输入 QS 回车快速保存文件。

任务6.2　绘制门

1. 创建平开门的图形

打开上一节存盘的文件"住宅平面布置图.dwg"，将"0"层设置为当前层。打开正交方式，设置对象捕捉方式为"端点"和"交点"捕捉方式。绘制如图 6-8 所示的门图形块。

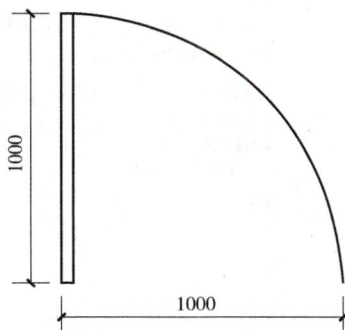

图 6-8　门图形块

（1）单击【绘图】面板中的矩形命令按钮▭，或在命令行输入 REC 回车，命令行提示如下：

命令：_rectang

指定第一个角点或[倒角（C）/标高（E）/圆角（F）/厚度（T）/宽度（W）]：//在空白位置单击

指定另一个角点或[面积（A）/尺寸（D）/旋转（R）]：@40，1000　//用相对直角坐标 @40，1000 指定矩形另一角点，回车结束命令

（2）单击【绘图】面板中的圆弧命令按钮⌒，或在命令行输入 A 回车，命令行提示如下：

命令：_arc

指定圆弧的起点或[圆心（C）]：　　　　　　　//捕捉矩形左上角点

指定圆弧的第二个点或[圆心（C）/端点（E）]：c　//单击选择"圆心"选项

指定圆弧的圆心：　　　　　　　　　　　　//捕捉矩形左下角点单击作为圆心

指定圆弧的端点（按住 Ctrl 键以切换方向）或[角度（A）/弦长（L）]：　　//按住 Ctrl 键改变圆弧的方向，沿水平向右追踪线方向任意位置单击

绘制结果如图 6-8 所示。

2. 创建门块

（1）单击【块】面板中的创建块命令按钮▆▆ 创建，或在命令行输入 B 回车，弹出如图 6-9 所示的【块定义】对话框。

（2）在【名称】列表框中指定块名"men"。单击选择对象按钮▆，选择构成门块的所有对象，按空格或回车键后，重新返回【块定义】对话框，在【对象】选项组下部显示：已选择 2 个对象。选择【删除】单选按钮。

（3）单击拾取点命令按钮▆，选择门块中矩形的左下角点为基点。

（4）单击"确定"按钮，结束块定义。

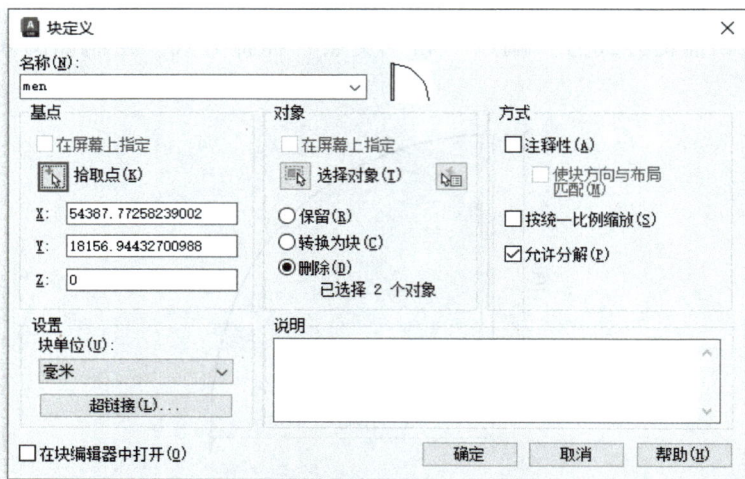

图 6-9 【块定义】对话框

3. 插入门图形块

（1）解锁并打开"门窗"图层，将"门窗"层设置为当前层。

（2）单击【块】面板中的插入块命令按钮▆，在弹出的【插入块】列表，选择其中的"men"块，返回到绘图界面。命令行提示如下：

命令：_-INSERT 输入块名或[？]：men

单位：毫米　转换：　　　　　1

指定插入点或[基点（B）/比例（S）/X/Y/Z/旋转（R）/分解（E）/重复（RE）]：_Scale 指定 XYZ 轴的比例因子 <1>：1 指定插入点或[基点（B）/比例（S）/X/Y/Z/旋转（R）/分解（E）/重复（RE）]：_Rotate

指定旋转角度 <0>：0

指定插入点或[基点（B）/比例（S）/X/Y/Z/旋转（R）/分解（E）/重复（RE）]：x //单击"X"选项

指定 X 比例因子 <1>：- 0.9　　　　　　　　　　　　　　　//输入-0.9 回车

指定插入点或[基点（B）/比例（S）/X/Y/Z/旋转（R）/分解（E）/重复（RE）]：y //单击"Y"选项

指定 Y 比例因子 <1>：0.9　　　　　　　　　　　　　　　//输入 0.9 回车

指定插入点或[基点（B）/比例（S）/X/Y/Z/旋转（R）/分解（E）/重复（RE）]：　//如图 6-10 所示，捕捉进户门右侧墙断面的中点单击

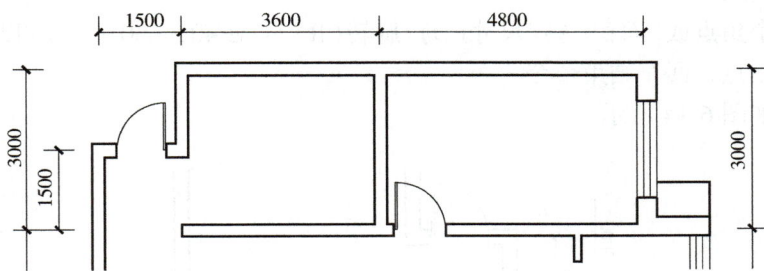

注意：如果 X 轴方向的比例因子为负值，则插入的块在 X 轴方向上镜像。

命令：　-INSERT　　　　　　　　　//回车重复执行插入块命令

输入块名或[？]<men>：　　　　　　//回车，默认块名为 men

单位：毫米　转换：　　　　　1

指定插入点或[基点（B）/比例（S）/X/Y/Z/旋转（R）/分解（E）/重复（RE）]：S　//单击选择"比例"选项

指定 XYZ 轴的比例因子 <1>：0.9　　//输入 0.9 回车，统一指定各轴方向的比例因子

指定插入点或[基点（B）/比例（S）/X/Y/Z/旋转（R）/分解（E）/重复（RE）]：　//捕捉北卧室门左侧墙断面的中点单击

指定旋转角度 <0>：　　回车默认 0 度

结果如图 6-11 所示。

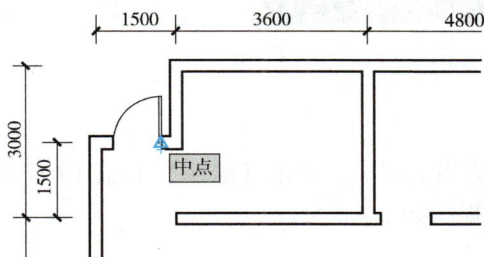

图 6-10　捕捉进户门右侧墙断面的中点

图 6-11　插入北卧室的门

注意：这里要插入的门，开启方向与块定义中的完全相同，采用了输入统一比例的方式。

（3）在命令行输入 I 回车，弹出如图 6-12 所示的【块】对话框，在此对话框中设置比例 X 为 0.9，Y 为-0.9，单击选择 men 块，在南卧室左侧墙断面的中点单击，绘制出南卧室的门，如图 6-13 所示。

再单击【块】对话框中的关闭按钮关闭对话框。

注意：这里练习了块插入的命令方式和对话框编辑方式。

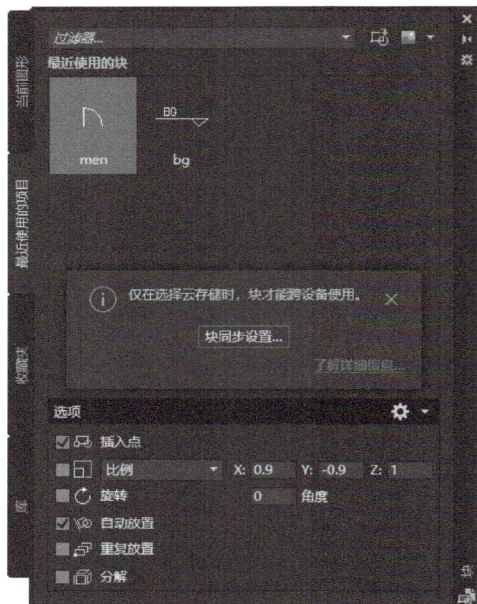

图 6-12 【块】对话框

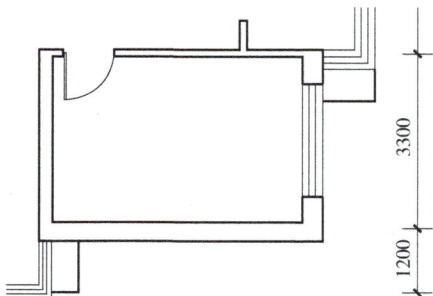

图 6-13 插入南卧室门

4. 绘制推拉门

（1）将门窗图层设置为当前图层。单击【绘图】面板中的矩形命令按钮 ，或在命令行输入 REC 回车，命令行提示如下：

命令：_rectang

指定第一个角点或［倒角（C）/标高（E）/圆角（F）/厚度（T）/宽度（W）］：　　//捕捉门洞口角点 E（图 6-14）

指定另一个角点或［面积（A）/尺寸（D）/旋转（R）］：@40，630　　//以相对直角坐标指定矩形另一角点，回车结束命令

绘制结果如图 6-14 所示。

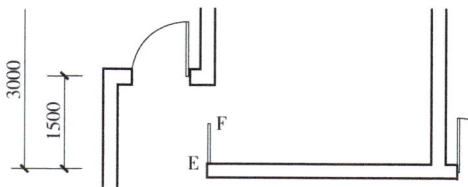

图 6-14 绘制一扇推拉门

（2）单击【修改】面板中的复制命令按钮 ，或在命令行输入 CO 回车，命令行提示如下：

命令：_copy

选择对象：找到 1 个　　　　　　　　　//选择刚才绘制的第一个小矩形

选择对象：　　　　　　　　　　　　　//回车结束选择

当前设置：　复制模式 = 多个

指定基点或［位移(D)/模式(O)］<位移>：　　//捕捉小矩形的左下角E（图6-14）单击

指定第二个点或［阵列(A)］<使用第一个点作为位移>：　　　//捕捉小矩形的右上角F（图6-14）单击，复制出第二个小矩形

指定第二个点或［阵列(A)/退出(E)/放弃(U)］<退出>：　　　//回车结束命令

卫生间推拉门绘制结果如图6-15所示。

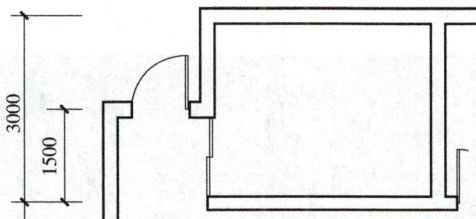

图6-15　复制另外一扇推拉门

（3）同理绘制右侧厨房的推拉门，两个矩形的长为40，宽为750。绘制完推拉门后的图形如图6-16所示。

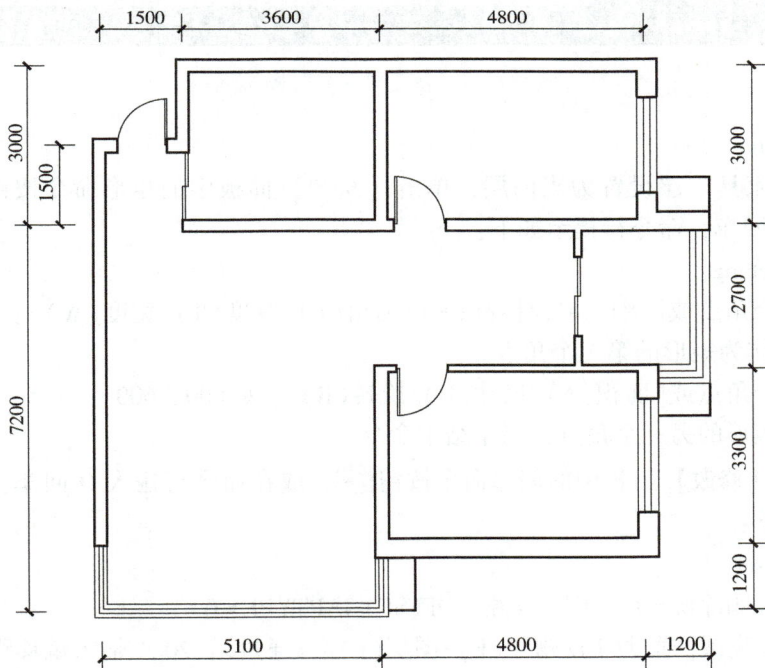

图6-16　绘制完门后的图形

任务6.3　绘制卧室平面布置图

平面布置图需要绘制和调用各种家具设施的图形，如床、桌椅、洁具等图形。通常可使用以下方法调用。

（1）通过设计中心调用 AutoCAD 自带的模块。

（2）复制其他"．dwg"文件中的图形。

（3）使用 INSERT（插入块）命令调用模板中的图块。

（4）直接复制当前图形中的基本图形。

单击【图层】面板中的图层特性管理器按钮，弹出【图层特性管理器】对话框。单击新建图层按钮，新建"家具"图层，图层设置如图 6-17 所示，然后单击左上角的 ✕ 关闭【图层特性管理器】对话框。

图 6-17　新建"家具"图层

1．绘制衣柜

（1）将"家具"层设置为当前层，单击【绘图】面板中的矩形命令按钮，或在命令行输入 REC 回车，命令行提示如下：

命令：_rectang

指定第一个角点或［倒角（C）/标高（E）/圆角（F）/厚度（T）/宽度（W）］：　　　//捕捉图 6-18 中的 G 点作为矩形的第一个角点

指定另一个角点或［面积（A）/尺寸（D）/旋转（R）］：@600，600　　　//用相对直角坐标指定矩形的另一个角点，回车结束命令

（2）单击【修改】面板中的偏移命令按钮，或在命令行输入 O 回车，偏移小矩形，命令行提示如下：

命令：_offset

当前设置：删除源=否　图层=源　OFFSETGAPTYPE=0

指定偏移距离或［通过（T）/删除（E）/图层（L）］<通过>：20　//输入偏移距离 20

选择要偏移的对象，或［退出（E）/放弃（U）］<退出>：　　　//选择前面绘制的大矩形

指定要偏移的那一侧上的点，或［退出（E）/多个（M）/放弃（U）］<退出>：　　//在大矩形的内部任意一点单击确定偏移方向

选择要偏移的对象，或［退出（E）/放弃（U）］<退出>：　　//回车或空格，结束偏移命令

绘图结果如图 6-18 所示。

（3）单击【特性】面板中【线型】下拉列表，在弹出的下拉列表中选择虚线线型"ACAD_ISO02W100"，如图 6-19 所示。

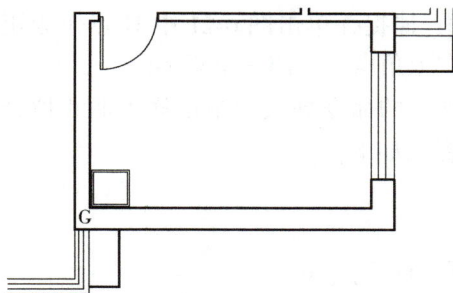

图 6-18 绘制矩形

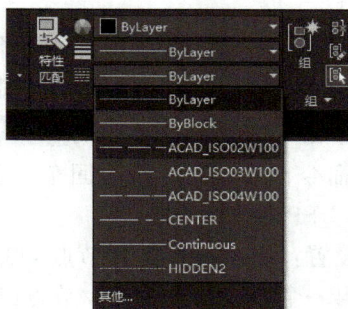

图 6-19 将当前线型修改为虚线线型

（4）在命令行输入"LTS"命令并回车，再输入20，回车，将当前线型比例设置为20。

（5）利用【绘图】面板中的直线命令，分别捕捉小矩形的角点绘制两条对角线。结果如图 6-20 所示。

（6）利用【修改】面板中的复制命令，选择图 6-20 中的衣柜，回车结束选择后，单击选择衣柜的左下角点为基点，单击衣柜到左上角点，复制出第二组衣柜，再单击第二个衣柜的左上角点，绘制完主卧的三组衣柜。结果如图 6-21 所示。

（7）利用【修改】面板中的复制命令，选择图 6-21 中的上面两组衣柜，回车结束选择后，单击选择上面衣柜的左上角点为基点，再单击次卧室内的左上角点，复制出次卧的两组衣柜。结果如图 6-22 所示。

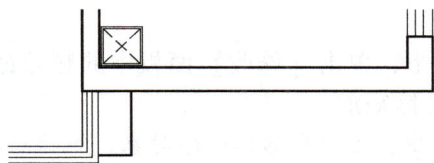

图 6-20 绘制两条对角线

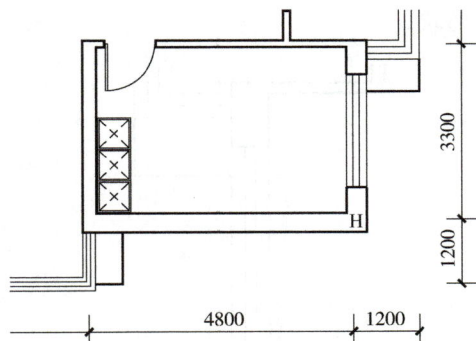

图 6-21 绘制完成的主卧衣柜

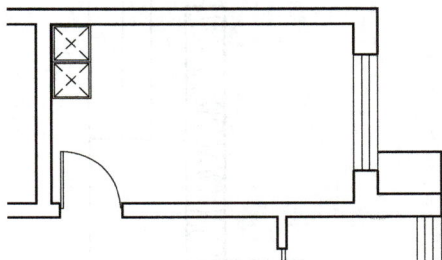

图 6-22 绘制完成的次卧衣柜

2. 绘制主卧窗帘

（1）在如图 6-19 所示的【特性】面板的【线型】下拉列表中选择" ByLayer "

(线型随层)。

（2）利用【绘图】面板中的矩形命令 ▦，捕捉并单击图 6-21 中 H 点作为矩形的右下角点，以相对坐标@ −150，1000 确定矩形的左上角点，绘制一个矩形。

（3）单击【绘图】面板中的 绘图 ▼，在弹出的命令列表中单击样条曲线拟合命令按钮 ⚡，或在命令行输入 SPL 命令回车，命令行提示如下：

命令：_SPLINE

当前设置：方式＝拟合　　节点＝弦

指定第一个点或［方式（M）/节点（K）/对象（O）］：_M

输入样条曲线创建方式［拟合（F）/控制点（CV）］＜拟合＞：_FIT

当前设置：方式＝拟合　　节点＝弦

指定第一个点或［方式（M）/节点（K）/对象（O）］：　＜极轴 关＞　＜对象捕捉追踪 关＞＜对象捕捉 关＞　　　//通过单击状态栏中的开关按钮关闭"极轴""对象捕捉追踪"和"对象捕捉"，在矩形内部、下面边的中点附近适当位置 I 点（图 6-23）单击指定第一个点

输入下一个点或［起点切向（T）/公差（L）］：　　//然后依次在矩形内的适当位置单击

输入下一个点或［端点相切（T）/公差（L）/放弃（U）］：　//在小矩形内的适当位置单击

输入下一个点或［端点相切（T）/公差（L）/放弃（U）/闭合（C）］：　　　//在矩形内的适当位置单击

……　　　　　　//依此类推，直到单击矩形上侧边的中点附近的 J 点（图 6-23）

输入下一个点或［端点相切（T）/公差（L）/放弃（U）/闭合（C）］：　　//回车或空格结束样条曲线拟合命令

绘制结果如图 6-23 所示。

（4）选择窗帘外面的矩形，单击【修改】面板中的删除命令按钮 ✏，或按键盘上的 Delete 键，或输入 E 回车，删除矩形。

注意：在 AutoCAD 2024 中，可以先选择图形对象，再执行操作命令，这里就采用了这种操作方式。

（5）打开"极轴""对象捕捉追踪"和"对象捕捉"，利用【绘图】面板中的直线命令 ╱，在所绘窗帘的上边绘制如图 6-24 所示的箭头形状。

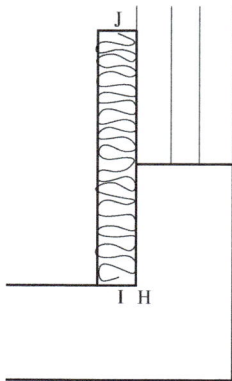

图 6-23　绘制矩形和主卧下面的窗帘　　　　图 6-24　用直线命令绘制窗帘上部的箭头形状

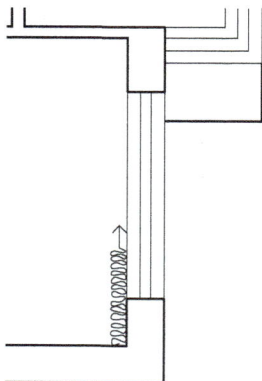

（6）选择前面绘制的窗帘，单击【修改】面板中的镜像命令 <u>△ 镜像</u>，或在命令行输入 MI 回车，命令行提示如下：

命令：_mirror 找到 4 个

指定镜像线的第一点：30　　//如图 6-25 所示，捕捉到主卧室窗内边线的中点后，沿竖直向上追踪方向，输入距离 30 回车确定镜像线的第一个点

指定镜像线的第二点：　　　//如图 6-26 所示，在水平向右追踪方向上任意一点单击，确定镜像线的第二个点

要删除源对象吗？［是（Y）/否（N）］<否>：N　　//单击"否"选项，不删除源对象

注意：这里的镜像操作和以前采用了不同的方法，是先选择了欲镜像的对象，再执行镜像命令，达到了同样的镜像效果。

这样就绘制完了主卧室的窗帘。

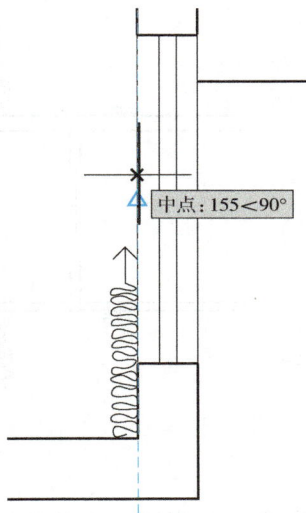

图 6-25　捕捉到中点后向上移动光标　　　　　图 6-26　沿水平向右方向追踪

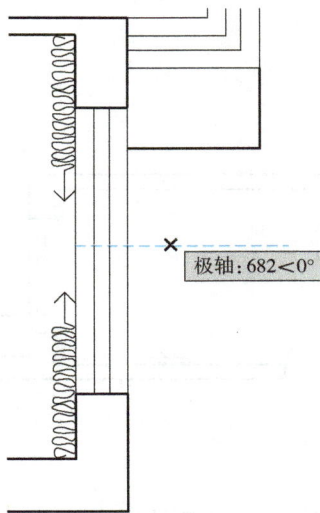

3. 绘制次卧的窗帘

用与绘制主卧室窗帘相同的方法，利用样条曲线拟合命令 <u>N</u>、直线命令 <u>/</u> 和镜像命令 <u>△ 镜像</u>，绘制出次卧的窗帘。绘制结果如图 6-27 所示。

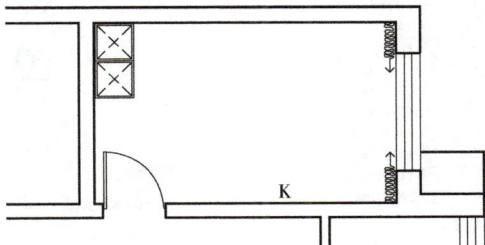

图 6-27　绘制次卧窗帘

4. 绘制主卧和次卧的装饰画

（1）单击【绘图】面板中的矩形命令按钮 <u>□</u>，或在命令行输入 REC 回车，命令行提示如下：

命令：_rectang

指定第一个角点或[倒角（C）/标高（E）/圆角（F）/厚度（T）/宽度（W）]：　　//捕捉次卧下面侧墙的中点 K（图 6-27）并向左追踪 20 作为矩形的第一个角点

指定另一个角点或[面积（A）/尺寸（D）/旋转（R）]：@-500，30　　　　//用相对直角坐标指定矩形的另一个角点，回车结束命令

（2）同样的方法，利用矩形命令，由 K 点向右追踪 20 作为矩形的一个角点，以相对坐标@500，30 指定矩形的另一个角点，绘制出右侧的矩形。

注意：也可用镜像命令绘制右侧的矩形。

绘制完次卧的装饰画如图 6-28 所示。

（3）复制次卧的装饰画，或用相似的方法，利用【绘图】面板中的矩形命令 ▭ 和【修改】面板中的镜像命令 ⚠ 镜像，绘制出主卧室北墙上的装饰画。绘制完成后如图 6-29 所示。

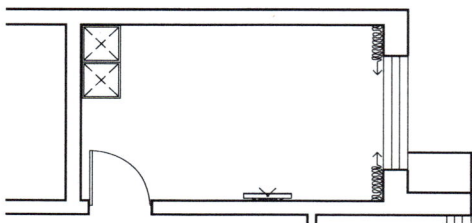

图 6-28　绘制次卧装饰画　　　　图 6-29　绘制主卧装饰画

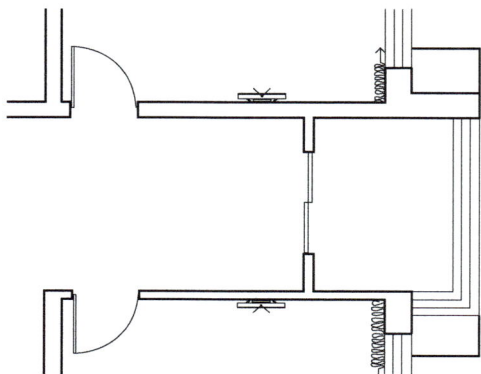

5. 插入床图块

（1）单击快速访问工具栏中的打开按钮 📂，或在命令行中输入 OPEN 回车，弹出如图 6-30 所示的【选择文件】对话框。在【查找范围】下拉列表框中选择"床.dwg"所在的路径，在【名称】列表框中选择"床.dwg"，单击【打开】按钮，打开文件。

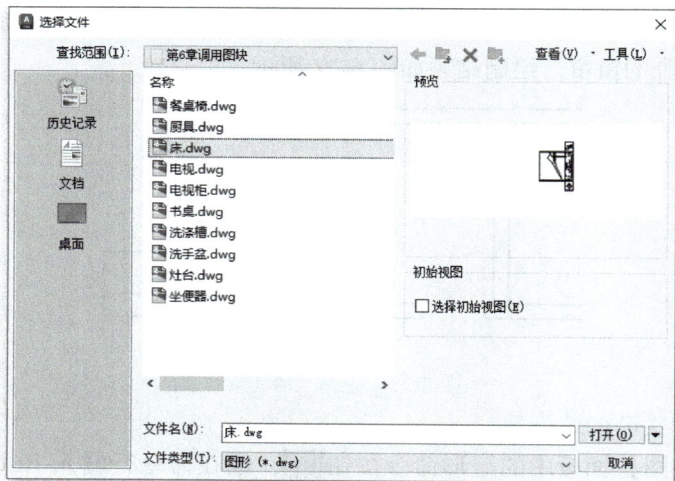

图 6-30　【选择文件】对话框

（2）单击菜单栏中的【编辑】|【全部选择】命令，或者按组合键 Ctrl+A，选择组成床的所有对象。

（3）单击菜单栏中的【编辑】|【带基点复制】命令，或者按组合键 Ctrl+Shift+C，如图 6-31 所示，捕捉床头的中点作为基点。

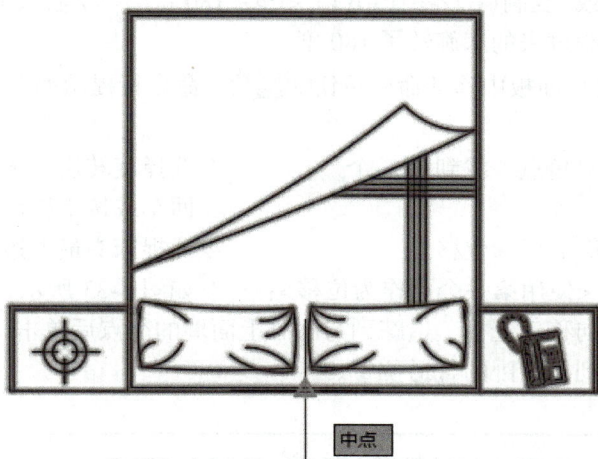

图 6-31　捕捉床头的中点作为基点

（4）单击"住宅平面布置图"文件选项卡，将窗口切换到"住宅平面布置图 . dwg"。单击菜单栏中的【编辑】|【粘贴】命令，或者按组合键 Ctrl+V，捕捉上面墙的中点后向下移动光标，捕捉到竖直向下方向与下面内墙的交点后单击，如图 6-32 所示。这样就将床复制到了主卧的合适位置。

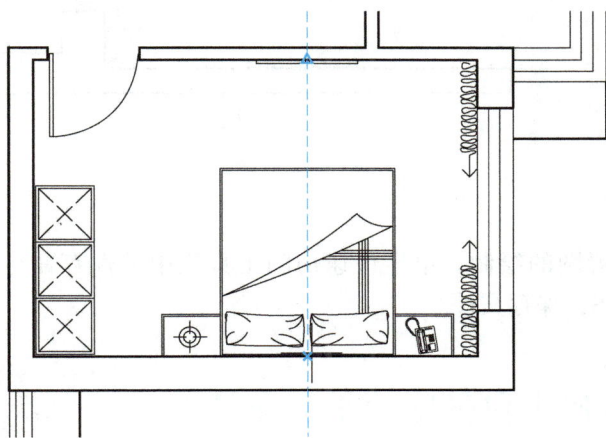

图 6-32　插入主卧室的床

（5）再次按组合键 Ctrl+V，在绘图区任意空白位置单击，粘贴床。

（6）单击【修改】面板中旋转命令按钮 旋转，或在命令行输入 RO 回车，命令行提示如下：

命令：_ROTATE

UCS 当前的正角方向： ANGDIR＝逆时针 ANGBASE＝0

选择对象：指定对角点：找到 317 个 //选择前面复制过来的床

选择对象： //回车或按空格键结束选择

指定基点： //在床中间的任意位置单击作为基点

指定旋转角度，或 [复制(C)/参照(R)] <0>：180 //输入 180 回车

这样将前一步复制过来的床旋转了 180 度。

（7）单击【修改】面板中移动命令按钮 ✛ 移动，命令行提示如下：

命令：_move

选择对象：指定对角点：找到 317 个 //选择旋转后的床

选择对象： //回车或按空格键结束选择

指定基点或 [位移(D)] <位移>： //捕捉床头最上边的中点作为基点

指定第二个点或 <使用第一个点作为位移>： //如图 6-33 所示，捕捉次卧下面墙的中点后，沿竖直向上方向移动光标，追踪到与次卧上面墙的交点后单击

这样就将床移动到了次卧的合适位置。

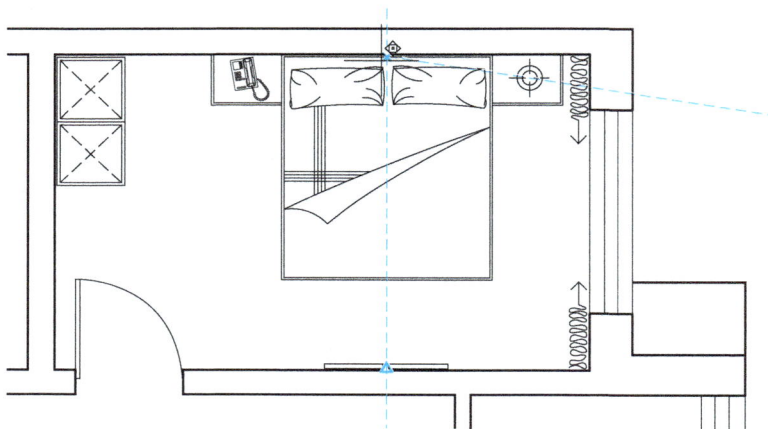

图 6-33 移动次卧的床

6. 保存文件

完成卧室平面布置图的绘制，单击快速访问工具栏中的保存命令按钮，或输入 QS 回车，或按快捷键 Ctrl+S，保存文件。

任务 6.4 绘制客厅和餐厅的平面布置图

1. 绘制客厅窗帘

（1）选择主卧南侧窗帘的样条曲线，单击【修改】面板中复制命令按钮 复制，或在命令行输入 CO 回车，命令行提示如下：

命令：_copy 找到 1 个

当前设置： 复制模式 ＝ 多个

指定基点或[位移(D)/模式(O)]<位移>：　　　　//如图 6-34 所示，捕捉样条曲线上面的端点后水平向右追踪到与窗的交点单击

指定第二个点或[阵列(A)]<使用第一个点作为位移>：　　　　//如图 6-35 所示，捕捉客厅阳台窗内边线的右上端点单击，复制出一条样条曲线

指定第二个点或[阵列(A)/退出(E)/放弃(U)]<退出>：　　　　//在适当的空白位置单击复制出另一条样条曲线

指定第二个点或[阵列(A)/退出(E)/放弃(U)]<退出>：　　　　//回车或按空格键结束命令

结果如图 6-36 所示。

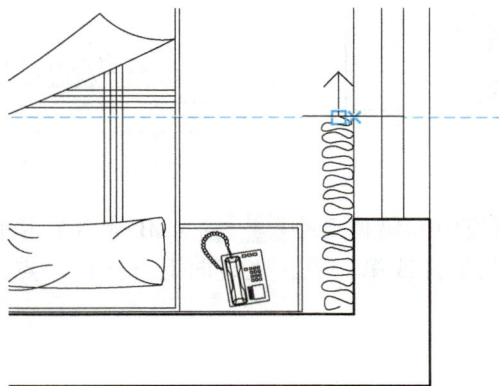

图 6-34　客厅阳台杂物柜和窗帘

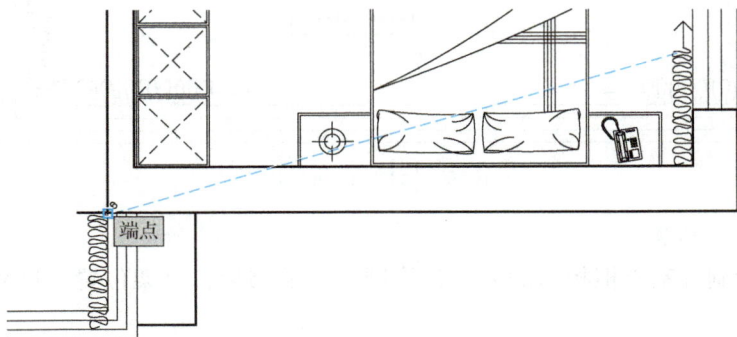

图 6-35　复制一条样条曲线

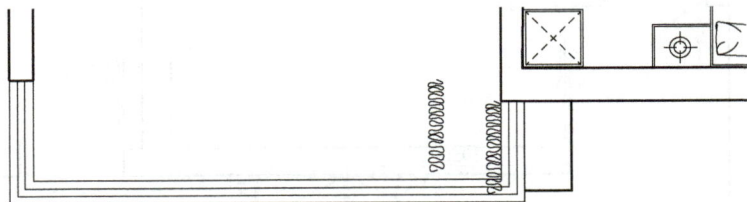

图 6-36　复制出另一条样条曲线

（2）利用【修改】面板中的旋转命令 <kbd>C 旋转</kbd>（RO 命令），将复制的样条曲线旋转 90 度，再利用【修改】面板中的移动命令 <kbd>✛ 移动</kbd>（M 命令），将样条曲线移动到如图 6-37 所示的位置。

（3）利用【修改】面板中的修剪命令 <kbd>✂ 修剪 ▾</kbd>（TR 命令），对两条样条曲线进行修剪，再用【修改】面板中的直线命令 <kbd>╱</kbd>（L 命令）绘制出箭头形状，完成客厅阳台窗帘的绘制，绘制结果如图 6-38 所示。

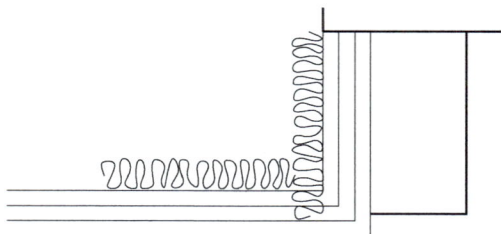

图 6-37　旋转并移动样条曲线　　　　图 6-38　修剪样条曲线并绘制箭头

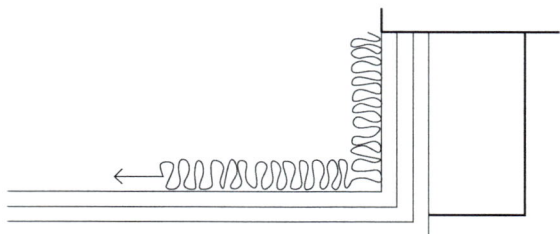

（4）利用【修改】面板中的镜像命令 <kbd>▲ 镜像</kbd>（MI 命令）镜像窗帘，如图 6-39 所示，以客厅阳台窗内边线中点为镜像线第一点，竖直向上方向任一点为镜像第二点，不删除源对象。

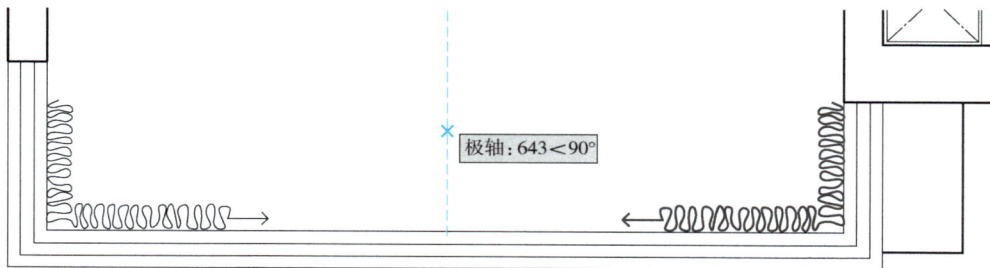

图 6-39　镜像出左侧的窗帘

2. 绘制书架和鞋柜

（1）用与绘制卧室衣柜相同的方法，绘制客厅的书架，书架位置、尺寸和绘制结果如图 6-40 所示。

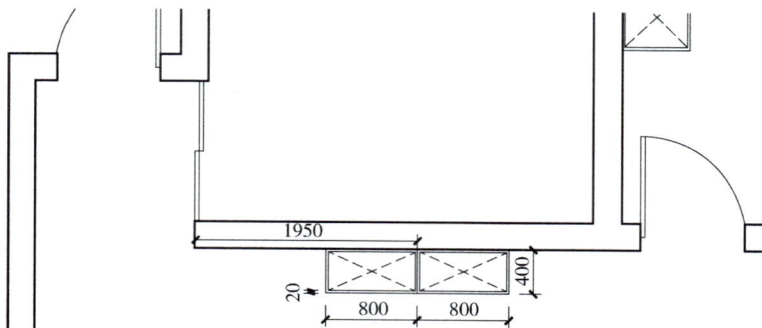

图 6-40　绘制客厅的书架

（2）用与绘制卧室衣柜相同的方法，绘制门厅的鞋柜，鞋柜位置、尺寸和绘制结果如图 6-41 所示。

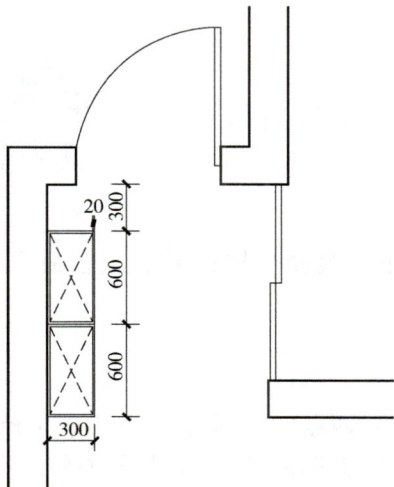

图 6-41 绘制门厅的鞋柜

3. 插入图块

用与前述插入卧室中床相同的方法插入"沙发""茶几""电视柜""电视"和"餐桌椅"并放到合适的位置，其中，沙发和茶几的左下角与卧室左面墙和窗的交点对齐，电视柜的右上角与卧室右面墙的墙角对齐，电视与电视柜右侧中点对齐，餐桌椅位于餐厅上下方向居中的位置，右侧椅背与厨房门的距离为 500mm。结果如图 6-42 所示。

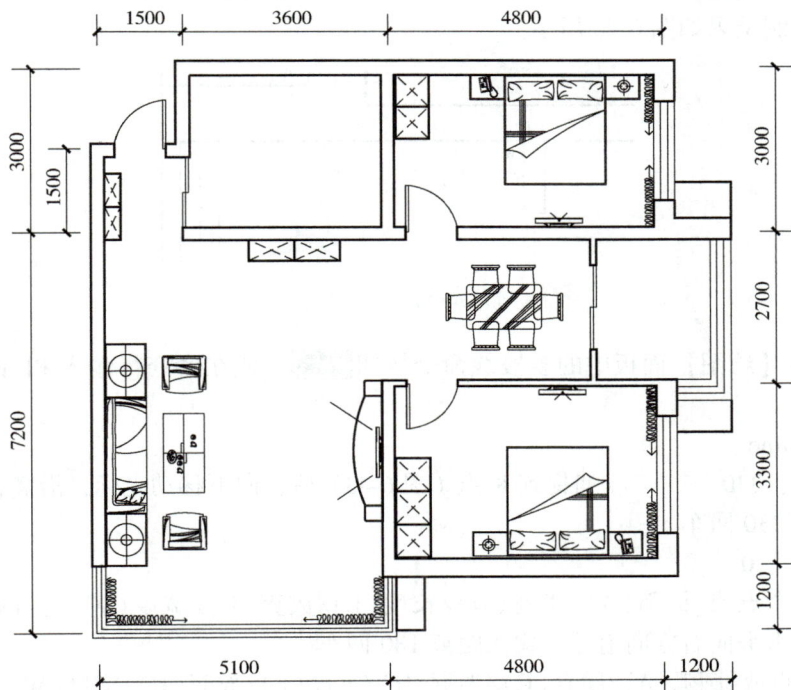

图 6-42 插入沙发、茶几、电视柜、电视和餐桌椅后的平面布置图

4. 保存文件

单击快速访问工具栏中的保存命令按钮，或输入 QS 回车，或按快捷键 Ctrl+S，保存文件。

任务 6.5　绘制厨房平面布置图

1. 绘制厨房水管和大理石遮挡

（1）单击【绘图】面板中的圆命令按钮，或在命令行输入 C 回车，命令行提示如下：

命令：C

CIRCLE

指定圆的圆心或［三点（3P）/两点（2P）/切点、切点、半径（T）］：_from 基点：<偏移>：@90，－90　　　//按住键盘上的 Shift 键，单击鼠标右键，在弹出的捕捉列表中单击选择"自"命令，捕捉厨房墙角 K（图 6-43）单击，输入相对坐标@90，－90 回车确定上水管的中心位置

指定圆的半径或［直径（D）］<38>：12.5　　　//输入半径 12.5 回车

命令：　　CIRCLE　　　　　//回车或按空格键重复执行圆命令

指定圆的圆心或［三点（3P）/两点（2P）/切点、切点、半径（T）］：150　　　　//捕捉到上水管的圆心后向下移动光标，沿竖直向下方向追踪，输入 150 回车

指定圆的半径或［直径（D）］<38>：37.5　　　//输入半径 37.5 回车

水管的绘制结果如图 6-43 所示。

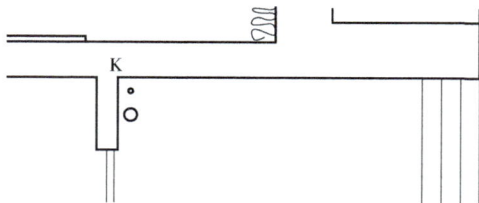

图 6-43　绘制厨房水管

（2）单击【绘图】面板中的多段线命令按钮，或在命令行输入 PL 回车，命令行提示如下：

命令：_pline

指定起点：330　　　　//捕捉到 K 点（图 6-43）后，向下移动光标，沿竖直向下方向追踪，输入距离 330 回车

当前线宽为 0

指定下一个点或［圆弧（A）/半宽（H）/长度（L）/放弃（U）/宽度（W）］：180　　　//向右移动光标，沿水平向右方向追踪，输入距离 180 回车

指定下一点或［圆弧（A）/闭合（C）/半宽（H）/长度（L）/放弃（U）/宽度（W）］：330　　//向上移动光标，沿竖直向上方向追踪，输入距离 330 回车

指定下一点或[圆弧(A)/闭合(C)/半宽(H)/长度(L)/放弃(U)/宽度(W)]：　　//回车或按空格键结束命令

（3）单击【修改】面板中的偏移命令按钮 ，或在命令行输入 O 回车，命令行提示如下：

命令：O

OFFSET

当前设置：删除源=否　图层=源　OFFSETGAPTYPE=0

指定偏移距离或[通过(T)/删除(E)/图层(L)] <通过>：　　20　　//输入偏移距离20回车

选择要偏移的对象，或[退出(E)/放弃(U)] <退出>：　　//选择前面绘制的多段线

指定要偏移的那一侧上的点，或[退出(E)/多个(M)/放弃(U)] <退出>：　　//在多段线的下面或右侧单击

选择要偏移的对象，或[退出(E)/放弃(U)] <退出>：　　//回车或按空格键结束命令

绘制结果如图6-44所示。

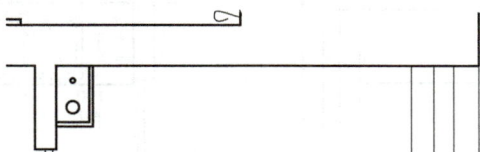

图6-44　绘制大理石遮挡

2. 绘制冰箱

利用【绘图】面板中的矩形命令 （REC命令）、直线命令 （L命令）、【修改】面板中的偏移命令 （O命令），用与任务6.3绘制衣柜相同的方法绘制厨房中的冰箱，冰箱的尺寸和位置如图6-45所示。

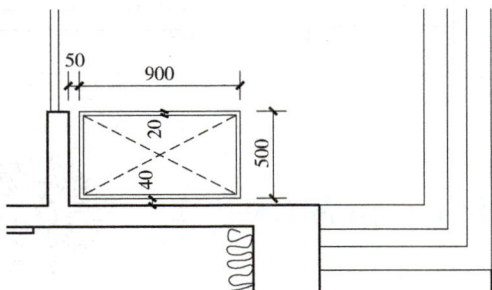

图6-45　冰箱的尺寸和位置

3. 绘制厨房台面

将线型设置成随层"ByLayer"，单击【绘图】面板中的矩形命令按钮 ，或在命令行输入 REC 回车，命令行提示如下：

命令：_rectang

指定第一个角点或[倒角(C)/标高(E)/圆角(F)/厚度(T)/宽度(W)]：　　　　//捕捉

到墙角 K 点（图 6-46）单击

指定另一个角点或［面积（A）/尺寸（D）/旋转（R）］：@1970，-500　　　　//输入相对坐标@1970，-500 回车，确定矩形的右下角点

命令：　RECTANG　　　　//回车或按空格键重复执行矩形命令

指定第一个角点或［倒角（C）/标高（E）/圆角（F）/厚度（T）/宽度（W）］：　　//捕捉到窗线交点 L（图 6-46）单击

指定另一个角点或［面积（A）/尺寸（D）/旋转（R）］：@-970，570　　　　//输入相对坐标@-970，540 回车，确定矩形的左上角点

绘制完成台面后如图 6-46 所示。

4. 插入图块

用与前述插入卧室中床相同的方法插入"电子灶盘""洗涤槽"和"厨具"并放到合适的位置。"电子灶盘""洗涤槽"和"厨具"的位置和绘制后的图形如图 6-47 所示。

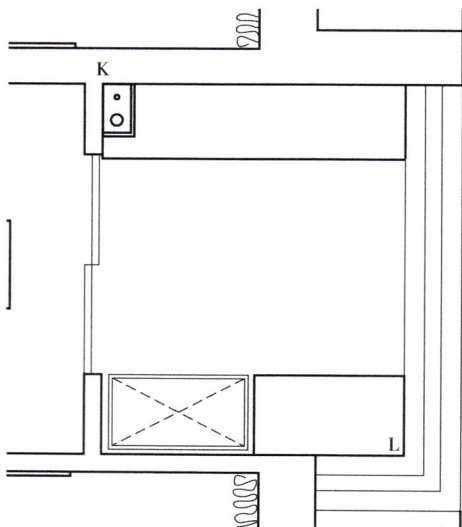

图 6-46　绘制厨房台面

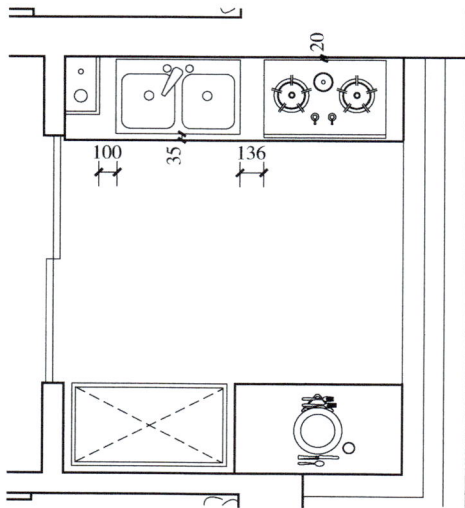

图 6-47　插入"电子灶盘""洗涤槽"和"厨具"

任务 6.6　绘制卫生间平面布置图

1. 绘制管道井和排风道

（1）打开并解锁"墙体"图层，设置墙体图层为当前图层。

（2）单击【绘图】面板中的矩形命令按钮▢，或在命令行输入 REC 回车，命令行提示如下：

命令：_rectang

指定第一个角点或［倒角（C）/标高（E）/圆角（F）/厚度（T）/宽度（W）］：　　//捕捉到 M 点（图 6-48）后向左追踪到与外墙的交点后单击

指定另一个角点或[面积（A）/尺寸（D）/旋转（R）]：@720，-720　　　//输入相对坐标@720，-720 回车，确定矩形的右下角点

（3）单击【修改】面板中的偏移命令按钮 ，或在命令行输入 O 回车，命令行提示如下：

命令：O

OFFSET

当前设置：删除源=否　图层=源　OFFSETGAPTYPE=0

指定偏移距离或[通过（T）/删除（E）/图层（L）]<通过>：　120　　　//输入偏移距离 120 回车

选择要偏移的对象，或[退出（E）/放弃（U）]<退出>：　　　　　//选择刚才绘制的矩形

指定要偏移的那一侧上的点，或[退出（E）/多个（M）/放弃（U）]<退出>：　　　//在矩形内部单击

选择要偏移的对象，或[退出（E）/放弃（U）]<退出>：　//回车或按空格键结束偏移命令

绘制结果如图 6-49 所示。

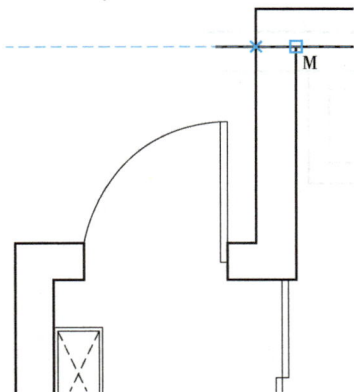

图 6-48　捕捉追踪确定矩形的第一个角点　　　　　　图 6-49　偏移矩形

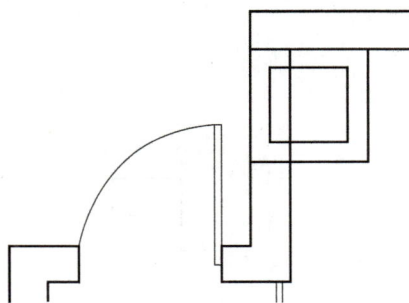

（4）单击【修改】面板中的分解命令按钮 ，或在命令行输入 EXPL 回车，命令行提示如下：

命令：EXPLODE

选择对象：找到 1 个　　　//选择与两个矩形相交的墙体多线

选择对象：　　　　　//回车或按空格键结束选择

标注已解除关联。

（5）单击【修改】面板中的修剪命令按钮 ，或在命令行输入 TR 回车，命令行提示如下：

命令：TR

TRIM

当前设置：投影=UCS，边=无，模式=快速

选择要修剪的对象，或按住 Shift 键选择要延伸的对象或

［剪切边(T)/窗交(C)/模式(O)/投影(P)/删除(R)］：　　//依次选择需要修剪掉的部分

选择要修剪的对象，或按住 Shift 键选择要延伸的对象或

［剪切边(T)/窗交(C)/模式(O)/投影(P)/删除(R)/放弃(U)］：　//依次选择需要修剪掉的部分

选择要修剪的对象，或按住 Shift 键选择要延伸的对象或

［剪切边(T)/窗交(C)/模式(O)/投影(P)/删除(R)/放弃(U)］：　//依次选择需要修剪掉的部分

选择要修剪的对象，或按住 Shift 键选择要延伸的对象或

［剪切边(T)/窗交(C)/模式(O)/投影(P)/删除(R)/放弃(U)］：　//依次选择需要修剪掉的部分

选择要修剪的对象，或按住 Shift 键选择要延伸的对象或

［剪切边(T)/窗交(C)/模式(O)/投影(P)/删除(R)/放弃(U)］：　　//回车或按空格键结束命令

绘制完的管道井如图 6-50 所示。

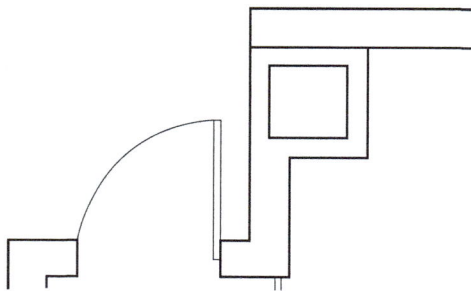

图 6-50　绘制完的管道井

（6）单击【绘图】面板中的多段线命令按钮，或在命令行输入 PL 回车，命令行提示如下：

命令：_pline

指定起点：210 //由 N 点（图 6-51）向右追踪，输入 210 回车确定多段线起点 O（图 6-51）

当前线宽为 0

指定下一个点或［圆弧(A)/半宽(H)/长度(L)/放弃(U)/宽度(W)］：390　　　//沿竖直向下方向追踪，输入距离 390 回车确定 P 点（图 6-51）

指定下一点或［圆弧(A)/闭合(C)/半宽(H)/长度(L)/放弃(U)/宽度(W)］：　　//沿水平向左方向追踪到与管道井的交点 Q（图 6-51）单击

指定下一点或［圆弧(A)/闭合(C)/半宽(H)/长度(L)/放弃(U)/宽度(W)］：　　//回车结束命令

命令：PLINE　　　//回车重复执行多段线命令

指定起点：　　　　//捕捉到 N 点（图 6-51）单击

当前线宽为 0

指定下一个点或[圆弧(A)/半宽(H)/长度(L)/放弃(U)/宽度(W)]：　//在内部适当位置单击，指定 R 点（图 6-51）

指定下一点或[圆弧(A)/闭合(C)/半宽(H)/长度(L)/放弃(U)/宽度(W)]：　//捕捉到 P 点（图 6-51）单击

指定下一点或[圆弧(A)/闭合(C)/半宽(H)/长度(L)/放弃(U)/宽度(W)]：　//回车结束命令

绘制结果如图 6-51 所示。

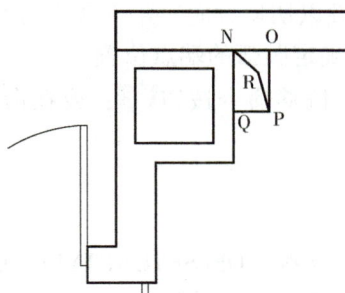

图 6-51　绘制两条多段线

（7）单击【修改】面板中的偏移命令按钮 ⊂，或在命令行输 O 回车，命令行提示如下：

命令：O

OFFSET

当前设置：删除源=否　图层=源　OFFSETGAPTYPE=0

指定偏移距离或[通过(T)/删除(E)/图层(L)] <120>：60　　//输入偏移距离 60 回车

选择要偏移的对象，或[退出(E)/放弃(U)] <退出>：　　//单击选择多段线 OPQ（图 6-51）

指定要偏移的那一侧上的点，或[退出(E)/多个(M)/放弃(U)] <退出>：　//在 OPQ 的右侧或下方单击

选择要偏移的对象，或[退出(E)/放弃(U)] <退出>：　　//回车或按空格键结束命令

绘制结果如图 6-52 所示。

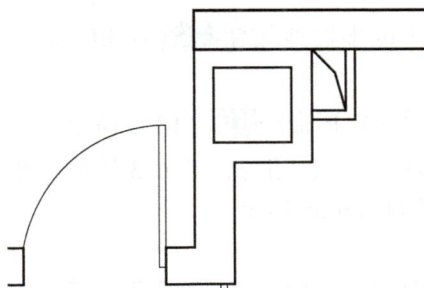

图 6-52　偏移多段线

2. 绘制洗浴区

（1）设置"家具"图层为当前图层。锁定"墙体"和"门窗"图层。

（2）单击【绘图】面板中的圆弧命令按钮，或输入 A 回车，命令行提示如下：

命令：_arc

指定圆弧的起点或［圆心（C）］：1500　　　//捕捉到墙角 S 点（图 6-53）后向左追踪，输入 1500 回车，确定圆弧的起点 T（图 6-53）

指定圆弧的第二个点或［圆心（C）/端点（E）］：c　　　//单击选择"圆心"选项

指定圆弧的圆心：　　　　　　　　　　　　//捕捉到墙角 S 点（图 6-53）单击

指定圆弧的端点（按住 Ctrl 键以切换方向）或［角度（A）/弦长（L）］：　　　　//沿竖直向下方向追踪线的任意位置单击，确定圆弧的端点位置

（3）单击【修改】面板中的偏移命令按钮，或在命令行输入 O 回车，命令行提示如下：

命令：O

OFFSET

当前设置：删除源＝否　图层＝源　OFFSETGAPTYPE＝0

指定偏移距离或［通过（T）/删除（E）/图层（L）］＜60＞：20　//输入偏移距离 20 回车

选择要偏移的对象，或［退出（E）/放弃（U）］＜退出＞：　　　//单击选择前面绘制的圆弧

指定要偏移的那一侧上的点，或［退出（E）/多个（M）/放弃（U）］＜退出＞：　　　//在圆弧的右侧单击

选择要偏移的对象，或［退出（E）/放弃（U）］＜退出＞：　　　//回车或按空格键结束命令

绘制结果如图 6-53 所示。

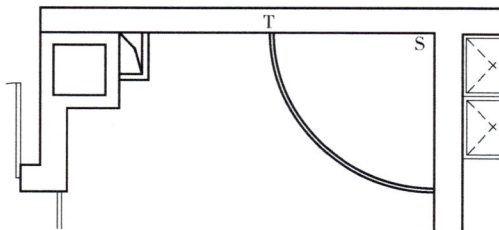

图 6-53　绘制洗浴区

3. 绘制洗面盆台面和洗衣机

（1）利用【绘图】面板中的多段线按钮，或 PL 命令，绘制如图 6-54 所示的多段线 UVW。

（2）利用【绘图】面板中的矩形命令（REC 命令）、直线命令（L 命令）、【修改】面板中的偏移命令（O 命令），用与任务 6.3 绘制衣柜相同的方法绘制卫生间中的洗衣机，洗衣机的尺寸和位置如图 6-54 所示。

4. 插入图块

用与前述插入卧室中床相同的方法插入"坐便器"和"洗手盆"并放到合适的位置。"坐便器"和"洗手盆"的位置和绘制后的图形如图 6-55 所示。

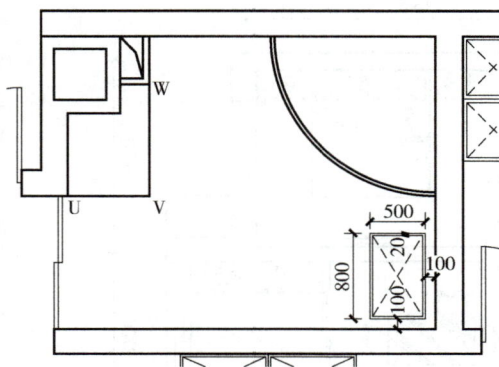

图 6-54　绘制洗面盆台面和洗衣机

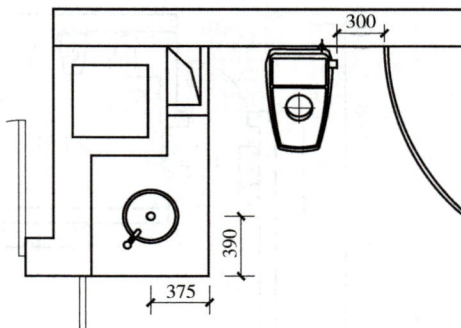

图 6-55　插入坐便器和洗手盆

5. 文字标注

（1）标注房间名称。单击下拉菜单中的【绘图】|【文字】|【单行文字】命令，或在命令行输入 TEXT 回车，命令行提示如下：

命令：TEXT

当前文字样式："数字" 文字高度： 500 注释性： 否 对正： 左

指定文字的中间点 或[对正(J)/样式(S)]：S　　//输入 S 回车，或单击选择"样式"选项

输入样式名或[？]<数字>：汉字　　　　　　//输入"汉字"回车，或单击选择"汉字"文字样式(项目 5 设置了"汉字"文字样式)

当前文字样式："数字" 文字高度： 450 注释性： 否 对正： 左

指定文字的中间点 或[对正(J)/样式(S)]：J　　//输入 J 回车，或单击"对正"选项

输入选项 [左(L)/居中(C)/右(R)/对齐(A)/中间(M)/布满(F)/左上(TL)/中上(TC)/右上(TR)/左中(ML)/正中(MC)/右中(MR)/左下(BL)/中下(BC)/右下(BR)]：MC　　//输入 MC 回车，或单击选择"正中"选项

指定文字的中间点：　　　　//在需要添加文字标注的位置单击确定文字的中间点

指定高度 <450>：300　　　//输入 300 回车，指定文字高度为 300

指定文字的旋转角度 <0>：　//回车，默认 0 度

然后输入房间名称的文字，完成一处标注后，在另一处需要标注文字的地方再单击，输入文字，以此类推，输入完所有的房间功能名称后两次回车结束命令。最后将文字适当移动到更合适的位置，结果如图 6-56 所示。

（2）标注管道井名称。在命令行输入 TEXT 回车，命令行提示如下：

命令：TEXT

当前文字样式："汉字" 文字高度： 300 注释性： 否 对正： 正中

指定文字的中间点 或[对正(J)/样式(S)]：　　　//捕捉到管道井的中心单击

指定高度 <300>：120　　　　　//输入 120 回车，指定文字高度为 120

指定文字的旋转角度 <0>：　//回车，默认 0 度

然后输入文字"管道井"，再次回车结束命令

绘制结果如图 6-57 所示。

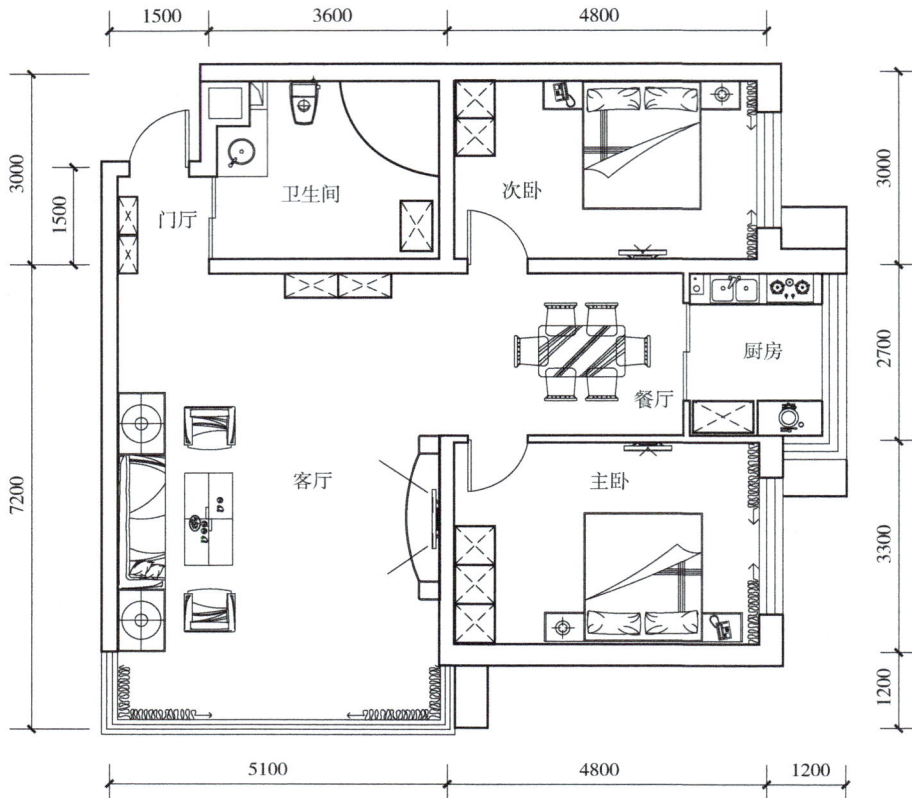

图 6-56　标注房间名称后住宅平面布置图

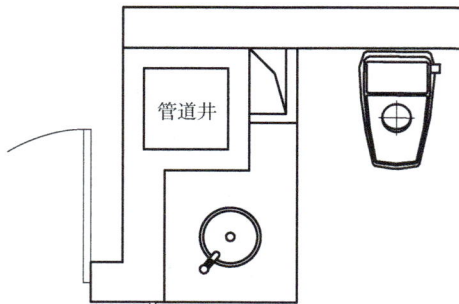

图 6-57　标注管道井

6. 保存文件

单击快速访问工具栏中的保存命令按钮，保存文件。

任务 6.7　拓展任务

1. 思考并回答下面的问题

（1）平面布置图主要反映哪些内容？

（2）绘制门时有何技巧？

（3）调用床、沙发等图块常用的方法有哪些？

2. 绘制如图 6-58 所示的某住宅平面布置图

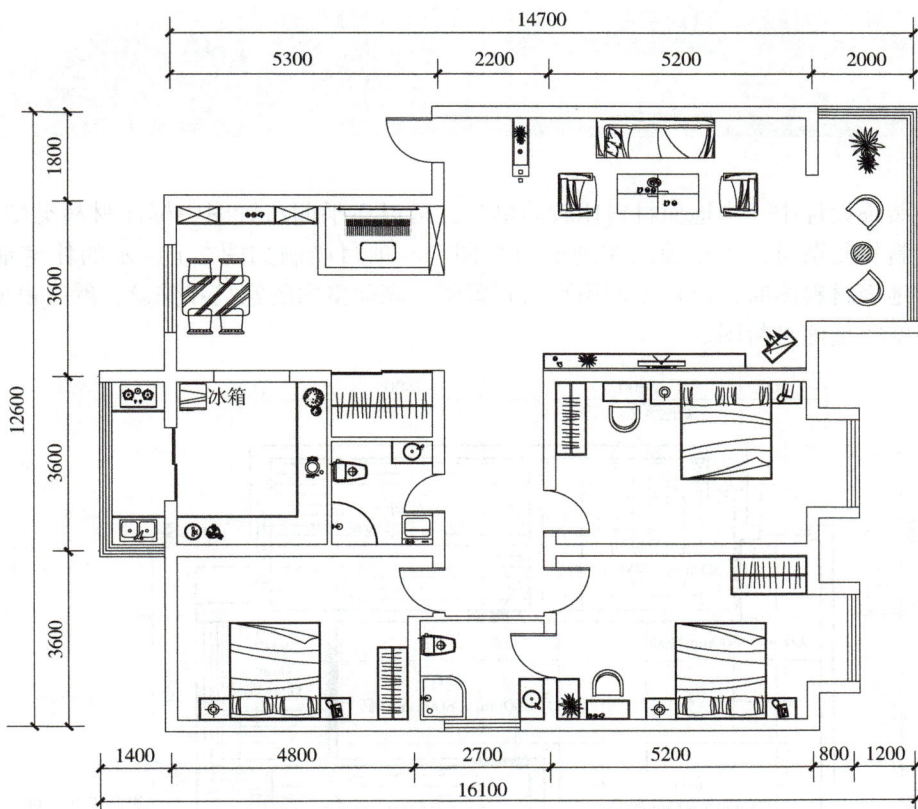

图 6-58　某住宅平面布置图

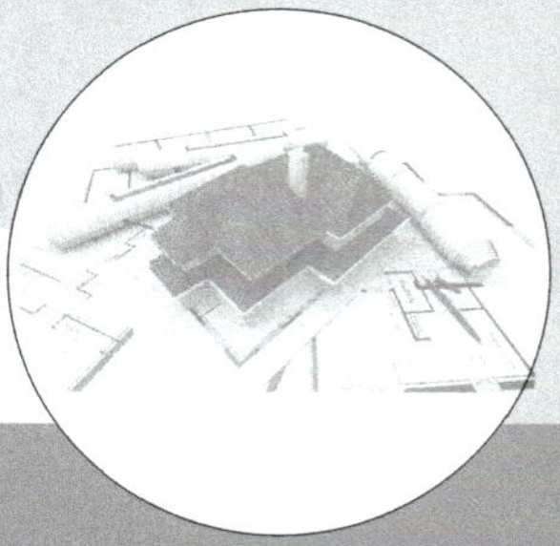

项目7

绘制住宅地面材料图

建筑装饰设计中，当地面材料比较简单时，可以在平面布置图中标注材料类型及规格，当地面材料较复杂时，需单独绘制地面材料图。本项目绘制如图 7-1 所示的住宅地面材料图。绘制地面材料图时，应首先调用平面布置图，删除室内的家具和陈设，然后根据设计要求绘制各空间地面材料图。

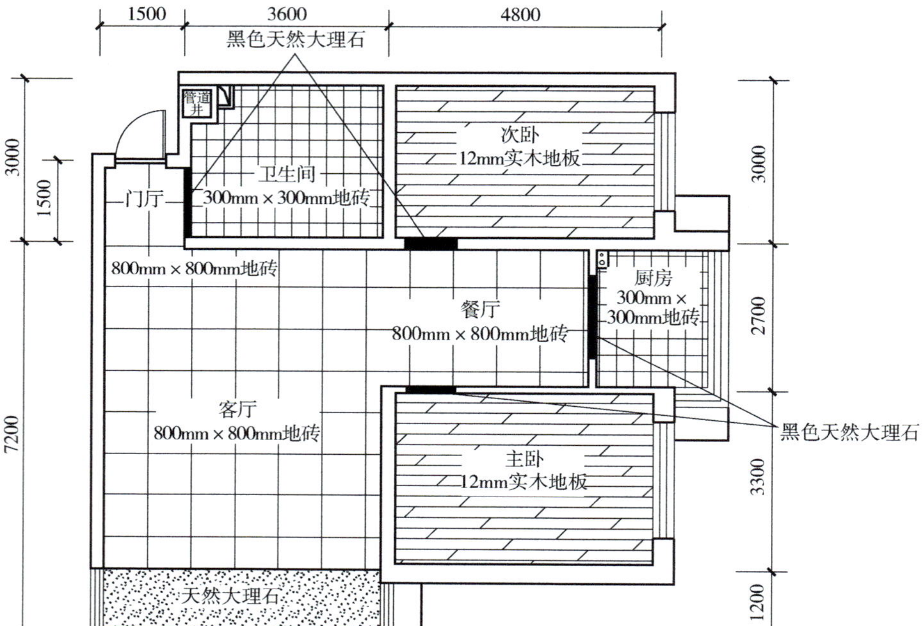

图 7-1　某住宅地面材料图

任务 7.1　新建图形

地面材料图需要利用平面布置图中已经绘制好的墙体、门、窗、固定的设备和设施等图形，只要在平面布置图的基础上修改即可。

（1）单击快速访问工具栏中的打开按钮 ，或在命令行输入 OPE 回车，弹出【选择文件】对话框。在【查找范围】下拉列表框中选择平面布置图所在的路径，在【名称】列表框中选择"住宅平面布置图.dwg",单击【打开】按钮,打开文件。

（2）固定于地面的设备和设施所在的地方不需要铺设地面材料,而床、沙发等家具和陈设所在的地方需要铺设地面材料,因此需删除床、沙发和内门等家具及陈设,再将房间功能标注移动到适当的位置,结果如图7-2所示。

（3）单击界面左上角的应用程序按钮 **A**,选择另存为下拉按钮 ,或在命令行输入 SA 回车,弹出【图形另存为】对话框。在【保存于】下拉列表框中选择正确的路径,在【文件名】文本框中输入文件名称"住宅地面材料图",单击【保存】命令按钮保存文件。

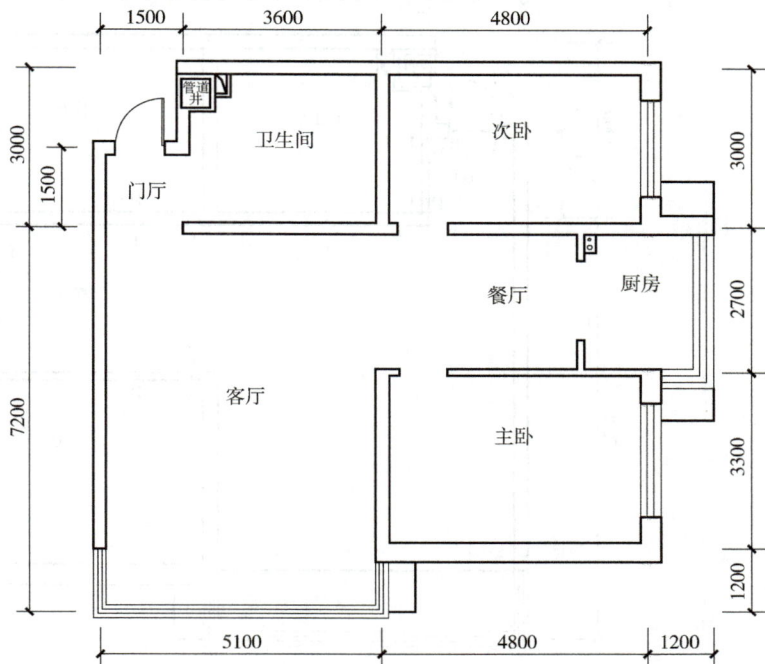

图7-2　删除家具、陈设和内门

任务7.2　绘制分隔线并标注材料名称

（1）将"细实线"图层设置为当前图层。

（2）绘制分隔线。运用直线命令在图7-3所示的 AB、CD、EF、GH、IJ、KL、MN、OP、QR 和 ST 的位置绘制分隔线。

（3）标注主要空间的材料名称。

1）单击下拉菜单中的【绘图】|【文字】|【单行文字】命令,或在命令行输入 TEXT 回车,命令行提示如下:

命令:TEXT

当前文字样式:　"汉字"　文字高度:　120　注释性:否　对正:　正中

指定文字的中间点 或[对正(J)/样式(S)]:　　　//在"卫生间"三字下面适当位置单击

指定高度 <120>:200　　　　　　　　　　//输入文字高度 200

指定文字的旋转角度 <0>:　　　　　　　　//回车,取默认的旋转角度 0 度

此时,绘图区将进入文字编辑状态,输入文字"300mm×300mm 地砖",然后在"客厅"两字下面的适当位置单击,输入文字"800mm×800mm 地砖",在"主卧"两字下面的适当位置单击,输入文字"12mm 实木地板",在客厅的阳台中间位置单击,输入文字"天然大理石",然后回车换行,再一次回车结束单行文字命令。结果如图7-4所示。

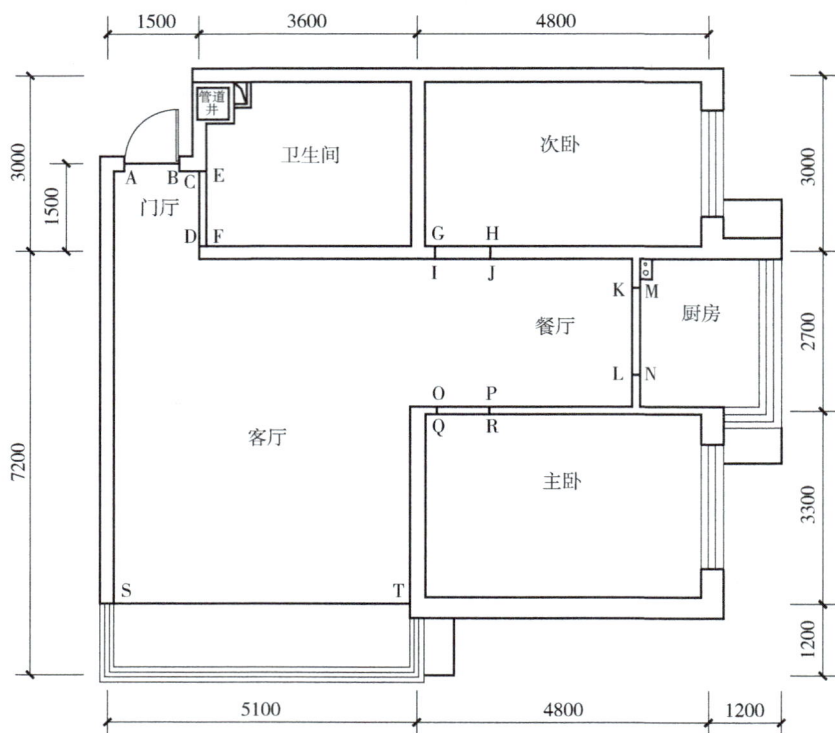

图 7-3　绘制分隔线

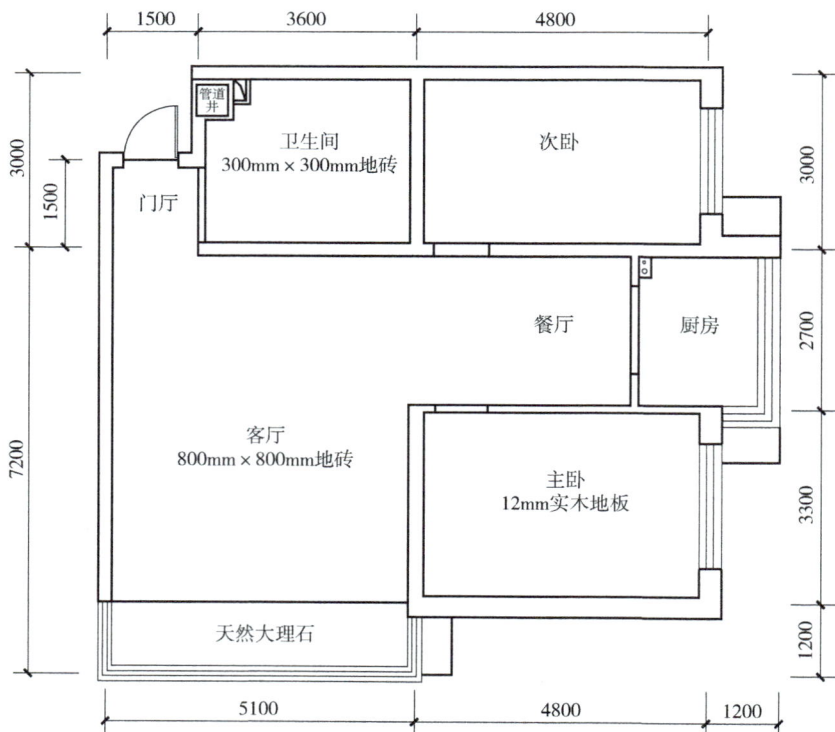

图 7-4　绘制单行文字

2）复制前面标注的材料名称并移动到相应的标注文字下，结果如图 7-5 所示。

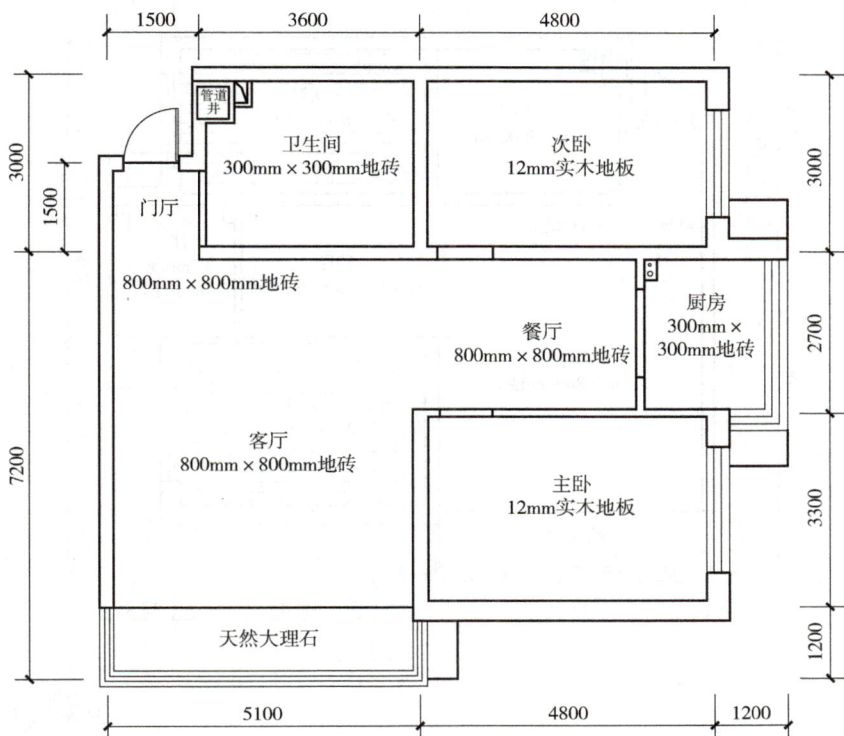

图 7-5 复制单行文字

任务 7.3 绘制卧室地面材料图

卧室的地面铺设 12mm 厚的实木地板。

（1）单击【绘图】面板中的图案填充命令按钮，或在命令行输入 H 回车，则弹出如图 7-6 所示的【图案填充创建】面板。

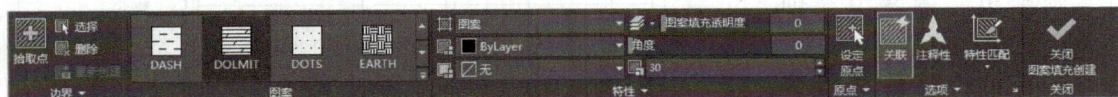

图 7-6 【图案填充创建】面板

（2）在将要填充图案的主卧和次卧封闭图形的内部依次单击，确定填充范围。然后在【图案】面板中设置图案为"DOLMIT"，"比例"为 30，再单击【关闭图案填充创建】命令按钮，绘图结果如图 7-7 所示。

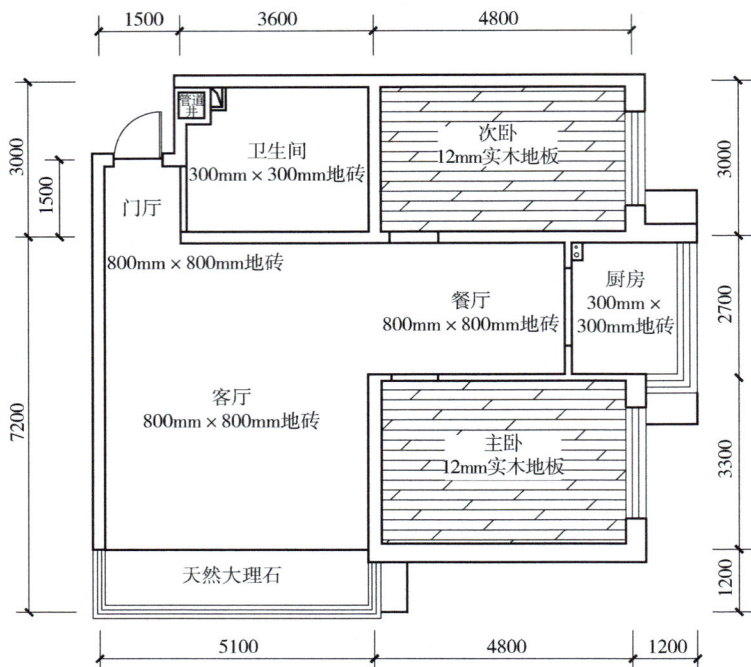

图 7-7 填充实木地板

任务 7.4 绘制客厅、门厅和餐厅的地面材料图

客厅、门厅和餐厅地面铺设 800mm×800mm 的防滑地砖。

（1）单击【绘图】面板中的图案填充命令按钮，或在命令行输入 H 回车，则弹出"图案填充创建"面板。

（2）在将要填充图案的客厅、门厅和餐厅的封闭图形的内部单击，确定填充范围。然后在【图案】面板中设置图案为"NET"，"比例"为 240，再单击【关闭图案填充创建】命令按钮，绘图结果如图 7-8 所示。

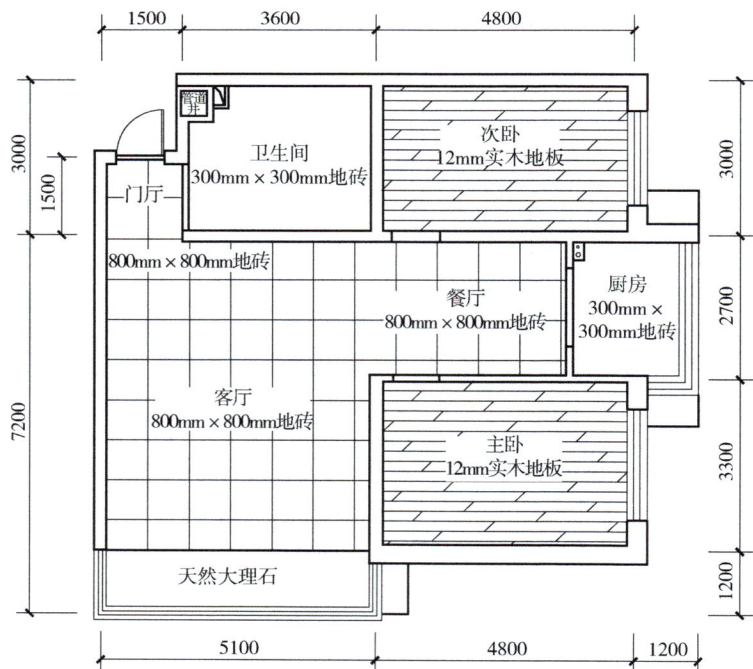

图 7-8 客厅、门厅和餐厅的地面材料图

任务7.5 绘制厨房和卫生间的地面材料图

厨房和卫生间地面铺设 300mm×300mm 防滑地砖。

单击【绘图】面板中的图案填充命令按钮▨，或在命令行输入 H 回车，则弹出"图案填充创建"面板，命令行提示如下：

命令：H

HATCH

拾取内部点或［选择对象（S）/放弃（U）/设置（T）］：T　　　　//单击选择"设置"选项，弹出如图 7-9 所示的【图案填充和渐变色】对话框。在【类型和图案】选项区域中，单击【类型】下拉列表框右侧的 ▾ 符号，选择"用户定义"选项。选择【角度和比例】选项区域中的"双向"复选框，设置【间距】文本框为 300。在【图案填充原点】选项区域中，选择"左下"为默认边界范围。然后单击【边界】选项区域的拾取点按钮▦，进入绘图区域

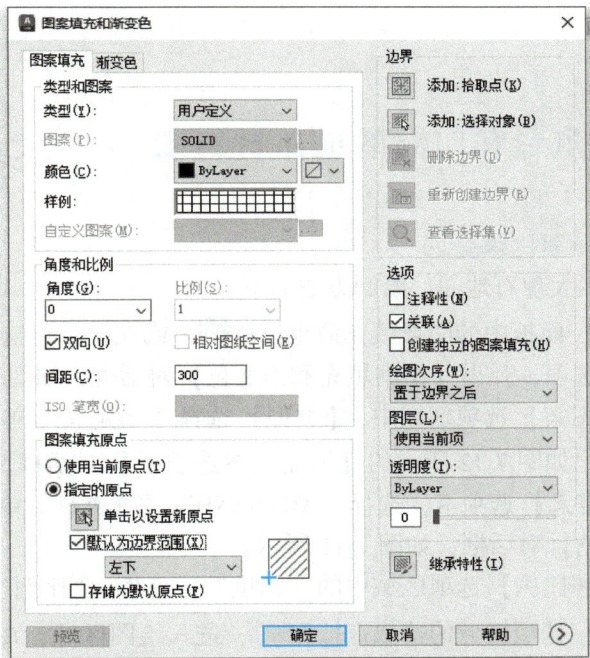

图7-9　【图案填充和渐变色】对话框

拾取内部点或［选择对象（S）/放弃（U）/设置（T）］：　　　　//在将要填充图案的卫生间封闭图形的内部单击鼠标左键

拾取内部点或［选择对象（S）/放弃（U）/设置（T）］：正在选择所有对象…

正在选择所有可见对象…

正在分析所选数据…

正在分析内部孤岛 ...

拾取内部点或[选择对象(S)/放弃(U)/设置(T)]：　　//在将要填充图案的厨房封闭图形的内部单击鼠标左键

正在分析内部孤岛 ...

拾取内部点或[选择对象(S)/放弃(U)/设置(T)]：　　//回车或按空格键结束填充命令

填充后的图形如图 7-10 所示。

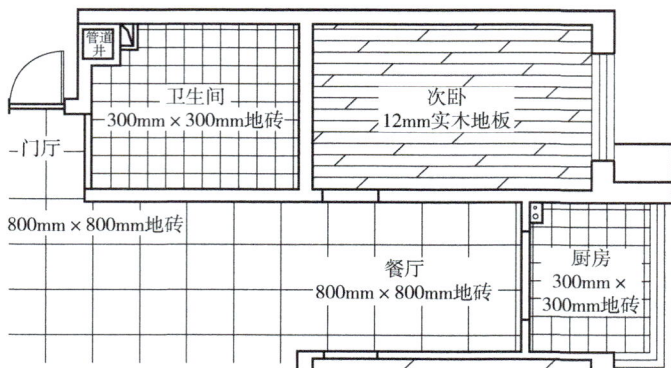

图 7-10　卫生间和厨房地面材料图

任务 7.6　绘制阳台和门洞的地面材料图

1. 绘制客厅阳台地面材料图

客厅阳台采用天然大理石地面。绘制方法如下。

（1）单击【绘图】面板中的图案填充命令按钮，或在命令行输入 H 回车，在命令行中单击选择"设置"选项，弹出【图案填充和渐变色】对话框，如图 7-11 所示。

（2）在【类型和图案】选项区域中，【类型】选择"预定义"单击【图案】下拉列表框右侧的按钮，弹出如图 7-12 所示的【填充图案选项板】对话框。单击【其他预定义】标签，选择【其他预定义】选项卡，选择"AR-SAND"填充类型。单击【确定】按钮，回到【图案填充和渐变色】对话框，如图 7-11 所示。

（3）设置【角度和比例】选项区域中的"角度"为 0 度，"比例"为 5。

（4）单击【边界】选项区域的拾取点按钮，进入绘图区域，在客厅阳台封闭图形的内部单击鼠标左键，然后回车结束填充命令。填充后的图形如图 7-13 所示。

注意：绘制阳台地面材料图时采用了与上一任务相似的填充方法。在非"用户定义"的情况下，这里的填充完全可以通过图 7-6 的【图案填充创建】面板完成。

2. 绘制门洞的地面材料图

四个内部门洞口都采用黑色天然大理石地面。绘制方法如下。

（1）单击【绘图】面板中的图案填充命令按钮，或在命令行输入 H 回车，弹出如图 7-14 所示的【图案填充创建】面板。

（2）在将要填充图案的四个门洞口内部依次单击，确定填充范围。然后在【图案】面板中设置图案为"SOLID"，再单击【关闭图案填充创建】命令按钮，绘图结果如图 7-15 所示。

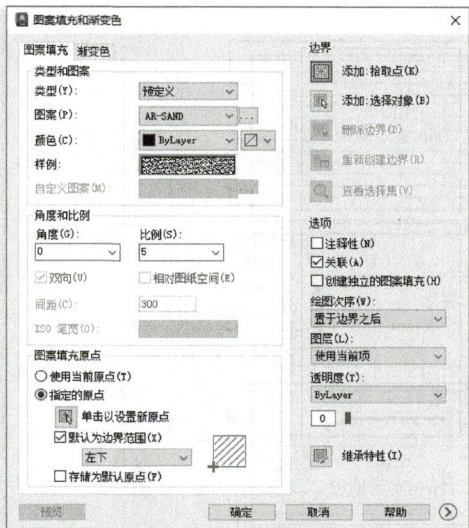

图 7-11　【图案填充和渐变色】对话框

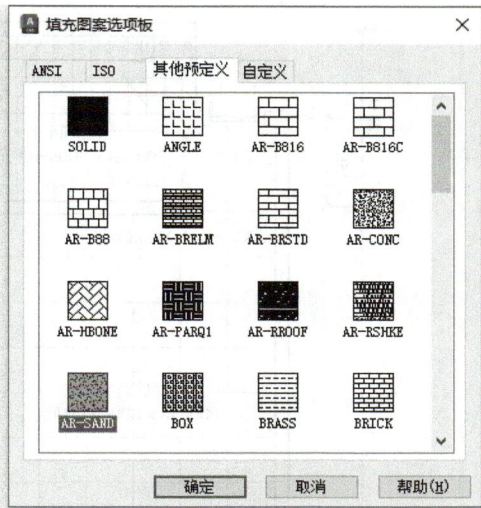

图 7-12　【填充图案选项板】对话框

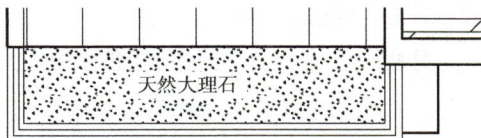

图 7-13　客厅阳台的地面材料图

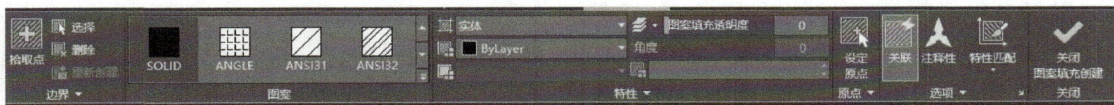

图 7-14　【图案填充创建】面板

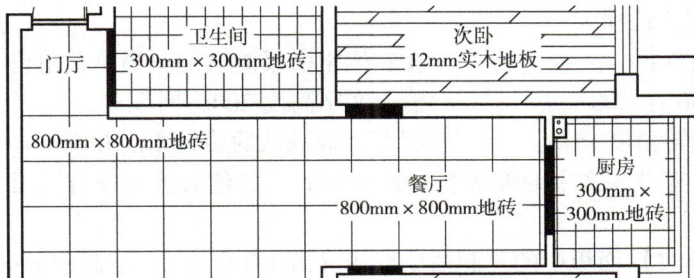

图 7-15　门洞口地面材料图

3. 标注四个门洞口材料的文字说明

（1）运用直线命令绘制四条文字说明索引线，如图 7-16 所示。

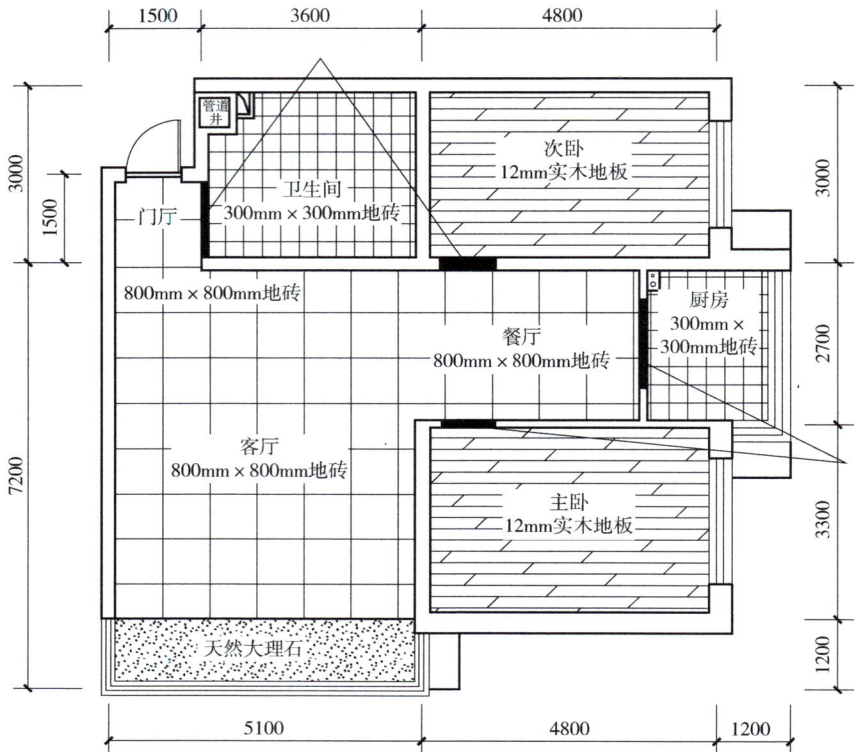

图 7-16　文字说明索引线

（2）单击下拉菜单中的【绘图】|【文字】|【单行文字】命令，或在命令行输入 TEXT 回车，命令行提示如下：

命令：_text

当前文字样式："汉字"　文字高度：150　注释性：否　对正：正中

指定文字的中间点 或[对正（J）/样式（S）]：J　//单击选择"对正"选项

输入选项 [左（L）/居中（C）/右（R）/对齐（A）/中间（M）/布满（F）/左上（TL）/中上（TC）/右上（TR）/左中（ML）/正中（MC）/右中（MR）/左下（BL）/中下（BC）/右下（BR）]：L //单击选择"左"选项

指定文字的起点：　　　　　　　//在右侧索引线的右侧适当位置单击

指定高度 <150>：200　　　　//输入文字高度 200，回车

指定文字的旋转角度 <0>：　　//回车，取默认的旋转角度 0 度

此时，绘图区将进入文字编辑状态，输入文字"黑色天然大理石"，回车换行，再一次回车结束命令。

（3）利用【修改】面板中的复制命令按钮（或 CO 命令），复制前面的文字"黑色天然大理石"到索引线上面的适当位置，结果如图 7-17 所示。

至此，绘制完成了如图 7-1 所示的地面材料图，单击快速访问工具栏中的保存命令按钮 ，或在命令行输入 QS 回车，保存文件。

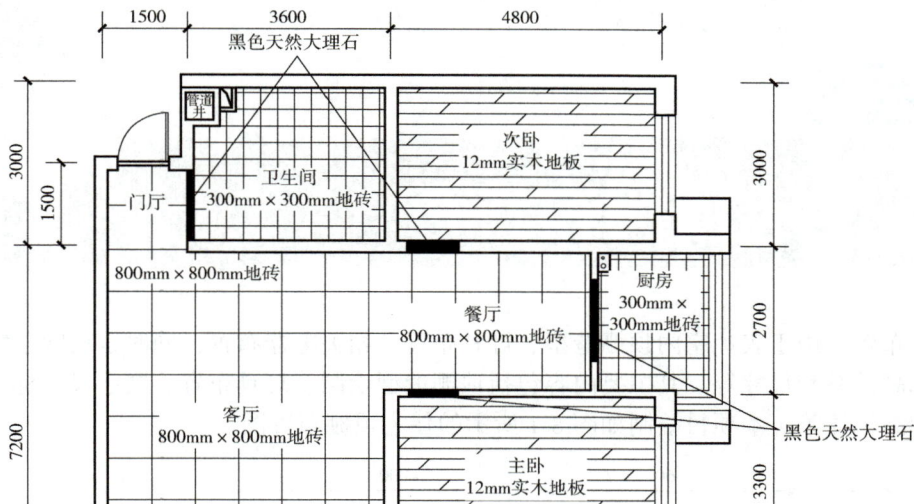

图 7-17　标注文字说明

任务 7.7　拓展任务

1. 思考并回答下列问题

（1）地面材料图主要反映哪些内容？

（2）绘制地面材料图的基本步骤有哪些？

2. 绘制如图 7-18 所示的某住宅地面材料图

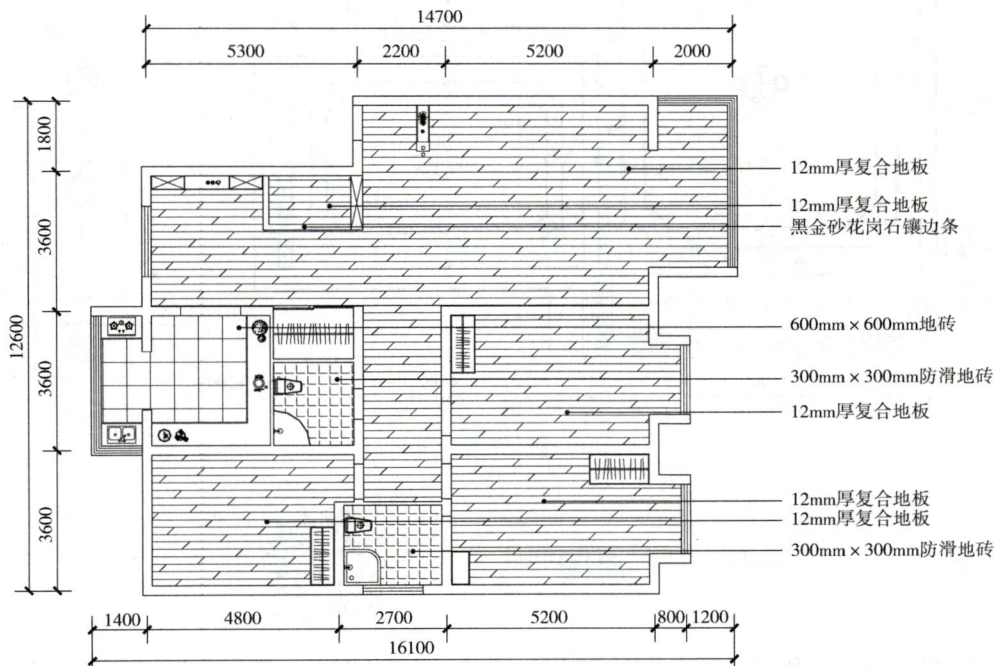

图 7-18　某住宅地面材料图

项目8

绘制住宅顶棚布置图

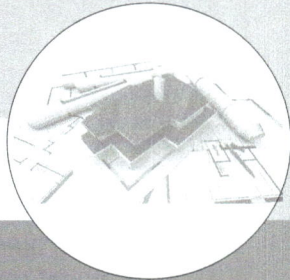

顶棚布置图用于表达室内顶棚造型、灯具布置及相关电器布置，同时也反映了室内空间组合的标高关系和尺寸等。其主要内容包括顶棚造型绘制、灯具布置、文字尺寸标注、符号标注和标高标注等。本项目绘制如图8-1所示的住宅顶棚布置图。

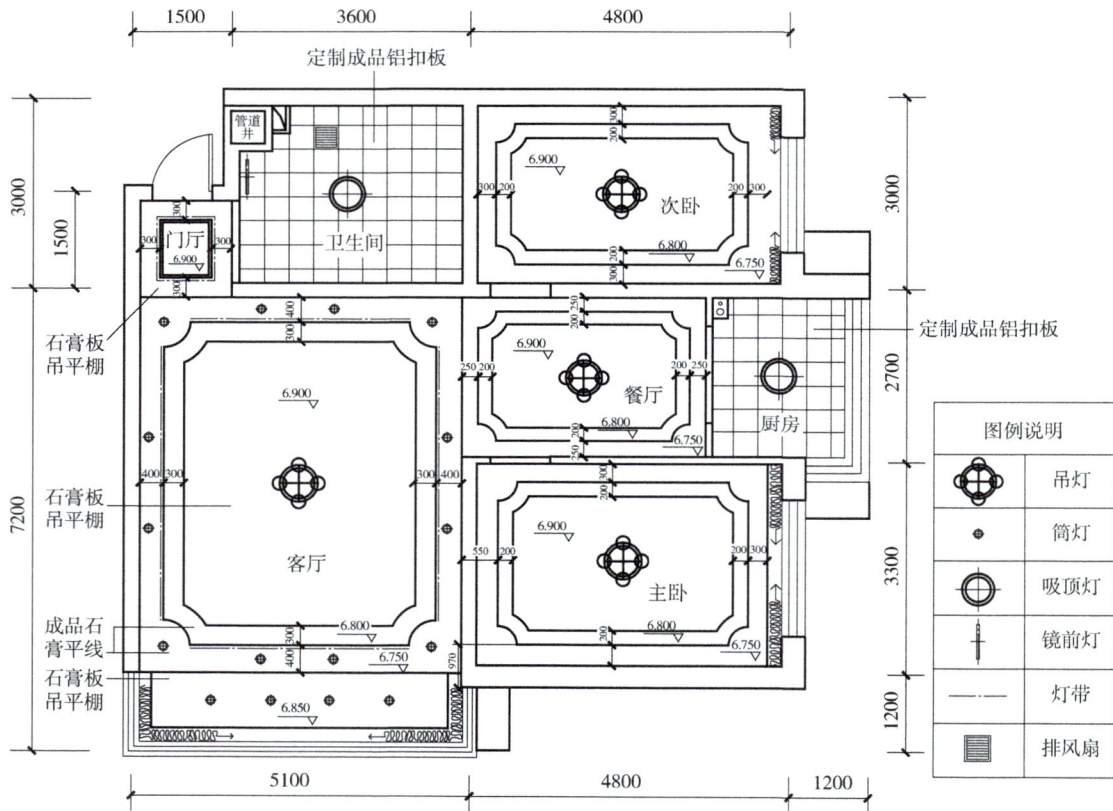

图8-1　某住宅顶棚布置图

任务 8.1　新建并修改基础图形

顶棚布置图需要利用平面布置图中已经绘制好的墙体图形，还需要根据平面布置定位灯具等的位置，因此需要在平面布置图的基础上修改。

（1）单击快速访问工具栏中的打开按钮 📂，或在命令行输入 OPE 回车，弹出【选择文件】对话框。在【查找范围】下拉列表框中选择平面布置图所在的路径，在【名称】列表框中选择"住宅平面布置图.dwg"，单击【打开】按钮，打开文件。

（2）删除图中所有家具、部分设施、设备和内平开门等图形，并将房间功能标注文字适当移动位置，结果如图8-2所示。

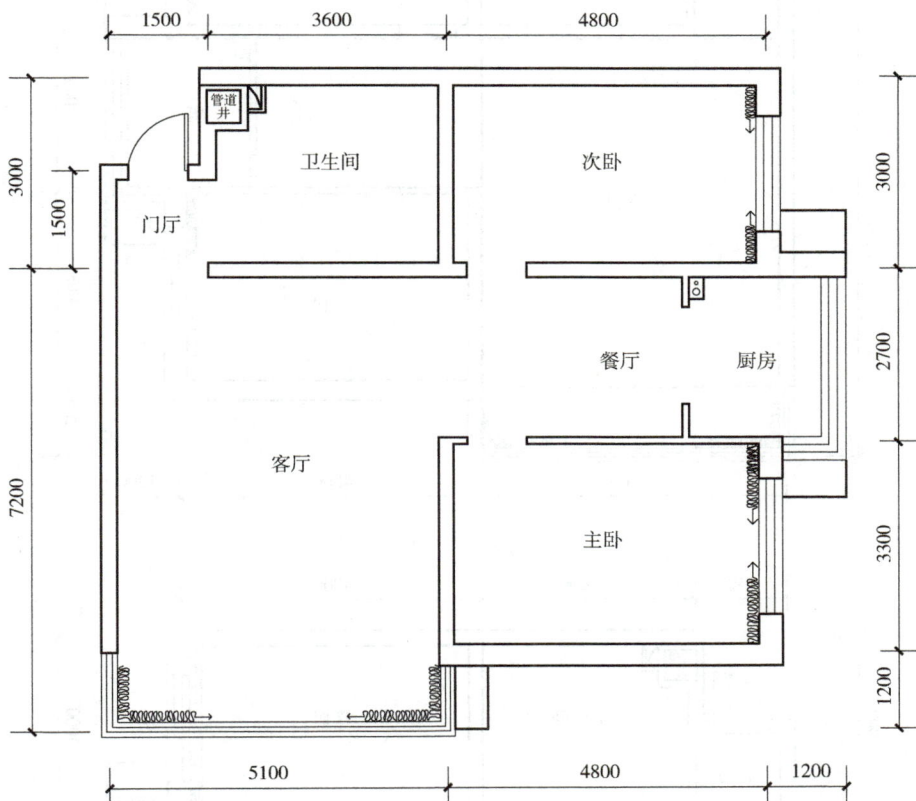

图 8-2　整理图形

（3）设置"细实线"图层为当前图层，利用【绘图】面板中的直线命令 ╱，或 L 命令，绘制多条门洞口位置的墙线、不同功能房间的分界线，结果如图8-3所示。

（4）绘制窗帘盒。利用【绘图】面板中的直线命令 ╱，或 L 命令，在距墙200mm的位置，绘制两个卧室和客厅所有窗帘的窗帘盒，结果如图8-4所示。

（5）单击界面左上角的应用程序按钮 A，选择另存为下拉按钮 📄另存为，或在命令行输入 SA 回车，弹出【图形另存为】对话框。在【保存于】下拉列表框中选择正确的路径，在【文件名】文本框中输入文件名称"住宅顶棚布置图"，单击【保存】命令按钮保存文件。

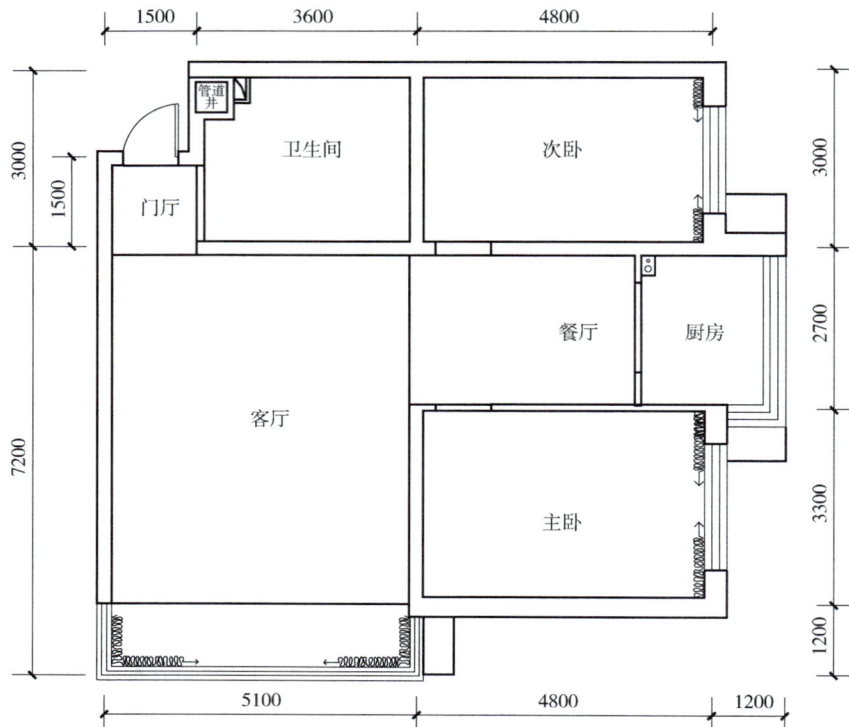

图 8-3　补绘墙线或房间分界线

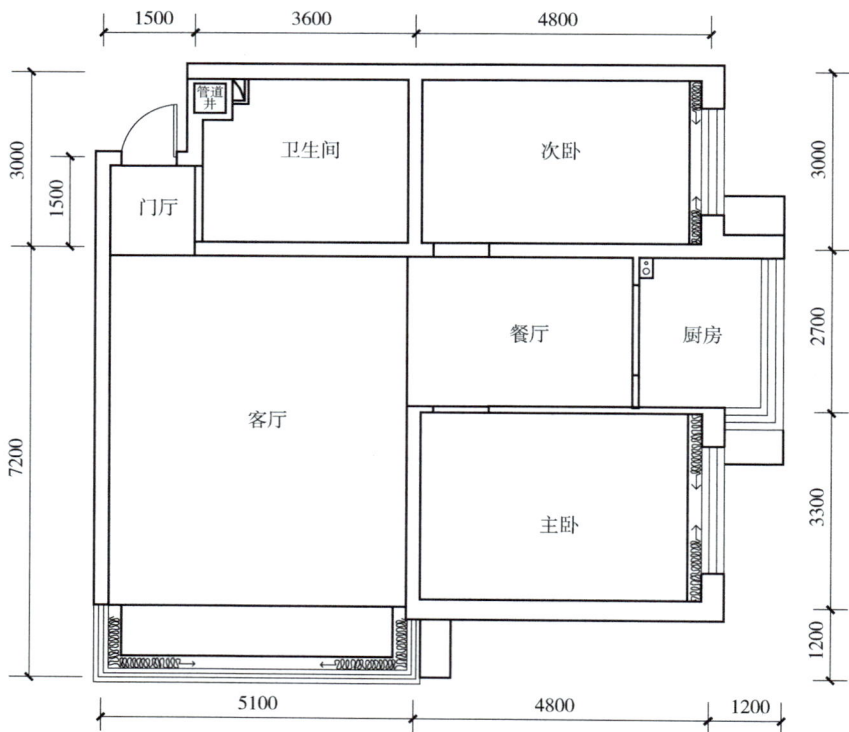

图 8-4　绘制窗帘盒

任务 8.2 绘制图例说明表

1. 绘制图例中的图形

由于灯具和一些设施没有统一的表示方法，因此绘制顶棚布置图前应绘制图例说明。本任务所用到的图例有吊灯、筒灯、吸顶灯、镜前灯、灯带和排风扇。下面以图 8-5 所示的吊灯为例介绍灯具的绘制方法。

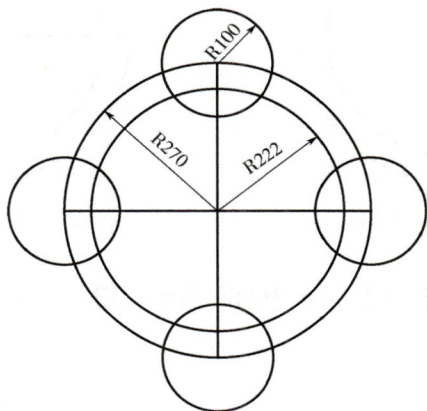

图 8-5 吊灯

吊灯的绘制步骤如下：

（1）绘制同心圆。单击【绘图】面板中的圆命令按钮，或在命令行输入 C 回车，命令行提示如下：

命令：_circle

指定圆的圆心或［三点(3P)/两点(2P)/切点、切点、半径(T)］：　//绘图区内适当位置单击左键作为圆的圆心

指定圆的半径或［直径(D)］：270　　　　　　　　　　//输入半径 270 回车

命令：CIRCLE　　　　　　　　//回车，重复执行圆命令

指定圆的圆心或［三点(3P)/两点(2P)/切点、切点、半径(T)］：　//捕捉刚绘制圆的圆心

指定圆的半径或［直径(D)］<270>：222　　　　　　　//输入半径 222 并回车

绘图结果如图 8-6 所示。

（2）绘制两条垂直的直线。单击【绘图】面板中的直线命令按钮，或在命令行输入 L 回车，命令行提示如下：

命令：_line

指定第一点：　　　　　　　　//捕捉大圆左侧象限点

指定下一点或［放弃(U)］：　　　//捕捉大圆右侧的象限点

指定下一点或［放弃(U)］：　　　//回车，结束命令

命令：LINE   //回车重复执行直线命令
指定第一个点：   //捕捉大圆上端象限点
指定下一点或［放弃(U)］：   //捕捉大圆下端的象限点
指定下一点或［放弃(U)］：   //回车，结束命令
绘制结果如图 8-7 所示。

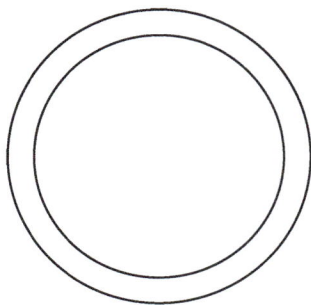

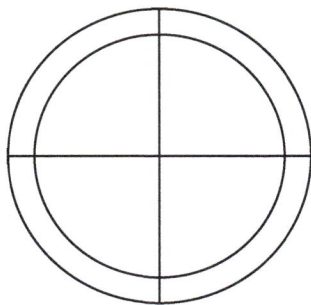

图 8-6　绘制同心圆　　　　　　　　　图 8-7　绘制两条垂直的直线

（3）绘制小圆。单击【绘图】面板中的圆命令按钮⊙，或在命令行输入 C 回车，命令行提示如下：

命令：_circle
指定圆的圆心或［三点(3P)/两点(2P)/切点、切点、半径(T)］：　　//捕捉大圆上端象限点作为圆心
指定圆的半径或［直径(D)］：100　　　　　　　　　　　　　　　//输入半径 100 并回车

结果如图 8-8 所示。

（4）阵列小圆。单击【修改】面板中的阵列命令按钮□□ 阵列 ▾右侧的下三角符号，然后在弹出的命令列表（图 8-9）中单击环形阵列命令按钮▦，或在命令行输入 ARRAYP 回车，命令行提示如下：

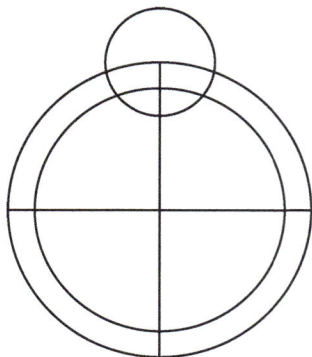

图 8-8　绘制小圆　　　　　　　　　　图 8-9　阵列命令列表

命令：_arraypolar

选择对象：找到 1 个　　　　//选择刚才绘制的半径为 100 的小圆

选择对象：　　　　　　　　//回车或空格结束选择

类型 = 极轴　关联 = 是

指定阵列的中心点或［基点（B）/旋转轴（A）］：　　　//捕捉大圆的圆心作为阵列中心

选择夹点以编辑阵列或［关联（AS）/基点（B）/项目（I）/项目间角度（A）/填充角度（F）/行（ROW）/层（L）/旋转项目（ROT）/退出（X）］＜退出＞：I　　　//单击选择"项目"选项，或输入 I 回车

输入阵列中的项目数或［表达式（E）］＜6＞：4　　　//输入 4 回车

选择夹点以编辑阵列或［关联（AS）/基点（B）/项目（I）/项目间角度（A）/填充角度（F）/行（ROW）/层（L）/旋转项目（ROT）/退出（X）］＜退出＞：　　　//回车结束环形阵列命令

结果如图 8-10 所示。

同样的方法，可以运用圆命令、直线命令、矩形命令、矩形阵列命令绘制其他的图例。图中筒灯和吸顶灯均由两个同心圆及两条直线组成。筒灯中两个圆的直径分别为 48mm 和 60mm，两条直线的长度为 160mm；吸顶灯的两个同心圆半径分别为 222mm 和 270mm，两条直线的长度为 740mm。输入 LTS 回车后再输入 13 回车，设置线型比例为 13，再绘制镜前灯和灯带示例，镜前灯的矩形长为 40mm，宽为 500mm，水平直线长 200mm，线型为 "ACAD_ISO04W100"，竖直直线长 660mm；灯带长度为 800mm，线型为 "ACAD_ISO04W100"；排风扇外围是两个边长分别为 300mm 和 270mm 的正方形，里面是间距为 40mm 的 7 条水平线。绘制方法在此不赘述。绘制结果如图 8-11 所示。

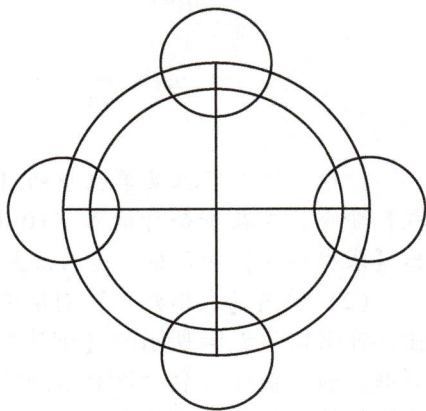

图 8-10　阵列小圆

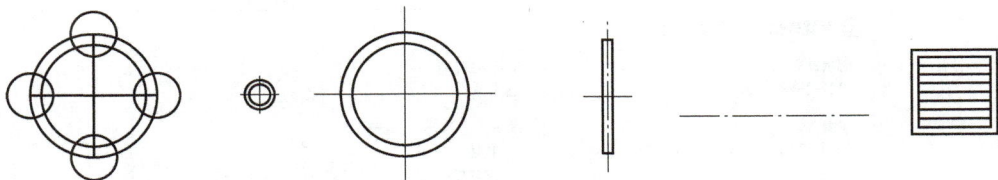

图 8-11　绘制完的灯具图例

2. 绘制图例说明表格

图例说明表格可以直接用矩形命令和直线命令绘制，这种绘制方式绘制出来的表格，调整不方便，并且还需要单独输入文字。

下面我们用 AutoCAD 2024 的绘制表格功能绘制图例说明表格。

（1）单击【注释】面板中的"注释"文字，弹出如图 8-12 所示的【注释样式】列表，单击其中的

图 8-12　【注释样式】列表

表格样式按钮▦，弹出如图 8-13 所示的【表格样式】对话框。

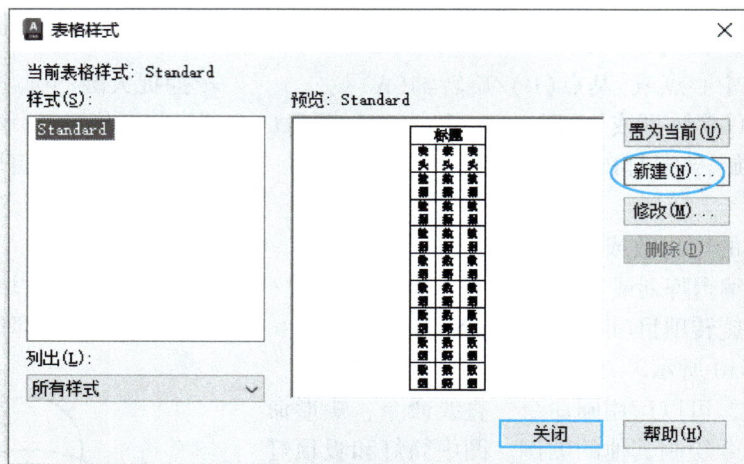

图 8-13 【表格样式】对话框

注意：单击下拉菜单栏中的【格式】|【表格样式】命令，或在命令行输入 TABLES 回车也可以弹出【表格样式】对话框，进而设置表格样式。

（2）单击【表格样式】对话框中的【新建】按钮，弹出如图 8-14 所示的【创建新的表格样式】对话框。输入新样式名"图例说明"，然后单击【继续】按钮，弹出【新建表格样式：图例说明】对话框，默认可以修改"数据"样式。修改"数据"单元"文字"特性的文字样式为"汉字"、文字高度为 300，如图 8-15 所示。

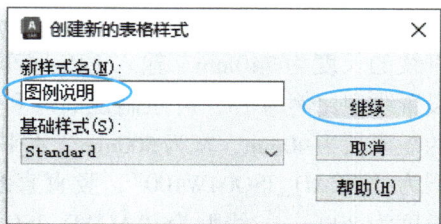

图 8-14 【创建新的表格样式】对话框

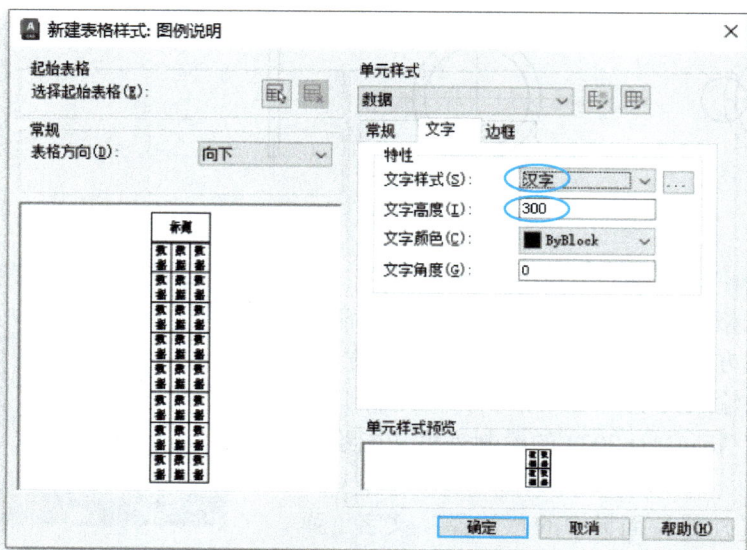

图 8-15 【新建表格样式：图例说明】对话框

（3）单击"常规"选项，修改"数据"单元"常规"特性的对齐方式为"正中"，如图 8-16 所示。

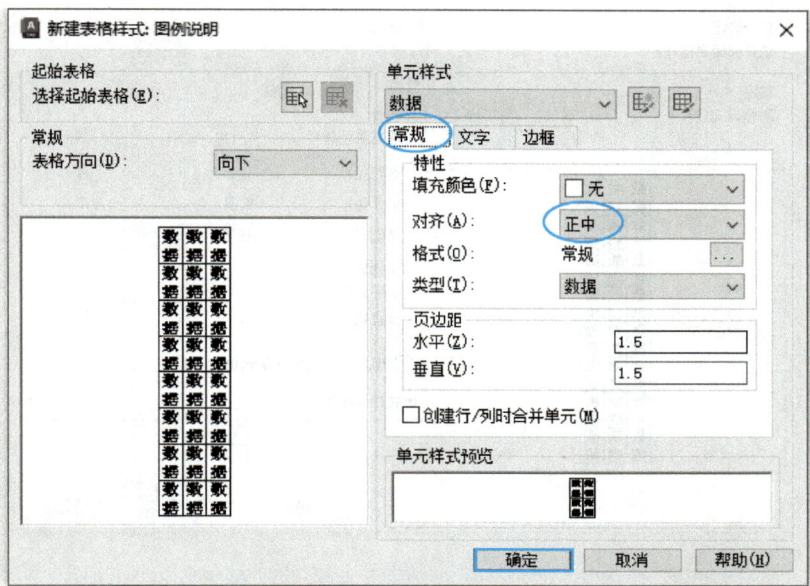

图 8-16 修改"数据"单元"常规"特性的对齐方式为"正中"

（4）单击【单元样式】选项区中"数据"右侧的三角标志，弹出如图 8-17 所示的表格单元名称列表，在列表中单击选择"标题"。

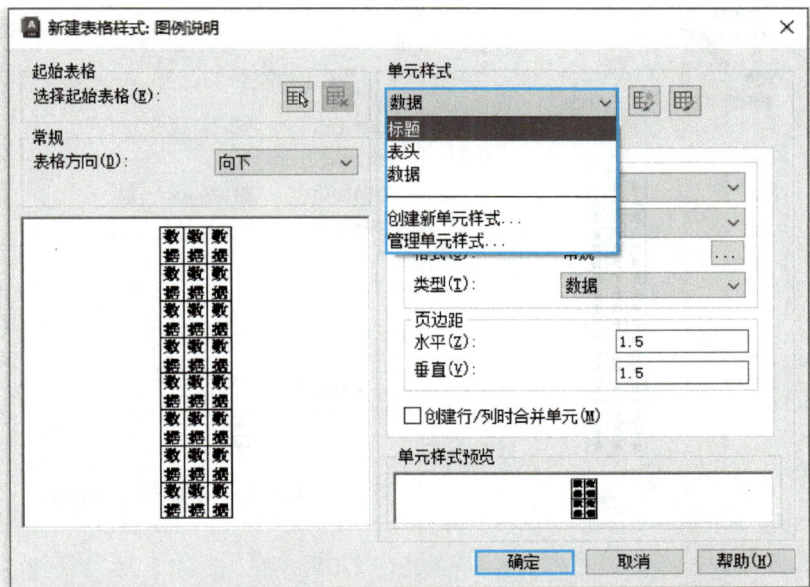

图 8-17 【新建表格样式：图例说明】对话框中的表格单元名称列表

（5）用与修改"数据"单元样式相同的方法，修改"标题"单元"常规"特性的对齐方式为"正中"，如图 8-18 所示。

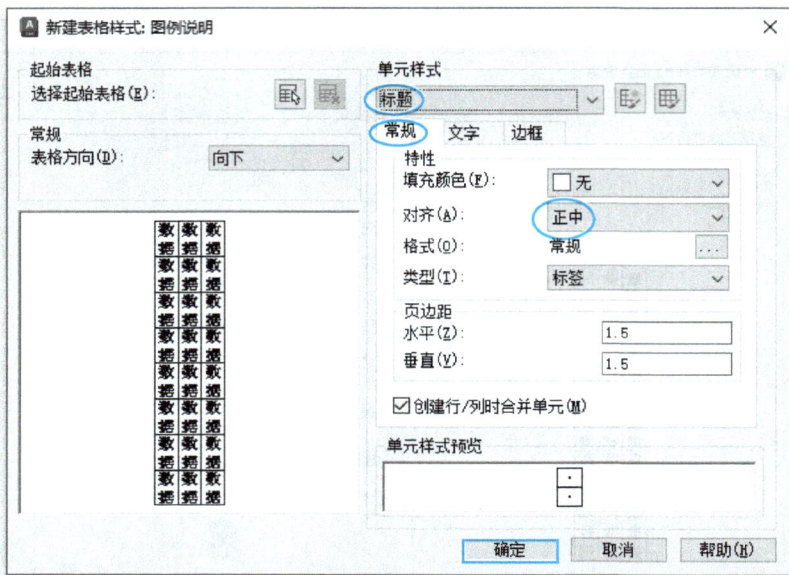

图 8-18　修改"标题"单元"常规"特性的对齐方式为"正中"

（6）用与修改"数据"单元样式相同的方法，修改"标题"单元"文字"特性的文字样式为"汉字"、文字高度为 300，如图 8-19 所示。

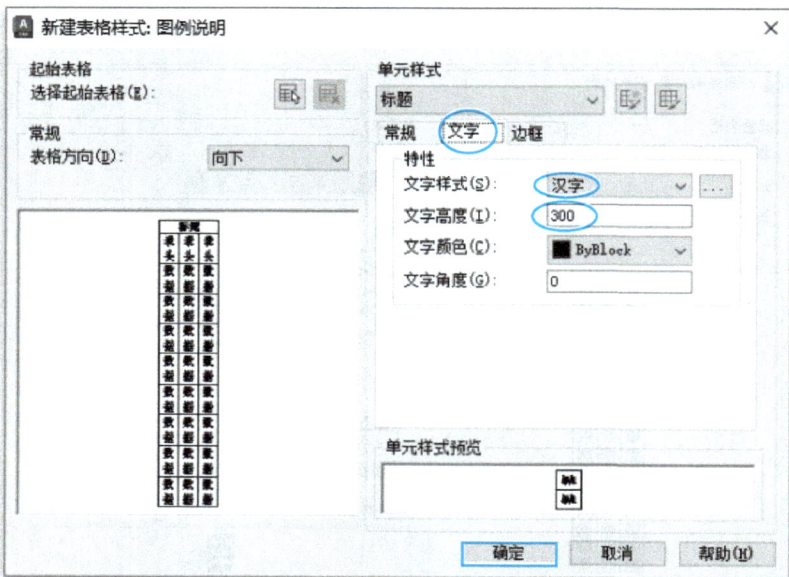

图 8-19　修改"标题"单元"文字"特性的文字样式为"汉字"、文字高度为 300

（7）用与修改"标题"单元样式相同的方法，修改"表头"单元"常规"特性的对齐方式为"正中"，如图 8-20 所示。修改"表头"单元"文字"特性的文字样式为"汉字"、文字高度为 300，如图 8-21 所示。然后单击【确定】按钮，关闭【创建表格样式：图例说明】对话框，返回到【表格样式】对话框。

（8）单击【关闭】按钮，关闭【表格样式】对话框。

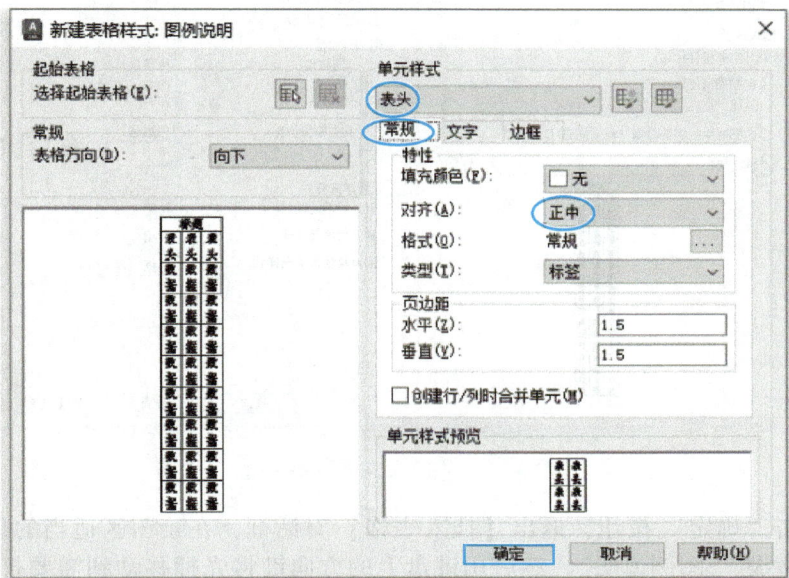

图 8-20　修改"表头"单元"常规"特性的对齐方式为"正中"

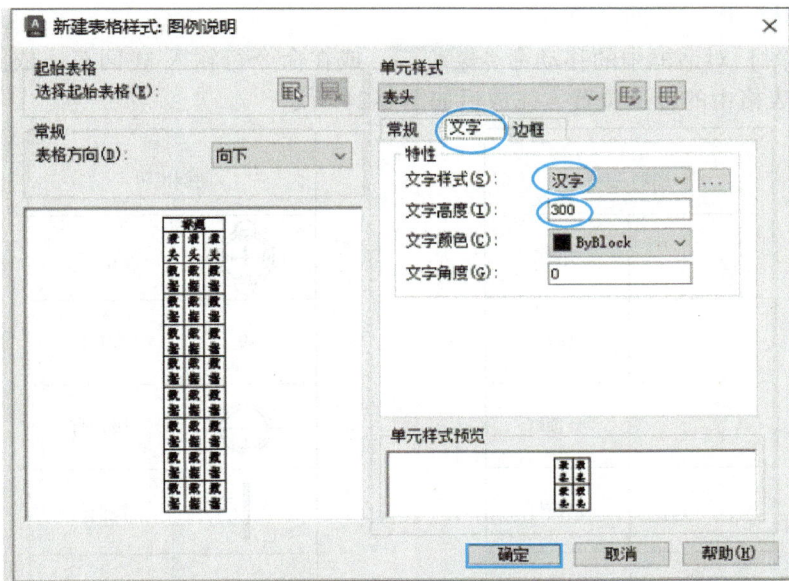

图 8-21　修改"表头"单元"文字"特性的文字样式为"汉字"、文字高度为 300

（9）单击【注释】面板中的表格命令按钮▦表格，或在命令行输入 TABLE 命令回车，或执行菜单命令【绘图】|【表格】命令，弹出如图 8-22 所示的【插入表格】对话框。设置表格样式为"图例说明"，列数 2，列宽 2000，数据行数 5，行高 3，修改"第二行单元样式"为"数据"。

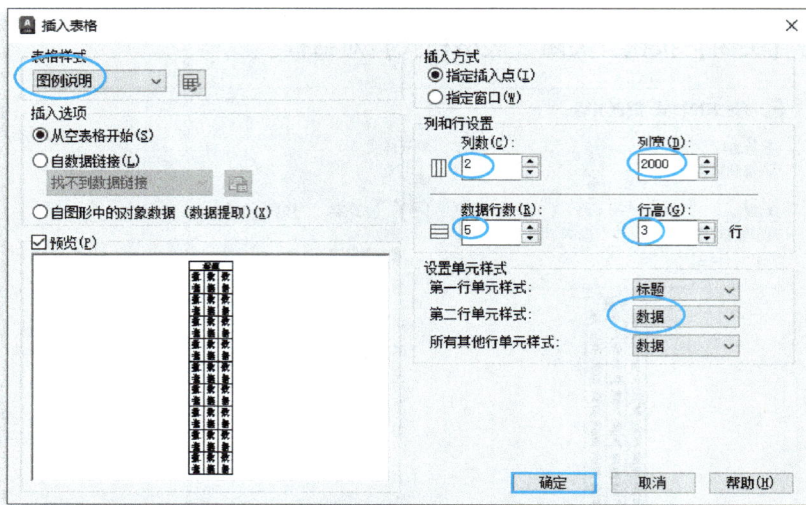

图 8-22   【插入表格】对话框

（10）单击"确定"按钮，退出【插入表格】对话框，在绘图区适当的位置单击，按提示输入表格标题"图例说明"，然后用键盘上的方向键将光标移动到需要打字的单元格，分别输入图例的名称，完成后回车结束表格命令。

绘制结果如图 8-23 所示。

3. 将图例移动到图例说明表中

利用【绘图】对话框中的移动命令 ✛ 移动，或在命令行输入 M 回车，依次移动图例图形到图例说明表格中的合适位置，完成后如图 8-24 所示。

图例说明	
	吊灯
	筒灯
	吸顶灯
	镜前灯
	灯带
	排风扇

图 8-23   插入表格

图例说明	
	吊灯
	筒灯
	吸顶灯
	镜前灯
	灯带
	排风扇

图 8-24   绘制完成的图例说明表

任务8.3　绘制客厅顶棚布置图

1. 绘制客厅吊顶造型

（1）将"粗实线"图层设置为当前图层，单击【绘图】面板中的多段线命令按钮■，或在命令行输入 PL 回车，命令行提示如下：

命令：_pline

指定起点：_from 基点：<偏移>：@800，-400　　//按住键盘上的 Shift 键，单击鼠标右键，在弹出的捕捉列表中单击选择"自"命令，然后捕捉到 A 点（图 8-25）单击，再输入相对坐标@800，-400，确定多段线的起点位置 B（图 8-25）

当前线宽为 0

指定下一个点或[圆弧(A)/半宽(H)/长度(L)/放弃(U)/宽度(W)]：3260　　//沿水平向右追踪方向输入距离 3260 回车确定端点 C（图 8-25）

指定下一点或[圆弧(A)/闭合(C)/半宽(H)/长度(L)/放弃(U)/宽度(W)]：a　　//单击选择"圆弧"选项

指定圆弧的端点(按住 Ctrl 键以切换方向)或

[角度(A)/圆心(CE)/闭合(CL)/方向(D)/半宽(H)/直线(L)/半径(R)/第二个点(S)/放弃(U)/宽度(W)]：d　　　//单击选择"方向"选项

指定圆弧的起点切向：　　　　　//沿竖直向下追踪方向任意一点单击

指定圆弧的端点(按住 Ctrl 键以切换方向)：@400，-400　　　　　//输入相对坐标@400，-400，回车确定圆弧的端点位置 D（图 8-25）

指定圆弧的端点(按住 Ctrl 键以切换方向)或

[角度(A)/圆心(CE)/闭合(CL)/方向(D)/半宽(H)/直线(L)/半径(R)/第二个点(S)/放弃(U)/宽度(W)]：l　　//单击选择"直线"选项

指定下一点或[圆弧(A)/闭合(C)/半宽(H)/长度(L)/放弃(U)/宽度(W)]：4280　　//沿竖直向下追踪方向输入距离 4280 回车确定端点 E（图 8-25）

指定下一点或[圆弧(A)/闭合(C)/半宽(H)/长度(L)/放弃(U)/宽度(W)]：a　　//单击选择"圆弧"选项

指定圆弧的端点(按住 Ctrl 键以切换方向)或

[角度(A)/圆心(CE)/闭合(CL)/方向(D)/半宽(H)/直线(L)/半径(R)/第二个点(S)/放弃(U)/宽度(W)]：d　　　//单击选择"方向"选项

指定圆弧的起点切向：　　　　　//沿水平向左追踪方向任意一点单击

指定圆弧的端点(按住 Ctrl 键以切换方向)：@-400，-400　　　　//输入相对坐标@-400，-400，回车确定圆弧的端点位置 F（图 8-25）

指定圆弧的端点(按住 Ctrl 键以切换方向)或

[角度(A)/圆心(CE)/闭合(CL)/方向(D)/半宽(H)/直线(L)/半径(R)/第二个点(S)/放弃(U)/宽度(W)]：l　　//单击选择"直线"选项

指定下一点或[圆弧(A)/闭合(C)/半宽(H)/长度(L)/放弃(U)/宽度(W)]：3260　　//沿水

平向左追踪方向输入距离 3260 回车确定端点 G（图 8-25）

指定下一点或［圆弧（A）/闭合（C）/半宽（H）/长度（L）/放弃（U）/宽度（W）］：a　　//单击选择"圆弧"选项

指定圆弧的端点（按住 Ctrl 键以切换方向）或

［角度（A）/圆心（CE）/闭合（CL）/方向（D）/半宽（H）/直线（L）/半径（R）/第二个点（S）/放弃（U）/宽度（W）］：d　　//单击选择"方向"选项

指定圆弧的起点切向：　　　　　　　　　//沿竖直向上追踪方向任意一点单击

指定圆弧的端点（按住 Ctrl 键以切换方向）：@ -400，400　　//输入相对坐标@ -400，400，回车确定圆弧的端点位置 H（图 8-25）

指定圆弧的端点（按住 Ctrl 键以切换方向）或

［角度（A）/圆心（CE）/闭合（CL）/方向（D）/半宽（H）/直线（L）/半径（R）/第二个点（S）/放弃（U）/宽度（W）］：l　　　//单击选择"直线"选项

指定下一点或［圆弧（A）/闭合（C）/半宽（H）/长度（L）/放弃（U）/宽度（W）］：4280　//沿竖直向上追踪方向输入距离 4280 回车确定端点 I（图 8-25）

指定下一点或［圆弧（A）/闭合（C）/半宽（H）/长度（L）/放弃（U）/宽度（W）］：a　//单击选择"圆弧"选项

指定圆弧的端点（按住 Ctrl 键以切换方向）或

［角度（A）/圆心（CE）/闭合（CL）/方向（D）/半宽（H）/直线（L）/半径（R）/第二个点（S）/放弃（U）/宽度（W）］：d　　//单击选择"方向"选项

指定圆弧的起点切向：　　　　　　　　//沿水平向右追踪方向任意一点单击

指定圆弧的端点（按住 Ctrl 键以切换方向）：　　//捕捉多段线起点 B（图 8-25）单击

指定圆弧的端点（按住 Ctrl 键以切换方向）或

［角度（A）/圆心（CE）/闭合（CL）/方向（D）/半宽（H）/直线（L）/半径（R）/第二个点（S）/放弃（U）/宽度（W）］：　　//回车结束多段线命令

绘制结果如图 8-25 所示。

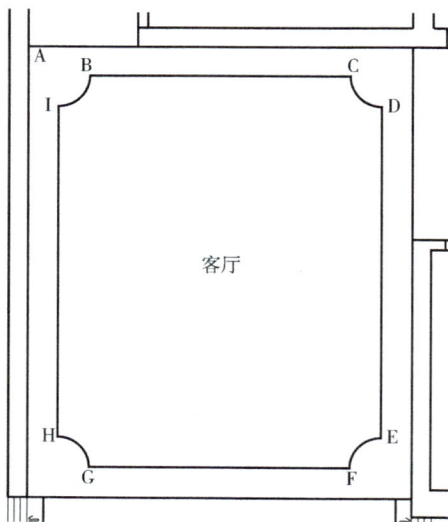

图 8-25　绘制多段线

（2）单击【修改】面板中的偏移命令 ▣，或在命令行中输入 O 回车，命令行提示如下

命令：O

OFFSET

当前设置：删除源＝否　　图层＝源　　OFFSETGAPTYPE＝0

指定偏移距离或［通过（T）/删除（E）/图层（L）］＜100＞：　　　300　　//输入偏移距离 300 回车

选择要偏移的对象，或［退出（E）/放弃（U）］＜退出＞：　　　　　　　//选择前面绘制的闭合多段线

指定要偏移的那一侧上的点，或［退出（E）/多个（M）/放弃（U）］＜退出＞：　　//在多段线内部单击

选择要偏移的对象，或［退出（E）/放弃（U）］＜退出＞：　　　　　　　//回车或按空格键结束偏移命令

绘制结果如图 8-26 所示。

2. 绘制客厅灯带

（1）选择前面绘制的外面的多段线，单击【修改】面板中的分解命令按钮 ▣，或在命令行中输入 EXPL 回车，分解多段线。

（2）利用【修改】面板中的偏移命令 ▣，或在命令行输入 O 回车，将分解多段线后的四条直线各向外偏移 50mm。

绘制结果如图 8-27 所示。

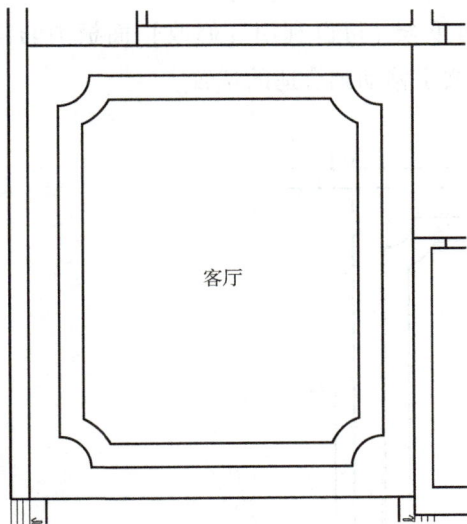

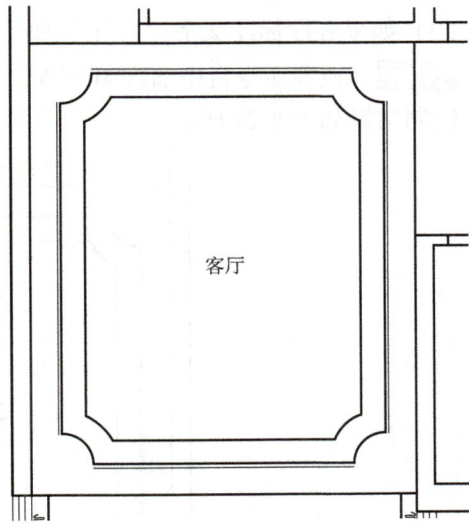

图 8-26　偏移多段线　　　　　　　　　图 8-27　向外偏移四条直线

（3）选择四条偏移出来的直线，在【特性】面板中，选择点划线线型"ACAD_ISO04W100"。这样就完成了客厅灯带的绘制，如图 8-28 所示。

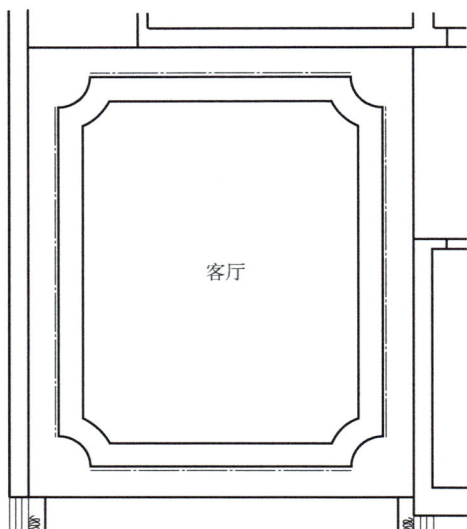

图 8-28　绘制完成客厅灯带的效果

3. 插入客厅吊灯

（1）将"细实线"图层设置为当前图层。选择灯具图例表中的吊灯图例，单击菜单栏中的【编辑】|【带基点复制】命令，或在命令行中输入 COPYB 命令回车，或利用快捷键 Ctrl+Shift+C，指定吊灯的正中心点为基点，则吊灯的所有对象被复制到剪贴板上。

（2）单击菜单栏中的【编辑】|【粘贴】命令，或在命令行中输入 PAS 回车，或利用快捷键 Ctrl+V，利用中点捕捉和极轴追踪将吊灯复制到客厅的正中间位置。

（3）如果客厅标注文字"客厅"和吊灯位置有重合，可以利用【修改】面板中的移动命令 ✛ 移动（或在命令行中输入 M 回车），将标注文字移动到合适的位置。

绘制结果如图 8-29 所示。

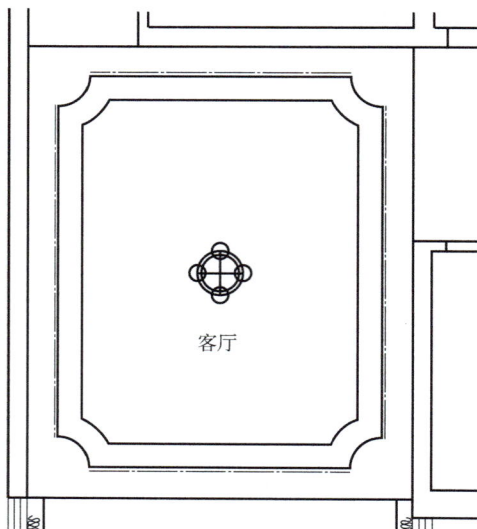

图 8-29　插入吊灯

4. 插入客厅阳台筒灯

（1）利用【修改】面板中的直线命令 ，或在命令行输入 L 回车，连接客厅阳台两侧边线的中点，绘制一条辅助线。

（2）单击【绘图】面板的"绘图"文字，在弹出的命令列表中单击定数等分命令按钮 ，或在命令行中输入 DIV 回车，或执行菜单栏中的【绘图】|【点】|【定数等分】命令，命令行提示如下：

命令：_divide

选择要定数等分的对象：　　　　　　　//选择辅助线

输入线段数目或［块（B）］：5　　　　//输入线段数目5，插入4个点

（3）单击菜单栏中的【格式】|【点样式】命令，弹出【点样式】对话框，如图 8-30 所示。选择第一行第四列的点样式，单击【确定】按钮。阳台上的点显示如图 8-31 所示。

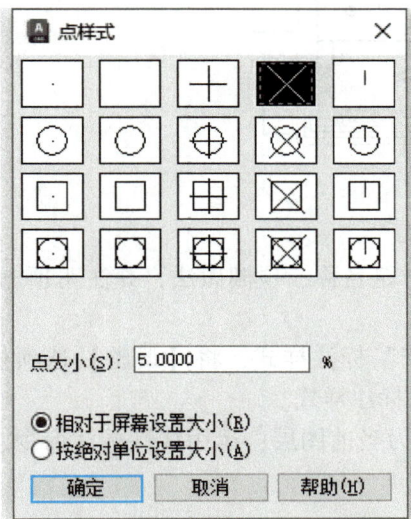

图 8-30　【点样式】对话框

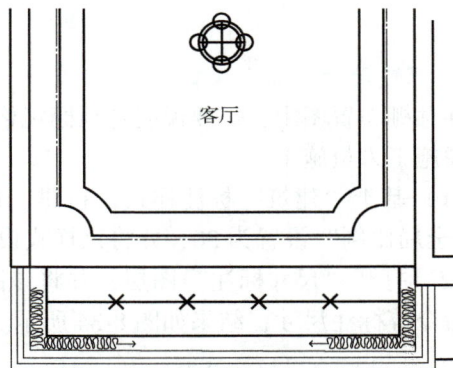

图 8-31　客厅阳台辅助线及节点

（4）设置"端点""中点""节点""圆心"捕捉方式。选择灯具图例表中的筒灯图例，以筒灯中心为基点，复制到客厅阳台吊顶的相应节点上，然后删除辅助线和辅助节点。绘制结果如图 8-32 所示。

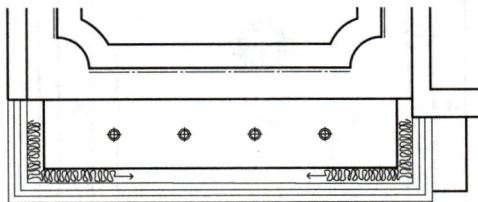

图 8-32　插入阳台筒灯

（5）同样的方法，可以插入客厅吊顶的其他筒灯，如图 8-33 所示。

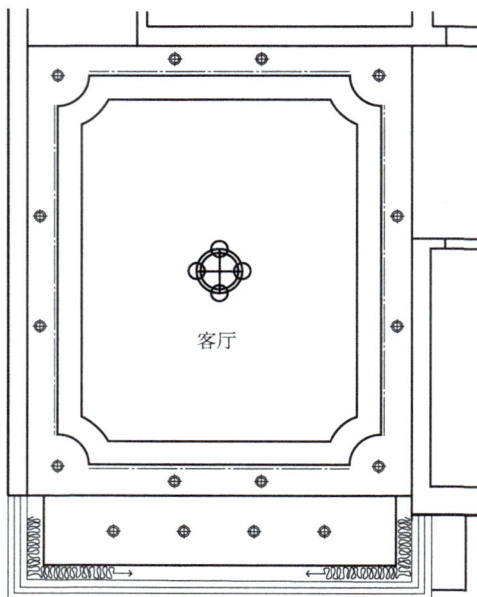

图 8-33　插入客厅筒灯

5. 标注尺寸、标高和文字说明

在顶棚布置图中，需要说明各顶棚规格尺寸、材料名称、顶棚做法，并注明顶棚标高，以方便施工人员施工。

（1）基于"建筑"标注样式，新建"副本 建筑"标注样式，将【调整】选项板中的"使用全局比例"设置为 30，并将该样式设置为当前标注样式。

（2）打开"尺寸标注"图层，并将该图层设置为当前图层，运用线性标注命令、连续标注命令等标注尺寸，结果如图 8-34 所示。

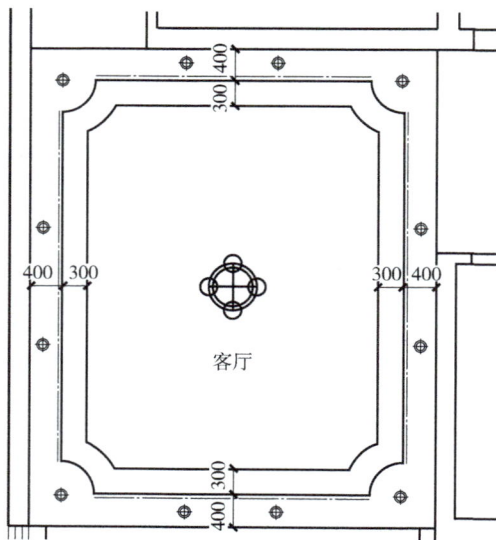

图 8-34　标注客厅顶棚布置图尺寸

（3）任务 5.5 中，住宅楼平面图中已经绘制了标高块。采用相同的方法，在客厅中间吊顶的合适位置插入标高块，标高的数值为 6.900m。比例设置为 0.3。也可以按 1∶1 比例插入标高块，然后单击【修改】面板中缩放命令按钮 □ 缩放 ，或在命令行输入 SC 回车，命令行提示如下：

命令：_scale

选择对象：指定对角点：找到 1 个　　　　　//选择前面插入的标高块

选择对象：　　　　　　　　　　　　　　　//回车或空格结束选择

指定基点：　　　　　　　　　　　　　　　//在标高块大致的中心位置单击

指定比例因子或[复制(C)/参照(R)]：0.3　//输入 0.3 回车

客厅中间位置吊顶标高标注完成后的结果如图 8-35 所示。

（4）采用相同的绘制方法，或者通过复制前述标高标注再双击修改标高数值的方法，绘制棚线处和阳台吊顶的标高标注，标高数值和绘制结果如图 8-36 所示。

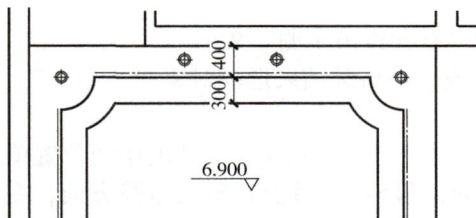

图 8-35　标注客厅中间位置吊顶标高

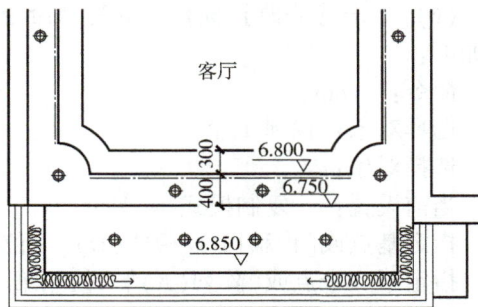

图 8-36　继续标注标高

（5）利用【绘图】面板中的直线命令 ╱ （L 命令），从客厅吊顶和吊顶造型的位置绘制几条如图 8-37 所示的引出直线。然后单击【注释】面板中文字命令按钮 A 下侧的下三角号，选择单行文字命令 A 单行文字，或在命令行输入 TEXT 回车，命令行提示如下：

命令：_text

当前文字样式："汉字" 文字高度：120 注释性：否 对正：正中

指定文字的起点 或[对正(J)/样式(S)]：j　　　//单击"对正"选项

输入选项 [左(L)/居中(C)/右(R)/对齐(A)/中间(M)/布满(F)/左上(TL)/中上(TC)/右上(TR)/左中(ML)/正中(MC)/右中(MR)/左下(BL)/中下(BC)/右下(BR)]：mr　//单击"右中"对正选项

指定文字的中间点 或[对正(J)/样式(S)]：150　//捕捉到阳台吊顶引出线的左端点位置附近单击，确定单行文字的右中点位置

指定高度 <120>：150　　　　　　　　　　//输入 150 并回车，设置文字高度

指定文字的旋转角度 <0>：　　　　　　　　//回车，取默认的旋转角度 0，此时，绘图区进入文字编辑状态，输入文字"石膏板吊平棚"，回车换行，再一次回车结束单行文字命令

绘制结果如图 8-37 所示。

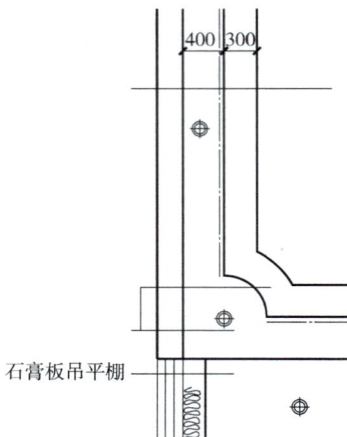

图 8-37 绘制客厅吊顶标注引线并标注阳台吊顶材料做法

（6）单击【修改】面板中的复制命令按钮 **复制**，或在命令行输入 CO 回车，命令行提示如下：

命令：_copy

选择对象：找到 1 个   //选择"石膏板吊平棚"文字

选择对象：   //回车或按空格键结束选择对象

当前设置：   复制模式 = 多个

指定基点或［位移（D）/模式（O）］<位移>：   //在文字大致的中间位置单击

指定第二个点或［阵列（A）］<使用第一个点作为位移>：//沿竖直向上追踪方向，在客厅吊顶棚线引出线的左端点位置附近单击

指定第二个点或［阵列（A）/退出（E）/放弃（U）］<退出>：   //沿竖直向上追踪方向，在客厅吊顶引出线的左端点位置附近单击

指定第二个点或［阵列（A）/退出（E）/放弃（U）］<退出>：   //回车或按空格键结束复制命令

（7）双击客厅吊顶棚线引出线左端点位置附近文字，将其修改为"成品石膏平线"，然后回车结束编辑。

绘制结果如图 8-38 所示。

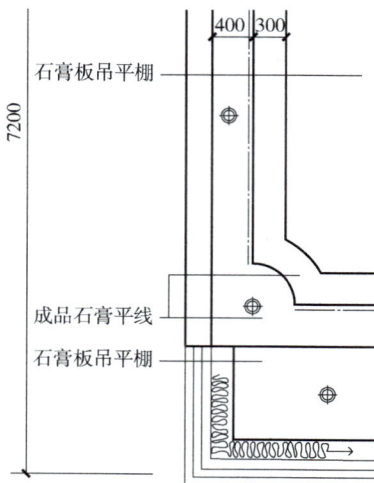

图 8-38 标注客厅顶棚材料做法

任务 8.4 绘制卧室和餐厅的顶棚布置图

卧室和餐厅的顶棚布置图绘制方法与客厅顶棚布置图的绘制方法相同，只是尺寸不同，参照任务 8.3 绘制，在此不赘述。主卧的顶棚布置图如图 8-39 所示，次卧的顶棚布置图如图 8-40 所示，餐厅的顶棚布置图如图 8-41 所示。材料和做法的标注待全图完成后再统一做标注。

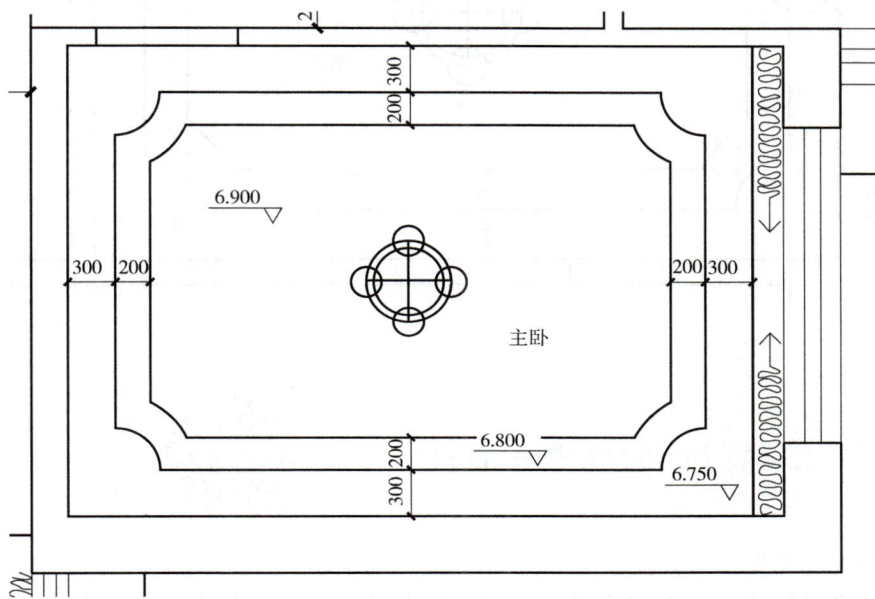

图 8-39 主卧的顶棚布置图

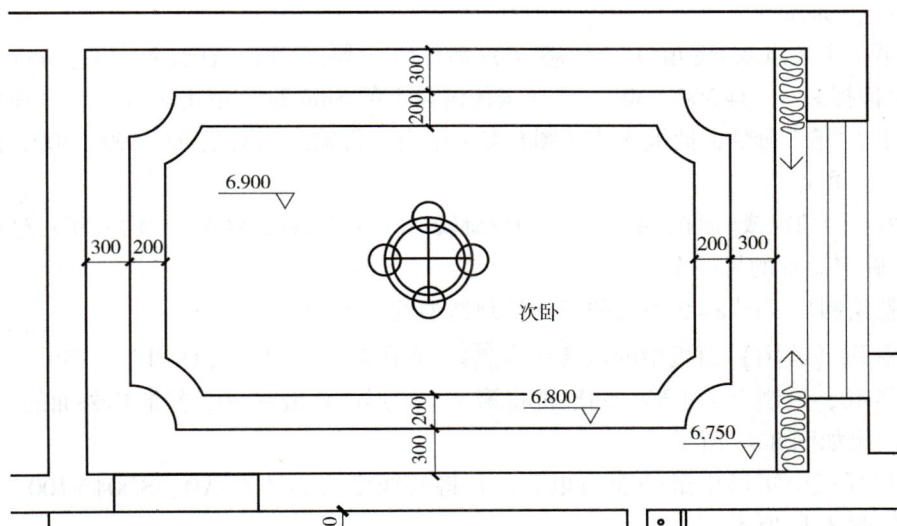

图 8-40 次卧的顶棚布置图

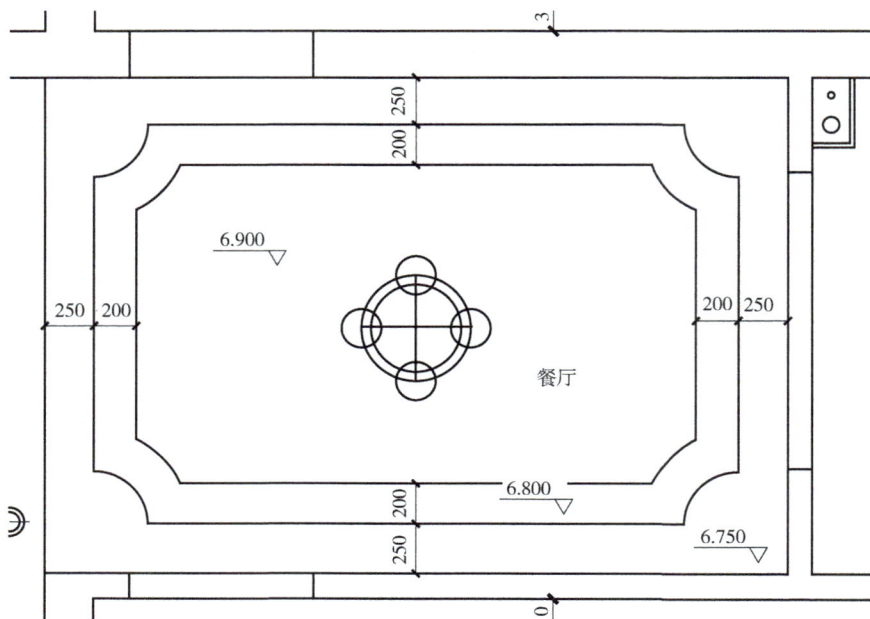

图 8-41　餐厅的顶棚布置图

任务 8.5　绘制门厅的顶棚布置图

1. 绘制吊顶造型

（1）设置"粗实线"图层为当前图层。单击【绘图】面板中的矩形命令按钮 ▣，或在命令行输入 REC 回车，命令行提示如下：

命令：_rectang

指定第一个角点或 [倒角（C）/标高（E）/圆角（F）/厚度（T）/宽度（W）]：_from 基点：<打开对象捕捉>：　@300，300　　//按住键盘上的 Shift 键，单击鼠标右键，在弹出的捕捉列表中单击"自"命令，捕捉 A 点（图 8-42）单击，再输入相对坐标@300，300，回车确定矩形的第一个角点

指定另一个角点或 [面积（A）/尺寸（D）/旋转（R）]：@780，900　　//输入相对坐标@780，900，回车确定矩形的另一个角点

这样就绘制出了图 8-42 所示的门厅吊顶造型的一个矩形。

（2）利用【绘图】面板中的偏移命令 ▥，或在命令行中输入 O 回车，将刚才绘制的矩形向内偏移 40，绘制出小矩形。同理再将第一个矩形向外偏移 50，绘制出外面的大矩形。

绘制结果如图 8-43 所示。

（3）选择三个矩形中最外面的矩形，并将其线型改为 "ACAD_ISO04W100"，作为灯带，结果如图 8-44 所示。

2. 标注尺寸和标高

与前述客厅顶棚布置图的标注方法相同，标注门厅顶棚布置图的尺寸和标高。完成后如图 8-45 所示。

注意：在标注时，标注文本"门厅"会影响标注，在标注前或标注后将其移动到合适的位置。

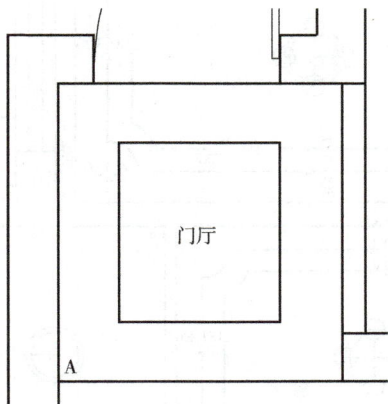

图 8-42　绘制一个矩形

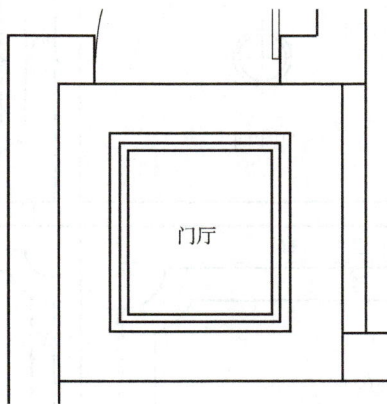

图 8-43　绘制三个矩形

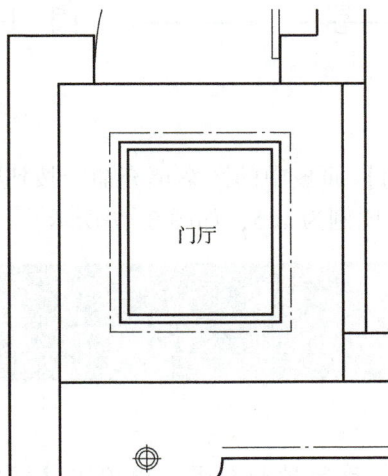

图 8-44　绘制灯带

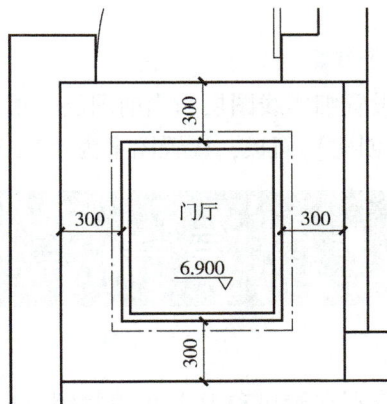

图 8-45　标注尺寸和标高

任务 8.6　绘制厨房和卫生间的顶棚布置图

1. 布置灯具

（1）如果标注文本"卫生间"和"厨房"的位置影响布置灯具，利用【修改】面板中的移动命令 ✛ 移动，或在命令行中输入 M 回车，将它们移动到合适的位置。

（2）用与布置客厅灯具相同的方法布置吸顶灯，并将镜前灯布置到卫生间的合适位置，结果如图 8-46 所示。

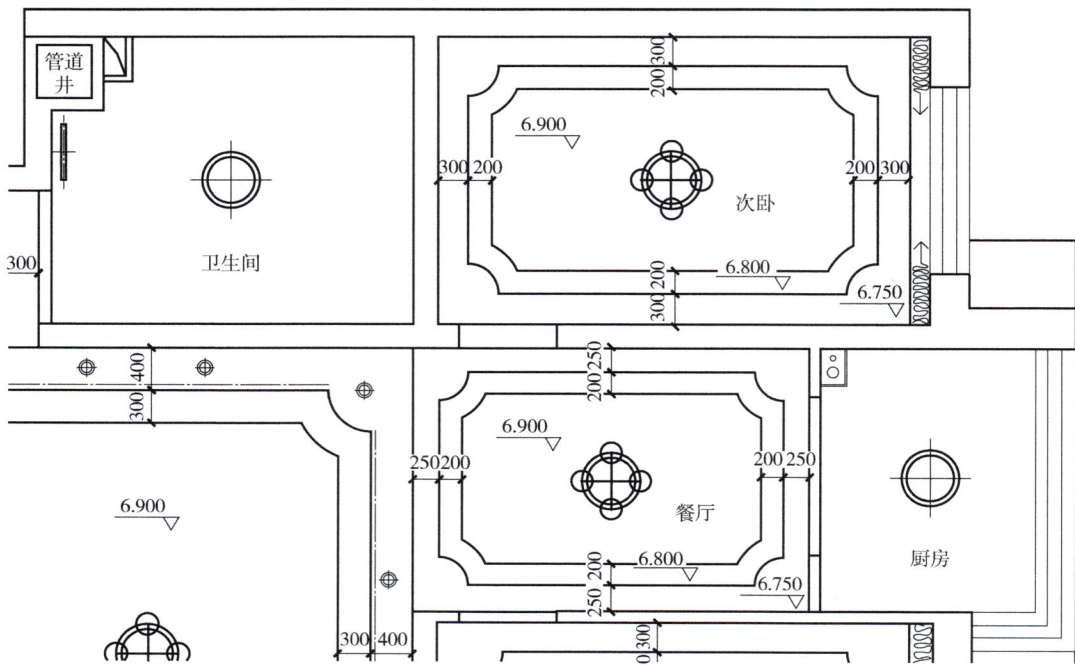

图 8-46　布置厨房和卫生间的灯具

2. 填充图案

（1）设置细实线图层为当前图层。单击【绘图】面板中的图案填充命令按钮![icon]，弹出【图案填充创建】面板，设置图案为"NET"，设置比例为 105，如图 8-47 所示。

图 8-47　【图案填充创建】面板

（2）分别在厨房和卫生间的封闭空间内单击，确定填充范围，再单击【图案填充创建】面板中的"关闭图案填充创建"命令按钮![icon]关闭【图案填充创建】面板，填充结果如图 8-48 所示。

3. 布置排风扇

将图例说明的排风扇复制到卫生间的合适位置，结果如图 8-49 所示。

4. 标注材料及做法的文字说明

按与绘制客厅顶棚布置图相同的标注方法标注卫生间和厨房的材料及相应做法，完成住宅顶棚布置图的绘制。结果如图 8-1 所示。

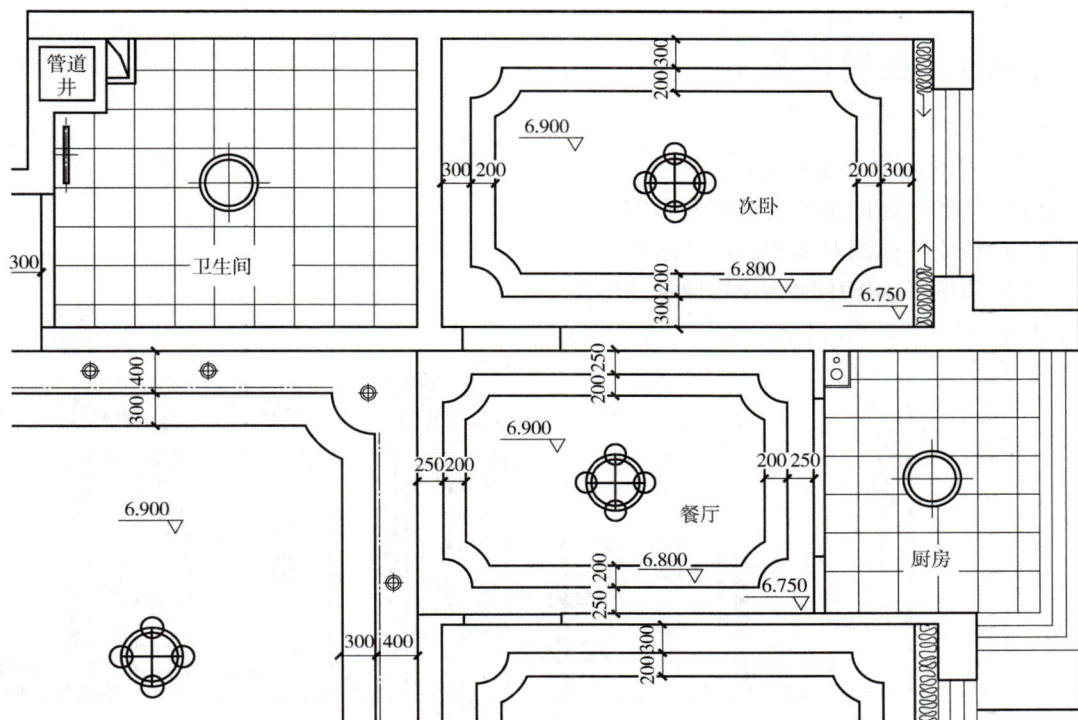

图 8-48　图案填充结果

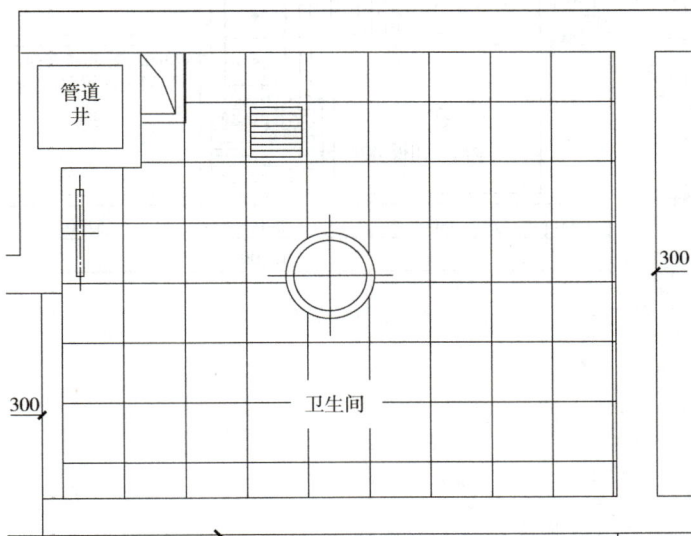

图 8-49　布置排风扇

任务 8.7　拓展任务

1. 思考并回答下面的问题

（1）顶棚平面图主要反映哪些内容？

（2）顶棚平面图对线型有何要求？

（3）顶棚平面图中哪些位置应标注标高？

2. 绘制如图 8-50 所示的某住宅顶棚布置图

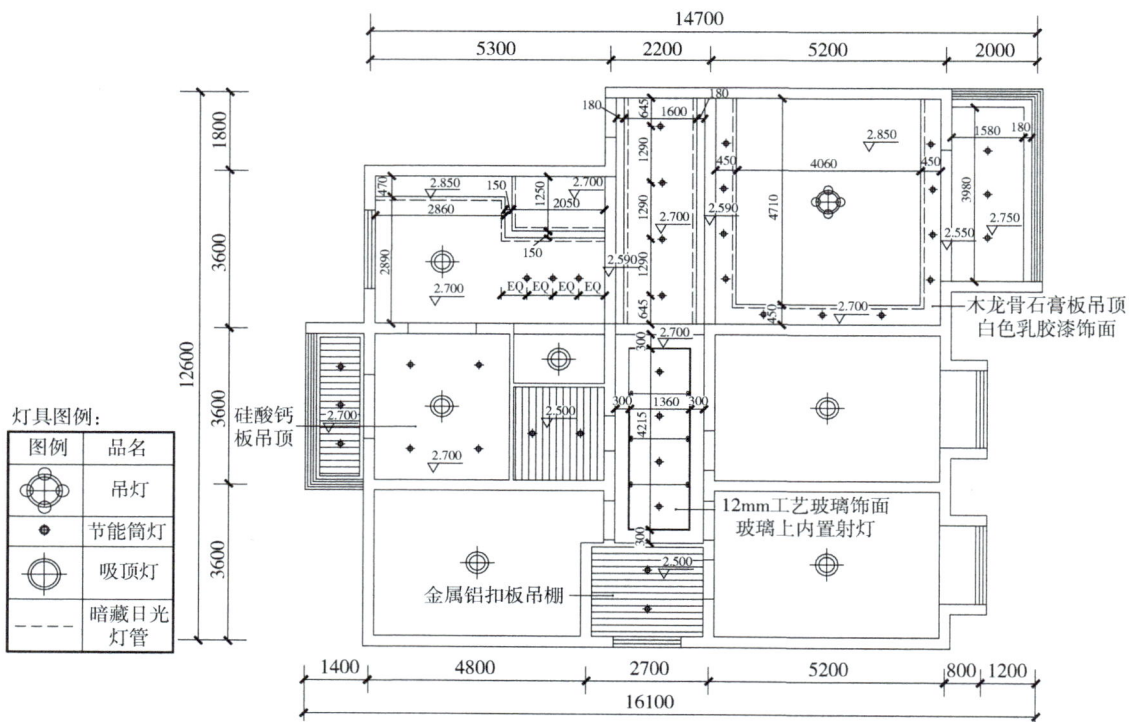

图 8-50　某住宅顶棚布置图

项目9

绘制卫生间侧墙立面图

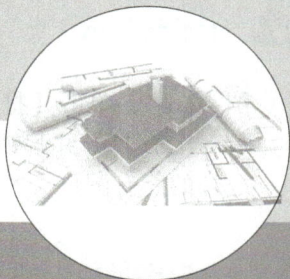

建筑装饰立面图体现室内各竖直空间的形状、装修做法及各种家具、陈设的位置及尺寸等。绘制立面图时，可以运用相应的绘图命令和修改命令直接绘制，也可以在平面布置图的基础上，根据投影法进行绘制。本项目绘制如图 9-1 所示的卫生间侧墙立面图。

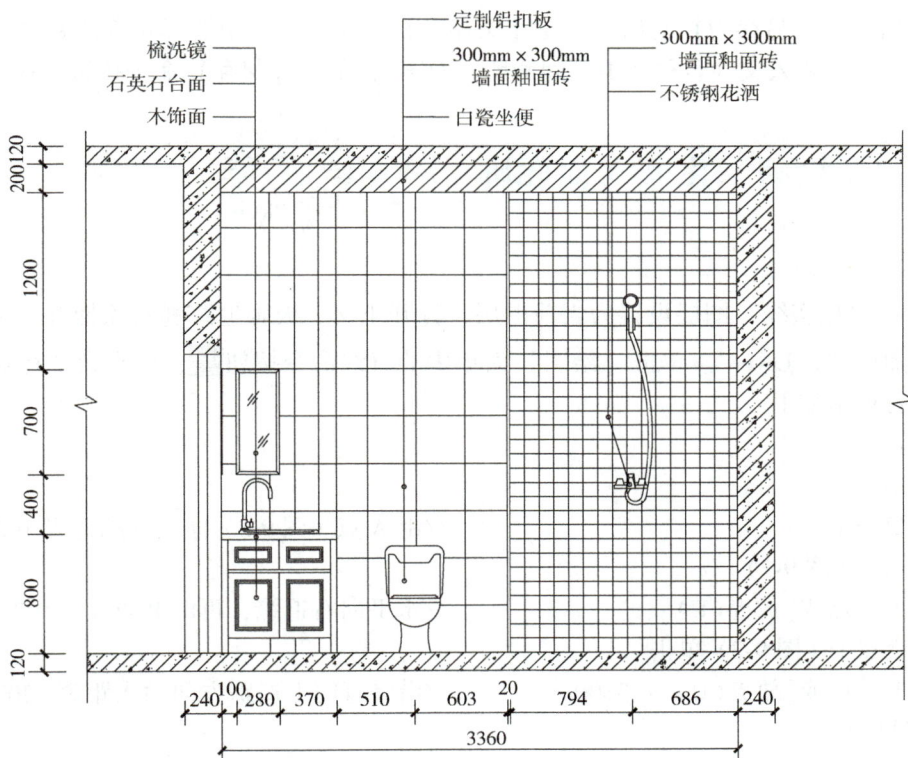

图 9-1　卫生间侧墙立面图

任务 9.1　新建图形

立面图可以在平面布置图的基础上，运用投影法绘制轮廓线。具体操作方法如下：

（1）单击快速访问工具栏中的打开按钮，弹出【选择文件】对话框。在【查找范围】下拉列表框中选择平面布置图所在的路径，在【名称】列表框中选择"住宅平面布置图．dwg"，单击【打开】按钮，打开文件。

（2）打开并解锁所有图层，运用删除命令删除除卫生间侧墙、卫具、洗手盆和洗面台之外的所有图形，并对相应线条作修剪处理，如图 9-2 所示，作为绘制立面图的辅助图形。

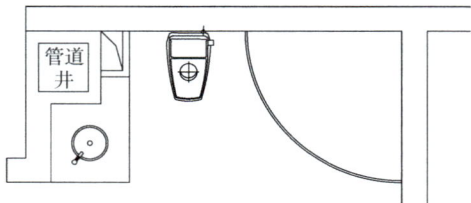

图 9-2　卫生间侧墙平面图

（3）单击界面左上角的应用程序按钮 【A▼】，在下拉命令列表中选择另存为命令按钮 ，弹出【图形另存为】对话框。在【保存于】下拉列表框中选择正确的路径，在【文件名】文本框中输入文件名称"卫生间侧墙立面图"，单击【保存】命令按钮保存文件。

任务 9.2　绘制卫生间立面轮廓

1. 绘制 8 条轮廓线

（1）将"粗实线"图层设置为当前图层，打开正交、极轴追踪和对象捕捉，将当前线型设置为随层"ByLayer"。单击【绘图】面板中的直线命令按钮，或在命令行输入 L 回车，命令行提示如下：

命令：L

LINE

指定第一个点：　　　　　　　　　　//由 A 点（图 9-3）向上追踪适当距离单击确定直线起点 C（图 9-3）

指定下一点或［放弃（U）］：　　　　//水平向右追踪，再由 B 点（图 9-3）竖直向上追踪到交点 D（图 9-3）单击

指定下一点或［放弃（U）］：3300　　//沿竖直向上追踪方向输入距离 3300 回车确定 E 点（图 9-3）

指定下一点或［闭合（C）/放弃（U）］：　//水平向左追踪，再捕捉 C 点（图 9-3）竖直向上追踪到交点 F（图 9-3）单击

指定下一点或［闭合（C）/放弃（U）］：C　//单击选择闭合选项，闭合直线，并结束直线命令

绘制结果如图 9-3 所示。

（2）单击【修改】面板中的偏移命令按钮，或在命令行输入 O 回车，命令行提示如下：

命令：_offset

当前设置：删除源＝否　图层＝源　OFFSETGAPTYPE＝0

指定偏移距离或［通过(T)/删除(E)/图层(L)］<100>：　240　　//输入240回车

选择要偏移的对象，或［退出(E)/放弃(U)］<退出>：　　　　　//选择直线CF（图9-3）

指定要偏移的那一侧上的点，或［退出(E)/多个(M)/放弃(U)］<退出>：//在直线左侧单击

选择要偏移的对象，或［退出(E)/放弃(U)］<退出>：　　　　　//选择直线DE（图9-3）

指定要偏移的那一侧上的点，或［退出(E)/多个(M)/放弃(U)］<退出>：//在直线右侧单击

选择要偏移的对象，或［退出(E)/放弃(U)］<退出>：　　　　　//回车结束偏移命令

命令：　OFFSET　　　　　　　///回车重复执行偏移命令

当前设置：删除源=否　图层=源　OFFSETGAPTYPE=0

指定偏移距离或［通过(T)/删除(E)/图层(L)］<240>：　120　　//输入120回车

选择要偏移的对象，或［退出(E)/放弃(U)］<退出>：　　　　　//选择直线CD（图9-3）

指定要偏移的那一侧上的点，或［退出(E)/多个(M)/放弃(U)］<退出>：//在直线下面单击

选择要偏移的对象，或［退出(E)/放弃(U)］<退出>：　　　　　//选择直线EF（图9-3）

指定要偏移的那一侧上的点，或［退出(E)/多个(M)/放弃(U)］<退出>：//在直线上面单击

选择要偏移的对象，或［退出(E)/放弃(U)］<退出>：　　　　　//回车结束偏移命令

绘制结果如图9-4所示。

图9-3　先绘制4条直线　　　　　　　图9-4　偏移直线后的绘图结果

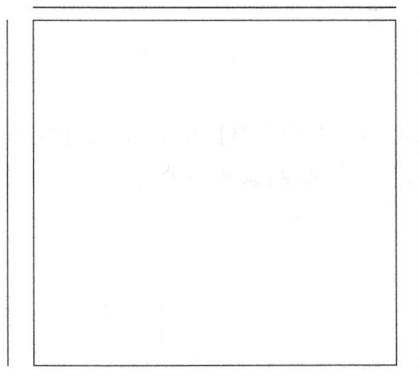

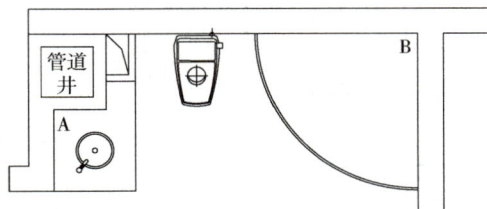

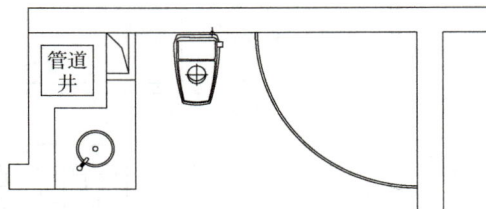

2. 继续绘制并修改轮廓线

（1）单击选择最上面的直线，会出现三个蓝色的夹点，光标移动到最左侧的夹点上后，该

夹点将变为粉红色并弹出夹点操作命令列表，如图 9-5 所示。单击选择其中的"拉长"命令，该夹点变成深红色的活动夹点，再向左水平追踪到适当的距离后单击，则该直线被向左延长。

　　注意：这种选择对象后利用夹点编辑图形的方法称为夹点编辑。夹点编辑时，命令列表随所选择图形的不同而不同。夹点编辑是 AutoCAD 2024 中常用的图形编辑方式。

　　（2）同样利用夹点操作将上面的直线向右拉长适当的距离，再将下面的直线也向两边拉长到与上面直线相同的距离。绘制结果如图 9-6 所示。

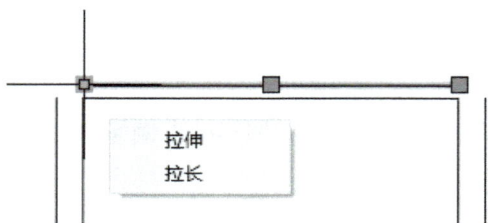

图 9-5　选择直线并执行夹点编辑

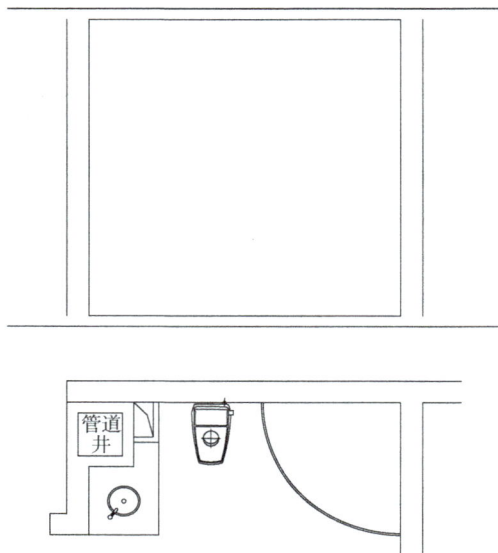

图 9-6　利用夹点编辑拉长上下两条直线

　　（3）利用【绘图】面板中的直线命令，或在命令行输入 L 回车的方式，补充楼板位置的图形，绘制四条短的水平直线，并绘制左右两侧的剖断线，绘制结果如图 9-7 所示。

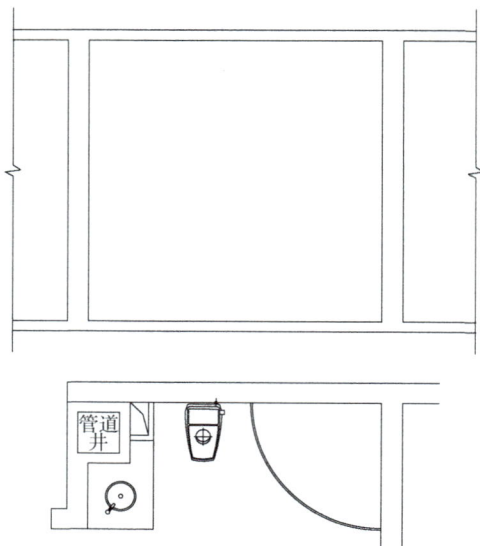

图 9-7　完成轮廓线的绘制

3. 绘制门

将"门窗"图层设置为当前图层，利用【绘图】面板中的直线命令 ◢，或在命令行输入 L 回车，绘制左侧墙上的门，尺寸和结果如图 9-8 所示。然后单击快速访问工具栏中的保存命令按钮 💾 保存文件。

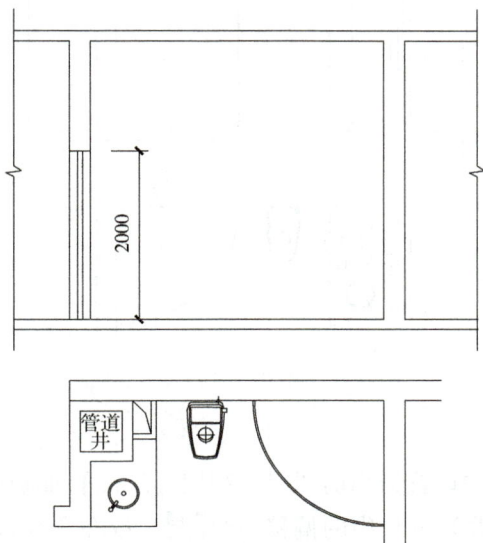

图 9-8　绘制左侧墙上的门

任务 9.3　绘制卫生间部分设施的立面图形

1. 绘制吊顶、管道井和排风道边线、玻璃隔断

（1）将"中实线"图层设置为当前图层。利用【绘图】面板中的直线命令 ◢，或在命令行输入 L 回车，在顶棚线向下 200 的距离绘制一条直线作为吊顶的剖面线，绘制结果如图 9-9 所示。

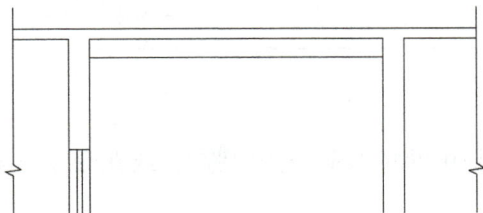

图 9-9　绘制吊顶剖面线

（2）利用【绘图】面板中的直线命令 ◢，或在命令行输入 L 回车，用与前面绘制立面轮廓相同的方法，由平面布置图的相应位置 G、H、I、J（图 9-10）向上引绘管道井和排风道的边线及玻璃隔断边线。绘制结果如图 9-10 所示。

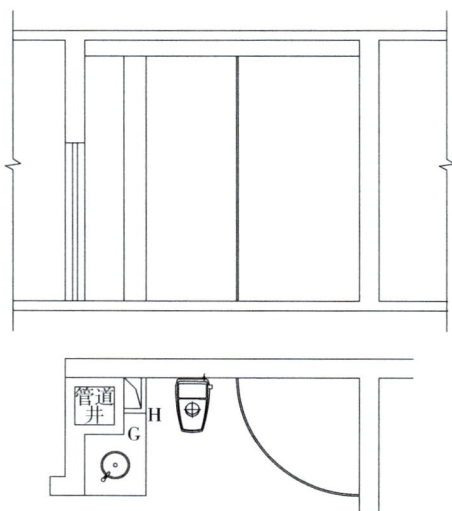

图 9-10 绘制管道井和排风道的边线、玻璃隔断边线

2. 绘制盥洗台

（1）将"细实线"图层设置为当前图层。利用【绘图】面板中的直线命令 ✏ （或在命令行输入 L 回车）和【修改】面板中的偏移命令 ▣ （或在命令行输入 O 回车），在卫生间立面的左下角，按图 9-11 所示的尺寸绘制盥洗台的立面线条。

（2）利用【修改】面板中的修剪命令 ✂ 修剪 ▾ （或在命令行输入 TR 回车），修剪盥洗台的立面线条和管道井边线，结果如图 9-12 所示。

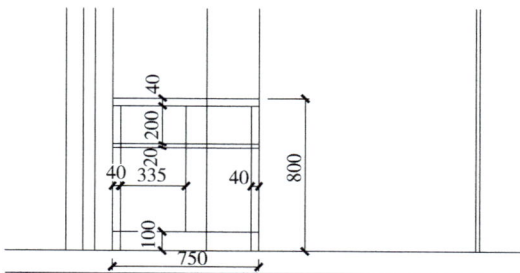

图 9-11 绘制盥洗台的立面线条

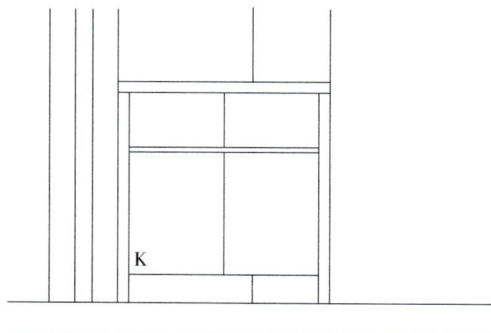

图 9-12 修剪盥洗台的立面线条和管道井边线

（3）单击【绘图】面板中的矩形命令按钮 ▭，或在命令行输入 REC 回车，命令行提示如下：

命令：_rectang

指定第一个角点或［倒角（C）/标高（E）/圆角（F）/厚度（T）/宽度（W）］：　_from 基点：<偏移>：@50，50　　　//按住键盘上的 Shift 键，单击鼠标右键，单击"自"命令，捕捉 K 点（图 9-12），然后输入 @50，50 回车，确定矩形的第一个角点。

指定另一个角点或［面积（A）/尺寸（D）/旋转（R）］：@235，340　　//输入 @235，340

回车，以相对坐标确定矩形的另一个角点

这样绘制出盥洗台门造型的一个矩形，如图 9-13 所示。

（4）同理，利用【绘图】面板中的矩形命令 ，或在命令行输入 REC 回车，在距图 9-13 中 L 点相对坐标为 @ 50，50 的位置绘制一个 235mm×100mm 的矩形，结果如图 9-14 所示。

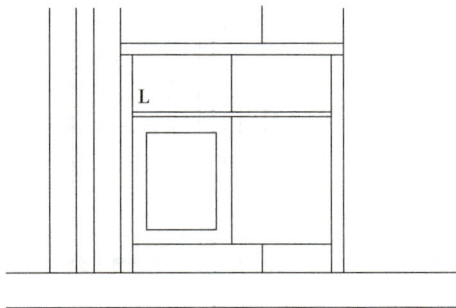

图 9-13　绘制盥洗台门造型的一个矩形

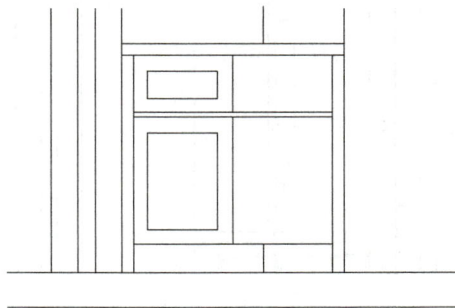

图 9-14　绘制造型的另一个小矩形

（5）利用【修改】面板中的偏移命令 ，或在命令行输入 O 回车，设置偏移距离为 10，将前面绘制的两个矩形分别向内偏移，复制出两个小矩形，再将小矩形向内偏移复制出更小的两个矩形。结果如图 9-15 所示。

（6）利用【修改】面板中的镜像命令 ，或在命令行输入 MI 回车，选择前面绘制的两个柜门造型，以盥洗台上面两条水平线的中点连线为镜像轴，镜像出右侧的两个造型，结果如图 9-16 所示。

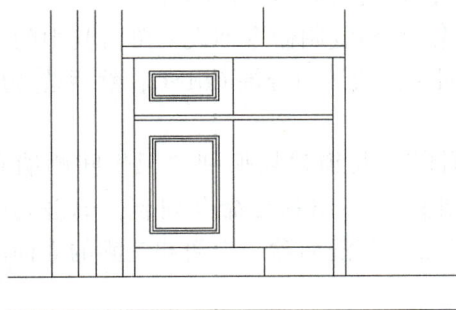

图 9-15　绘制门的两个造型

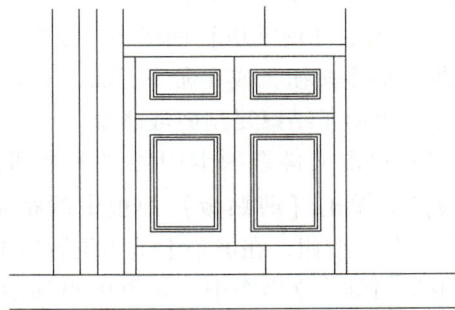

图 9-16　镜像出另外两个造型

3. 绘制梳洗镜

（1）利用【绘图】面板中的矩形命令 ，或在命令行输入 REC 回车，按图 9-17 所示的位置和尺寸绘制两个矩形。注意左侧宽度为 5mm、高度为 700mm 的小矩形是卫生间门左侧墙上的梳洗镜。

（2）利用【修改】面板中的偏移命令 ，或在命令行输入 O 回车，设置偏移距离为 20，偏移出梳洗镜内侧的小矩形。再利用【绘图】面板中的直线命令 ，或在命令行输入 L 回车，依次连接矩形的角点，结果如图 9-18 所示。

（3）利用【绘图】面板中的直线命令 ，或在命令行输入 L 回车，在梳洗镜里面画几条直线，结果如图 9-19 所示。

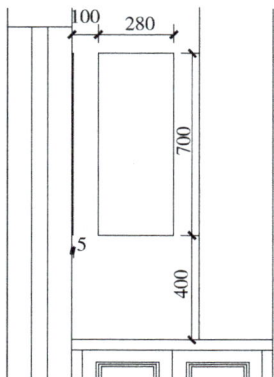

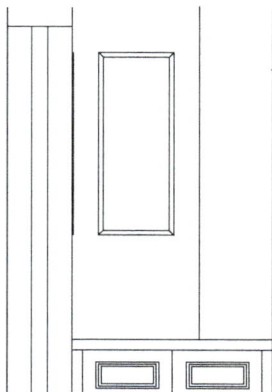

图 9-17　绘制矩形　　　　　图 9-18　绘制梳洗镜框　　　　图 9-19　在梳洗镜里面绘制几条直线

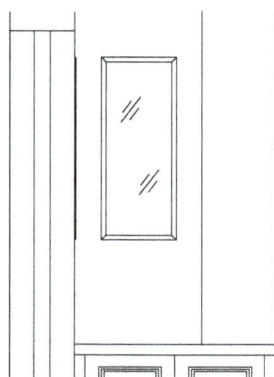

任务 9.4　插入图块和图案填充

1. 插入图块

（1）单击快速访问工具栏中的打开命令按钮 ，弹出【选择文件】对话框。在【查找范围】下拉列表框中选择"洗面盆、坐便、花洒立面.dwg"所在的路径，在【名称】列表框中选择"洗面盆、坐便、花洒立面.dwg"，单击【打开】按钮，打开文件。

（2）单击【剪贴板】面板中的复制命令按钮 ，弹出复制命令列表，单击其中的"复制剪裁"命令按钮，或在命令行输入 COPYC 命令回车，或按组合键 Ctrl+C，然后选择所有的对象，再回车结束复制剪裁命令。

（3）单击文件选项卡中的"卫生间侧墙立面图"，将窗口切换到"卫生间侧墙立面图.dwg"。单击【剪贴板】面板中的粘贴命令按钮 ，弹出粘贴命令列表，单击其中的"粘贴"命令按钮，在屏幕上适当位置单击指定插入点，将洗面盆、坐便和花洒的立面图复制到卫生间侧墙立面图中，如图 9-20 所示。

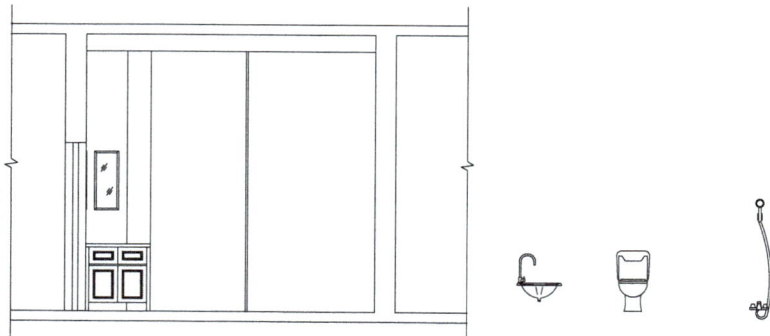

图 9-20　插入洗面盆、坐便和花洒的立面图

（4）利用【修改】面板中的移动命令 ⊕ 移动，或在命令行输入 M 回车，将洗面盆、坐便和花洒移动到适当的位置，结果如图 9-21 所示。

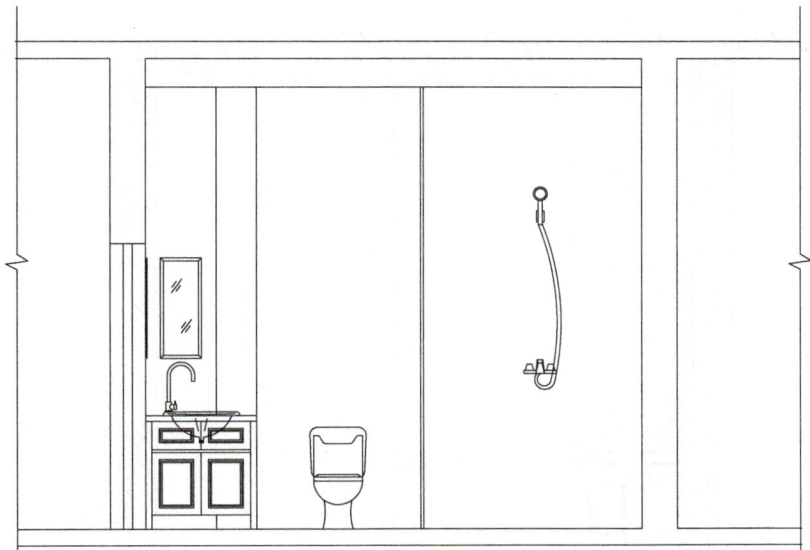

图 9-21　移动图块到适当位置

（5）利用【修改】面板中的删除命令 ✎（或在命令行输入 E 回车）、修剪命令 ✂ 修剪（或在命令行输入 TR 回车），对洗面盆处的线条进行删除或修剪处理，直到符合透视图要求，结果如图 9-22 所示。

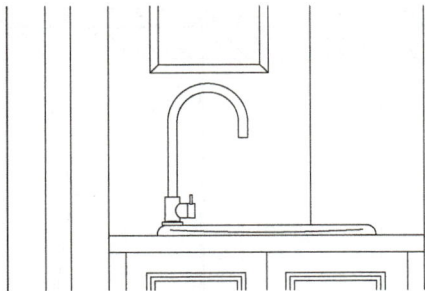

图 9-22　修改洗面盆处的立面图

2. 图案填充

（1）将"细实线"图层设置为当前图层。利用【绘图】面板中的图案填充命令 ▨，或在命令行中输入 H 命令回车，按前面任务相同的方法，设置填充图案为"ANSI31"，设置比例为 20，填充墙、楼板和吊顶断面到如图 9-23 所示的状态。

（2）利用【绘图】面板中的图案填充命令 ▨，或在命令行中输入 H 命令回车，设置填充图案为"AR-CONC"，设置比例为 1，填充墙和楼板断面到如图 9-24 所示的状态。

（3）利用【绘图】面板中的图案填充命令 ▨，或在命令行中输入 H 命令回车，设置填充图案为"NET"，设置比例为 100，填充墙面到如图 9-25 所示的状态。

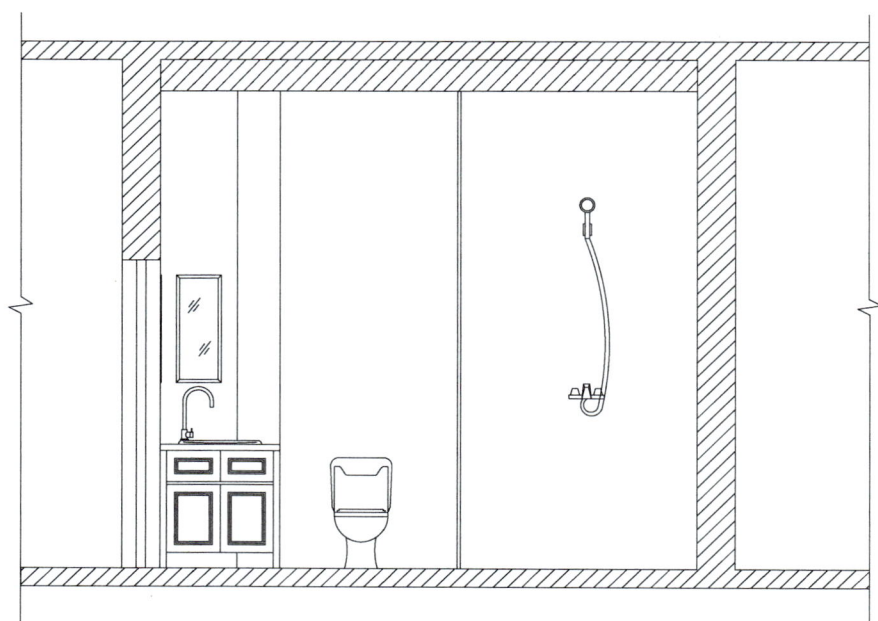

图 9-23　填充"ANSI31"图案

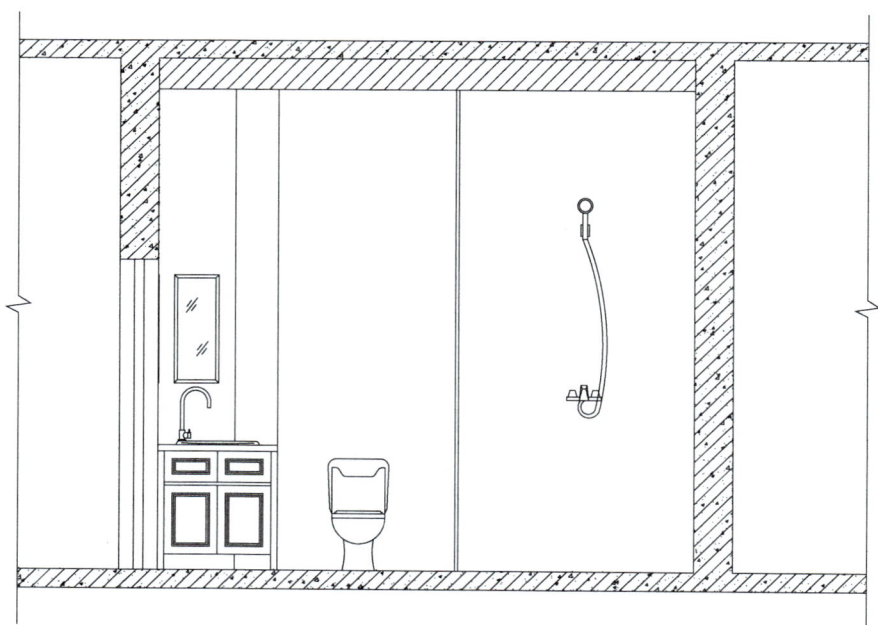

图 9-24　填充"AR-CONC"图案

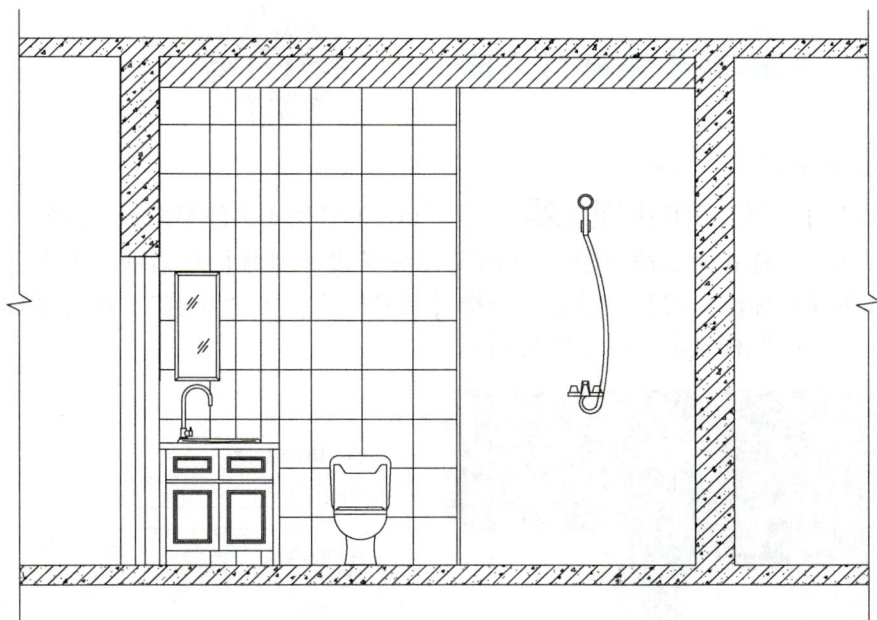

图 9-25 第一次填充"NET"图案

（4）利用【绘图】面板中的图案填充命令 ▣ ，或在命令行中输入 H 命令回车，设置填充图案为"NET"，设置比例为 30，填充沐浴间墙面到如图 9-26 所示的状态。

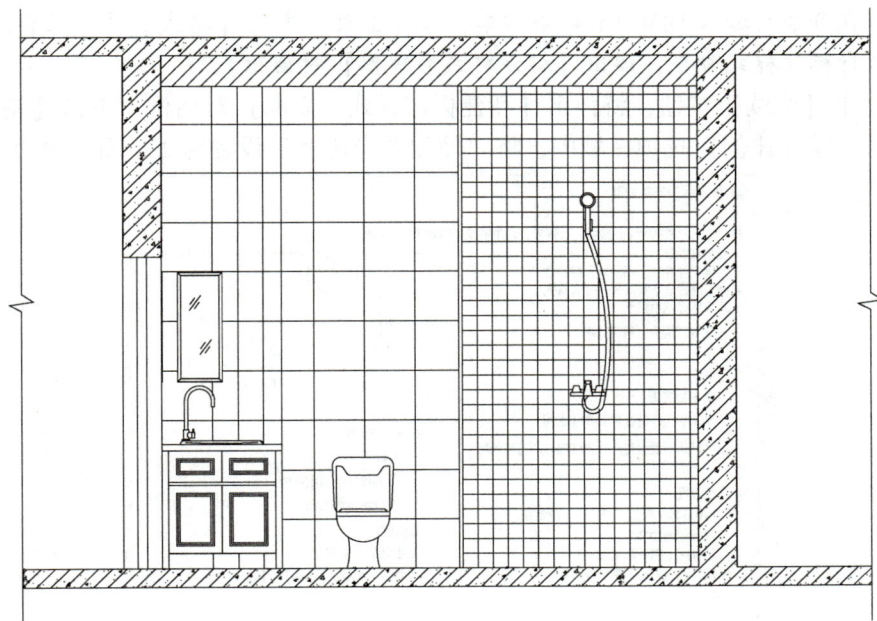

图 9-26 第二次填充"NET"图案

任务 9.5　标注尺寸和材料说明

1. 设置"立面"标注样式

（1）单击【注释】面板中的 注释 ▼，打开如图 9-27 所示的注释面板下拉列表。

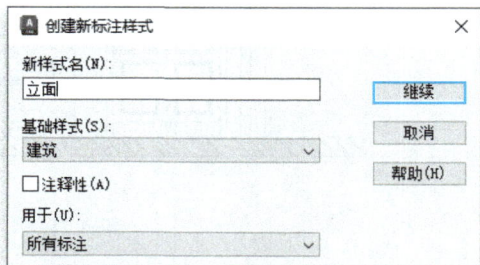

（2）单击标注样式命令按钮，弹出【标注样式管理器】对话框。单击【新建】按钮，弹出【创建新标注样式】对话框，选择【基础样式】为"建筑"，在【新样式名】文本框中输入"立面"样式名，如图 9-28 所示。

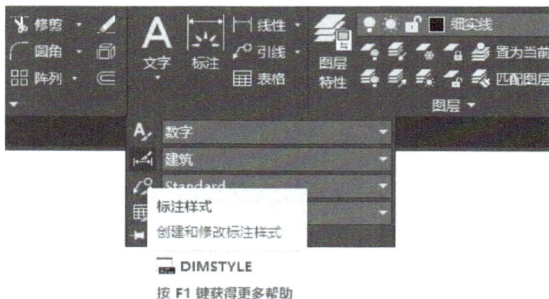

图 9-27　注释面板下拉列表　　　　　　图 9-28　【创建新标注样式】对话框

注意：在命令行输入 DIMSTY 命令回车，或单击菜单中的【格式】|【标注样式】命令，同样可以执行标注样式命令，弹出【标注样式管理器】对话框。

（3）单击【继续】按钮，将弹出【新建标注样式：立面】对话框。单击【调整】选项卡，在【标注特性比例】选项区域中，将"使用全局比例"设置为 20，如图 9-29 所示。

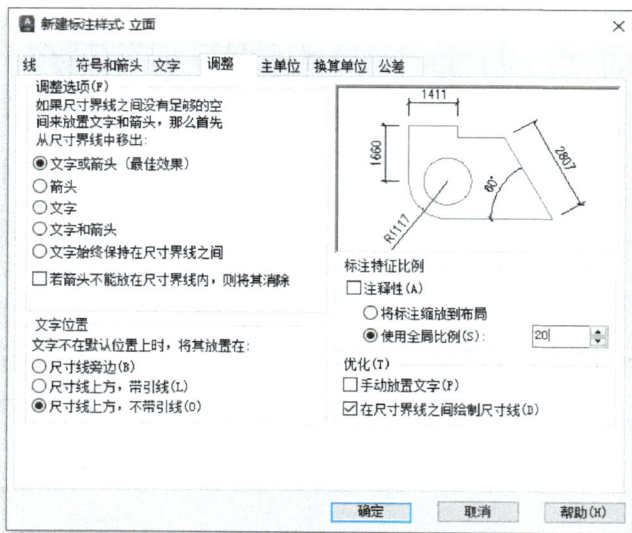

图 9-29　【新建标注样式：立面】对话框

（4）单击【确定】按钮，回到【标注样式管理器】对话框。单击【置为当前】按钮，将"立面"标注样式设置为当前，单击【关闭】按钮，关闭【标注样式管理器】对话框。

2. 标注尺寸和材料说明

（1）将"尺寸标注"图层设置为当前图层，按与前述任务相同的方法，分别在水平方向和竖直方向进行尺寸标注，结果如图 9-30 所示。

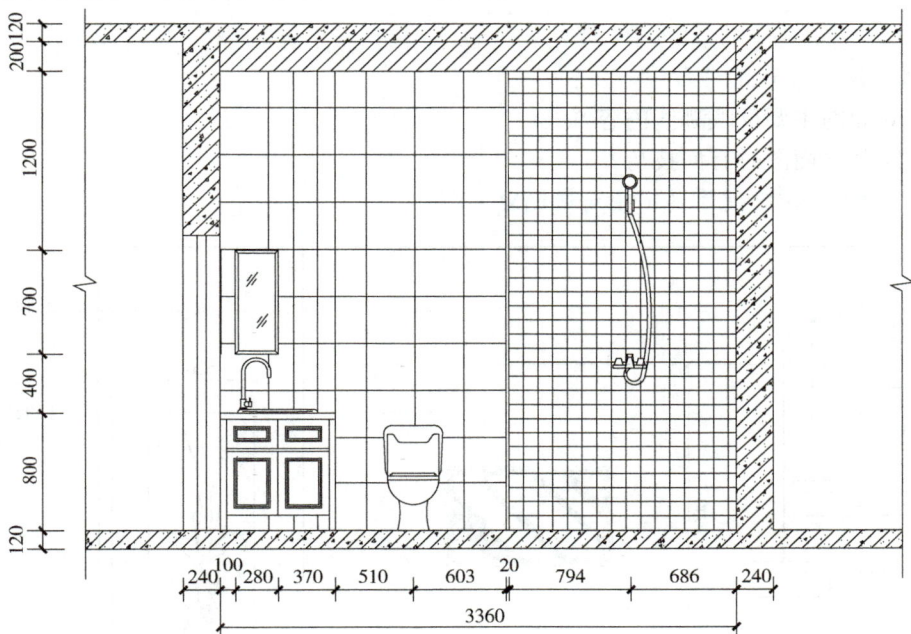

图 9-30   标注尺寸

（2）运用文字命令、直线命令、圆命令和图案填充命令等标注材料说明，结果如图 9-31 所示。

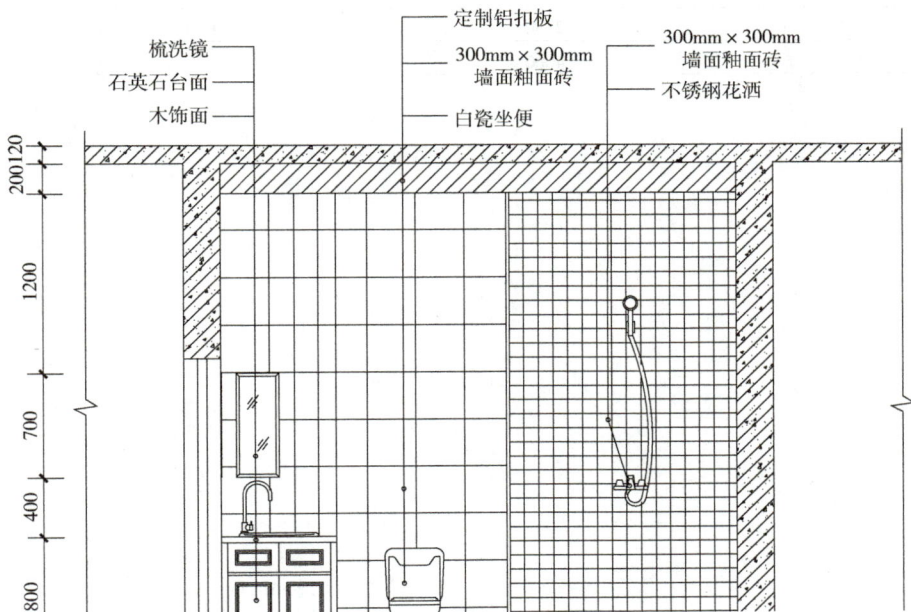

图 9-31   标注材料说明

至此完成卫生间侧墙立面图的绘制，单击快速访问工具栏中的保存命令按钮▣，保存文件。

任务 9.6　拓展任务

1. 思考并回答下列问题

（1）立面图主要反映哪些内容？

（2）绘制立面图时有何技巧？

2. 绘制如图 9-32 所示的电视背景墙立面图

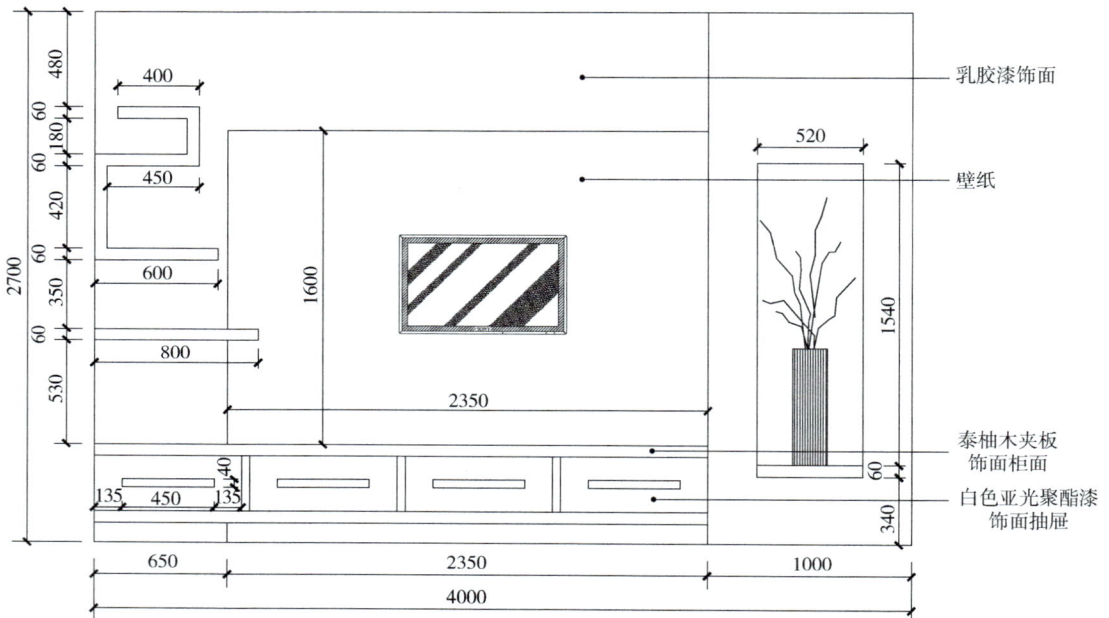

图 9-32　电视背景墙立面图

项目10

打印输出实例

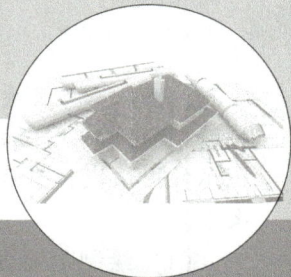

打印输出与图形的绘制、修改和编辑等过程同等重要，只有将设计成果打印输出到图纸上，才算完成了整个绘图过程。本项目以打印住宅平面布置图为例讲解模型空间图纸打印的方法。

任务 10.1　绘制图框线和标题栏

打开项目 6 保存的"住宅平面布置图 . dwg"文件。然后单击界面左上角的应用程序按钮 **A** ，在下拉命令列表中选择另存为按钮 单击，弹出【图形另存为】对话框。在【保存于】下拉列表框中选择正确的路径，在【文件名】文本框中输入文件名称"打印住宅平面布置图"，单击【保存】命令按钮保存文件。

1. 设置图层

（1）单击【图层】面板中的图层特性按钮 ，弹出【图层特性管理器】对话框，单击新建图层按钮 新建一个图层并命令为"标题栏"，结果如图 10-1 所示。

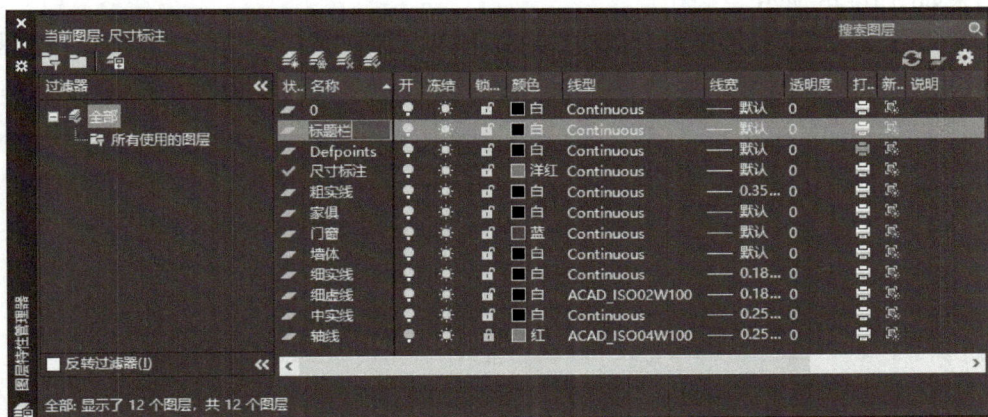

图 10-1　【图层特性管理器】对话框

（2）单击【图层特性管理器】对话框左上角的 ，关闭【图层特性管理器】对话框。

2. 绘制图幅线和图框线

将"标题栏"图层置为当前图层，在特性面板中将线宽设置为 0. 25，将线型设置为随层"ByLayer"。运用矩形命令、偏移命令、修剪命令等绘制 3 号图纸图幅线和图框线。

注意：本项目要按 1∶100 的比例打印住宅平面布置图，住宅平面布置图是按 1∶1 的比例绘制的，A3 图纸的幅面为 420mm×297mm，为了能将图形放入 A3 标题栏中，需要将 A3 图纸的图幅线和图框线放大 100 倍。这样按图幅将图形打印到 A3 图纸上时刚好符合比例要求。

（1）绘制图幅线。单击【绘图】面板中的矩形命令按钮 ▭，或输入 REC 回车，命令行提示如下：

命令：_rectang

指定第一个角点或[倒角（C）/标高（E）/圆角（F）/厚度（T）/宽度（W）]：   //在任意位置单击鼠标左键确定左下角点 A 的位置

指定另一个角点或[面积（A）/尺寸（D）/旋转（R）]： @42000，27900   //输入相对直角坐标@42000，27900，确定矩形的右上角点 B 位置

绘制结果如图 10-2a 所示。

（2）绘制图框线。单击【绘图】面板中的矩形命令按钮 ▭，或输入 REC 回车，命令行提示如下：

命令： RECTANG

指定第一个角点或[倒角（C）/标高（E）/圆角（F）/厚度（T）/宽度（W）]：_from 基点：<偏移>：@2500，500 //按住键盘上的 Shift 键，单击鼠标右键，在弹出的捕捉列表中单击"自"命令，单击图 10-2a 中的 A 点，输入相对直角坐标@2500，500，确定图框线的左下角点位置

指定另一个角点或[面积（A）/尺寸（D）/旋转（R）]：_from 基点：<偏移>：@−500，−500 //按住键盘上的 Shift 键，单击鼠标右键，在弹出的捕捉列表中单击"自"命令，单击图 10-2a 中的 B 点，输入相对直角坐标@−500，−500，确定图框线的右上角点位置

结果如图 10-2b 所示。

（3）选择前面绘制的图框线，在特性面板中将线宽设置为 0.7mm，再按 Esc 键退出选择对象状态，单击状态栏中的线宽按钮，显示线宽，结果如图 10-2c 所示。

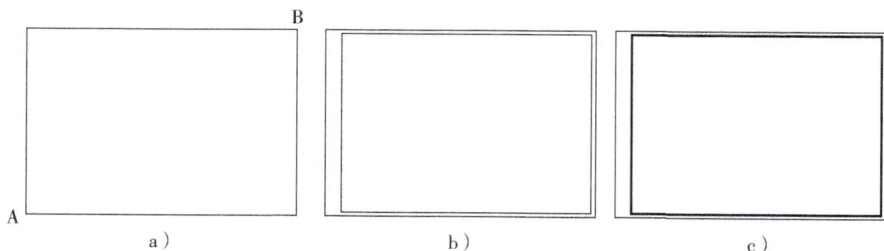

图 10-2 绘制图幅线和图框线

3. 绘制标题栏

（1）将"标题栏"图层置为当前图层，利用【绘图】面板中的直线命令 ╱（或在命令行输入 L 回车）、【修改】面板中的偏移命令 ▣（或在命令行输入 O 回车）、修剪命令 ✂修剪（或在命令行输入 TR 回车）、复制命令 ⬚复制（或在命令行输入 CO 回车），在图框线的右下角位置绘制标题栏的线条。标题栏及其尺寸如图 10-3 所示。

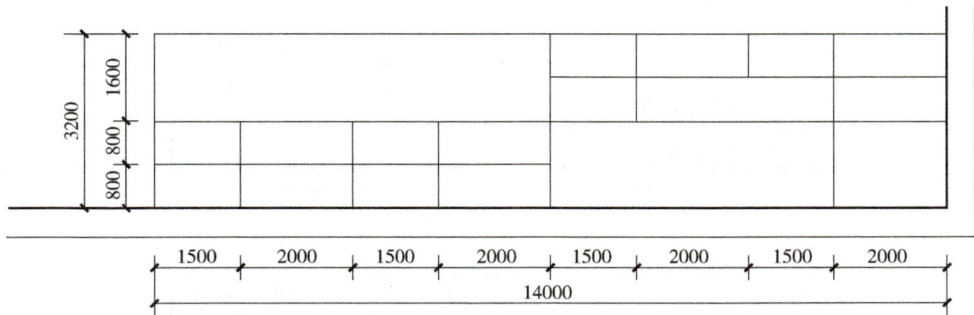

图 10-3　标题栏及其尺寸

（2）将"标题栏"图层置为当前图层，将"汉字"样式设置为当前文字样式。在命令行中输入 TEXT 命令并回车，命令行提示：

命令：TEXT

当前文字样式："汉字" 文字高度：120 注释性：否 对正：左

指定文字的中间点 或［对正（J）/样式（S）］：J　　　　//单击选择"对正"选项

输入选项［左（L）/居中（C）/右（R）/对齐（A）/中间（M）/布满（F）/左上（TL）/中上（TC）/右上（TR）/左中（ML）/正中（MC）/右中（MR）/左下（BL）/中下（BC）/右下（BR）］：MC　　//单击选择"正中"对正选项

指定文字的中间点：_from 基点：<偏移>：@750，400　　　　//按住键盘上的 Shift 键，单击鼠标右键，在弹出的捕捉列表中单击"自"命令，单击图 10-4 中的 C 点，输入相对直角坐标@750，400，确定文字的中间点

指定高度 <350>：350　　　　　　//输入 350 回车

指定文字的旋转角度 <0>：　　　　//回车默认旋转角度 0 度

进入文字书写状态，输入文字"姓名"，两次回车结束单行文字命令

绘制结果如图 10-4 所示。

（3）利用【修改】面板中的复制命令 ，或在命令行输入 CO 回车，将文字"姓名"复制到其他同高度文字的位置，绘制结果如图 10-5 所示。

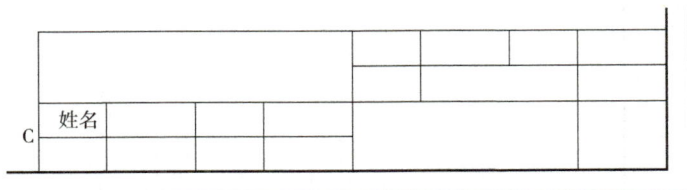

图 10-4　绘制文字"姓名"

（4）在命令行中输入文字编辑命令 ED 并回车（也可以双击其中的一个文字激活文字编辑命令），依次修改各个文字内容，最后两次回车结束文字编辑命令，结果如图 10-6 所示。

（5）运用单行文字命令 TEXT 在标题栏内绘制文字"建筑职业学院"和"住宅平面布置图"，文字样式为"汉字"，文字高度为 500，文字旋转角度为 0，绘图结果如图 10-7 所示。

（6）选择标题栏外格线，在特性面板中将线宽设置为 0.7mm，按 Esc 键退出选择对象状态。同理修改标题栏内格线的线宽为 0.35。绘制结果如图 10-8 所示。

				姓名	姓名	姓名	姓名
				姓名			姓名
姓名	姓名	姓名	姓名				
姓名	姓名	姓名	姓名				

图 10-5　复制文字

				NO	1	日期	06.19
				批阅			成绩
姓名	李强	专业	装饰				
班级	1班	学号	12				

图 10-6　绘制出所有高度为 300 的文字

			NO	1	日期	06.19
建筑职业学院			批阅			成绩
姓名	李强	专业	装饰	住宅平面布置图		
班级	1班	学号	12			

图 10-7　绘制出高度为 500 的文字

建筑职业学院		NO	1	日期	06.19
		批阅			成绩
姓名	李强	专业	装饰	住宅平面布置图	
班级	1班	学号	12		

图 10-8　绘制完成的图幅线、图框线和标题栏

4. 调整平面图位置

运用移动命令将幅面线、图框线和标题栏移动到适当位置。打开并解锁所有图层，再锁定并关闭"轴线图层"。

5. 移动图幅线、图框线和标题栏

将"标题栏图层"设置为当前图层，运用单行文字命令TEXT在住宅平面布置图下方书写图名"住宅平面布置图"，文字样式为"汉字"，文字高度为700，文字旋转角度为0；书写绘图比例"1：100"，文字样式为"汉字"，文字高度为500，文字旋转角度为0。在图名下方用粗实线绘制一条直线。绘制结果如图10-9所示。

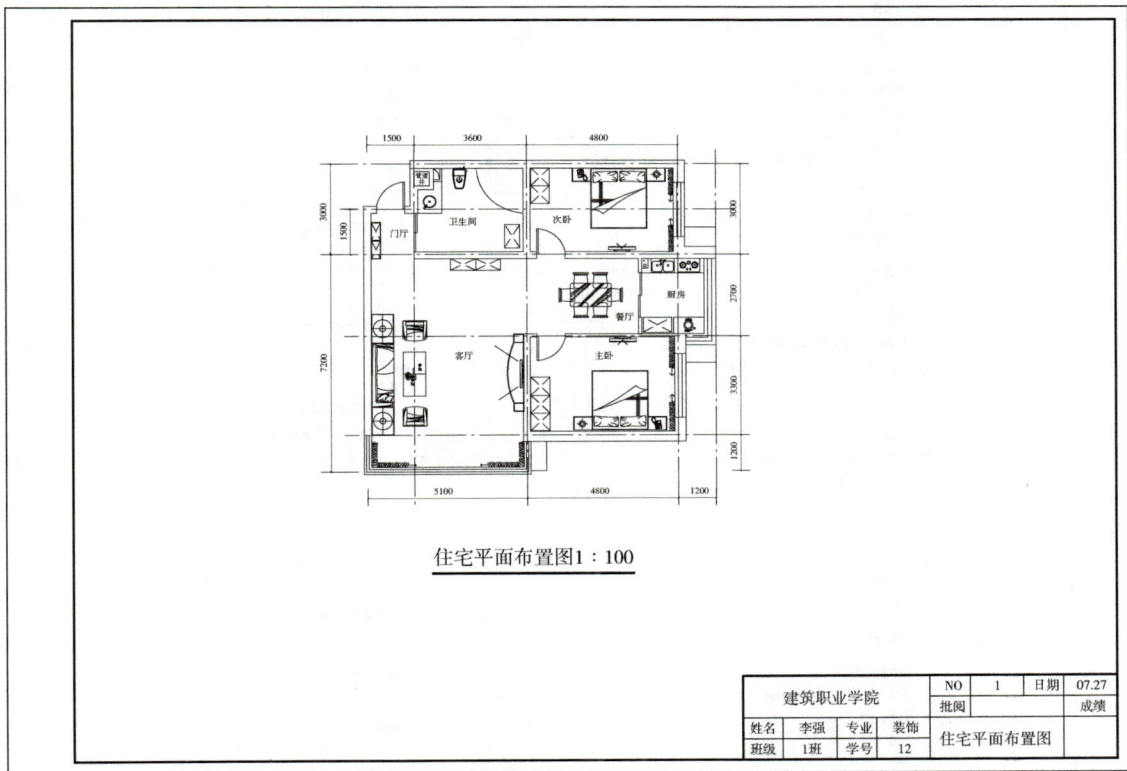

图 10-9　移动图幅线、图框线和标题栏

6. 保存文件

单击快速访问工具栏中的【保存】命令按钮保存文件。

任务 10.2　打印住宅平面布置图

在打印输出之前，首先需要配置好图形输出设备。图形输出设备很多，常见的有打印机和绘图仪两种，其实两者已经没有明显的区别。一般情况下，使用系统默认的打印机或绘图仪即可打印出图。如果系统默认的打印机或绘图仪因为色彩或幅面不能满足用户需要，可以

添加新的打印机或绘图仪。

下面讲述在模型空间打印住宅平面布置图的方法。具体操作步骤如下：

（1）打开前面保存的"打印住宅平面布置图.dwg"图形文件。

（2）单击菜单栏中的【文件】|【打印】，弹出【打印–模型】对话框，如图 10-10 所示。

（3）在【打印–模型】对话框中的【打印机/绘图仪】选项区域中的【名称】下拉列表框中选择系统所使用的打印机/绘图仪类型，本例中选择"DWF6 ePlot.pc3"型号的绘图仪作为当前绘图仪，如图 10-11 所示。然后修改图纸的可打印区域。

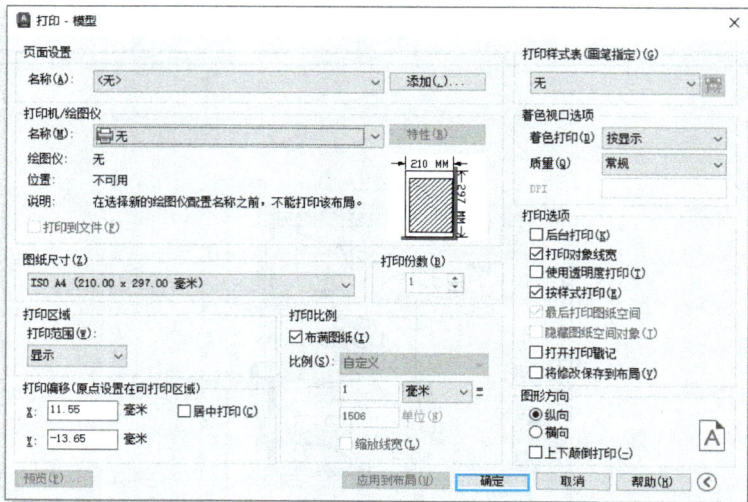

图 10-10 【打印–模型】对话框

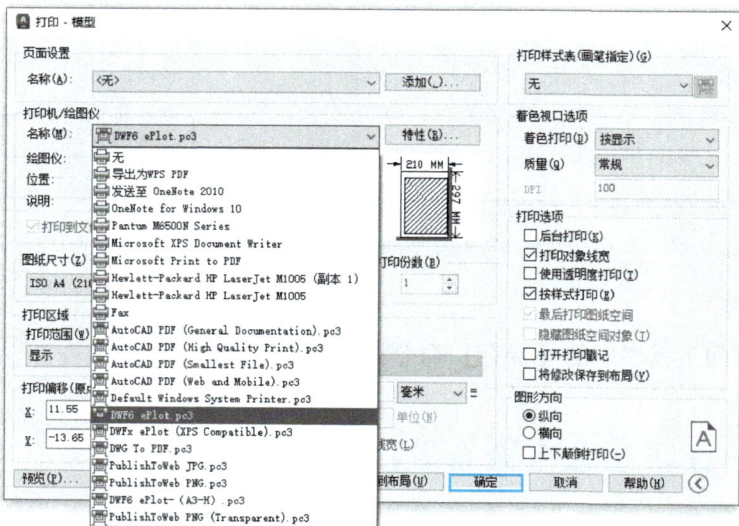

图 10-11 选择"DWF6 ePlot.pc3"型号的绘图仪作为当前绘图仪

1）单击【名称】下拉列表框中"DWF6 ePlot.pc3"绘图仪右面的【特性】按钮，在弹出的【绘图仪配置编辑器–DWF6 ePlot.pc3】对话框中激活【设备和文档设置】目录下的

【修改标准图纸尺寸（可打印区域）】选项，如图10-12所示。

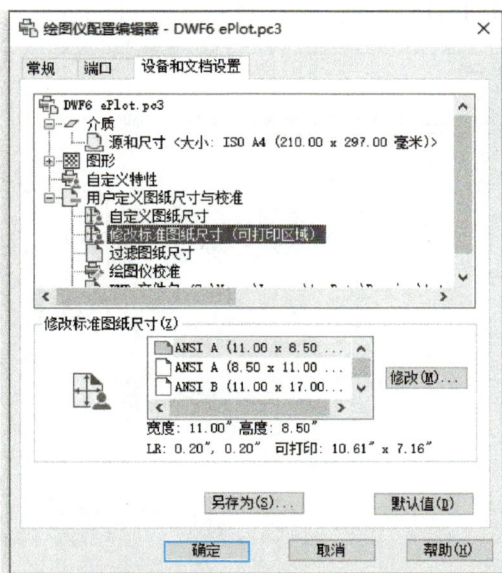

图10-12　【绘图仪配置编辑器–DWF6 ePlot.pc3】对话框

2）在【修改标准图纸尺寸】选项区域内连续单击微调按钮，找到并单击选择"ISO A3（420×297）"图纸，如图10-13所示。

3）单击此选项区域右侧的【修改】按钮，在打开的【自定义图纸尺寸–可打印区域】对话框中，将"上""下""左""右"的数字设为"0"，如图10-14所示。

图10-13　【修改标准图纸尺寸】选项区域

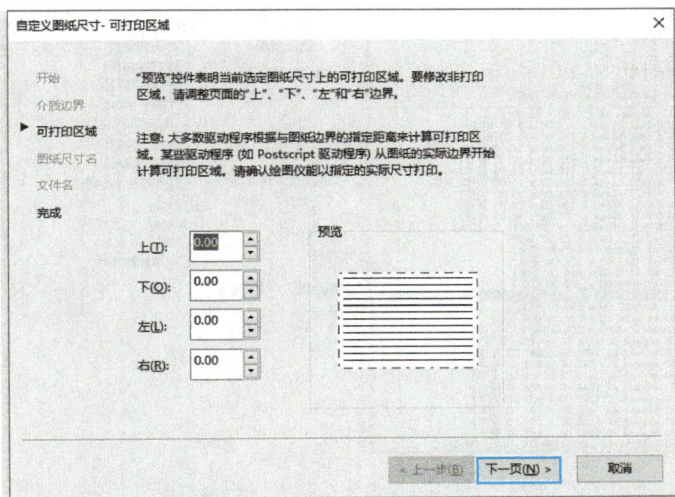

图10-14　修改标准图纸的可打印区域

4）单击【下一步】按钮，在打开的【自定义图纸尺寸–完成】对话框中，列出了修改后的标准图纸的尺寸，如图 10-15 所示。

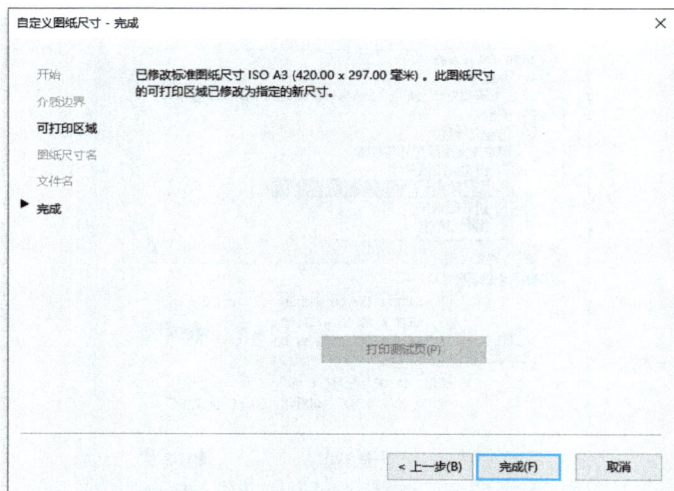

图 10-15 　【自定义图纸尺寸–完成】对话框

5）单击【自定义图纸尺寸–完成】对话框中的【完成】按钮，系统返回到【绘图仪配置编辑器–DWF6 ePlot.pc3】对话框，再单击【确定】按钮，返回到【打印–模型】对话框。

6）在【图纸尺寸】选项区域中的"图纸尺寸"下拉列表框内选择"ISO A3（420.00×297.00 毫米）"图纸尺寸，如图 10-16 所示。

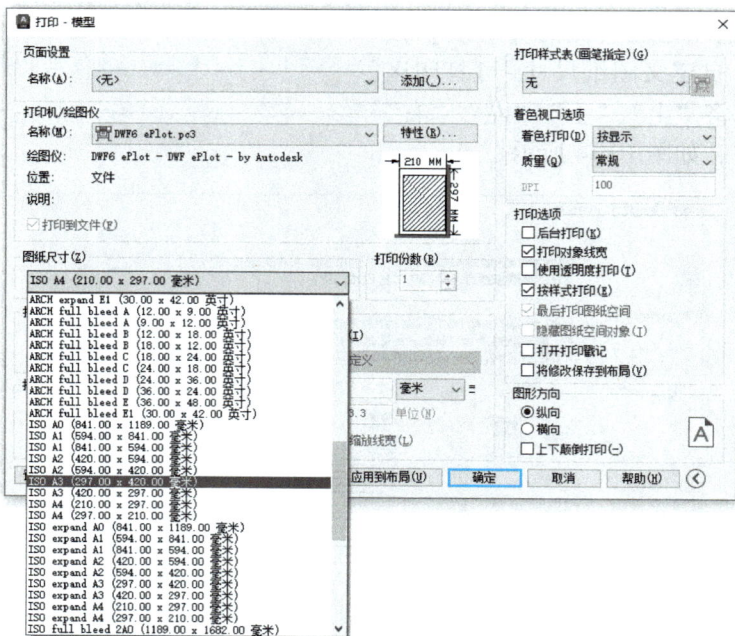

图 10-16 　选择"ISO A3（420.00×297.00 毫米）"图纸尺寸

（4）在【打印-模型】对话框中进行其他方面的页面设置，如图 10-17 所示。

1）在【打印比例】选项区域内勾选【布满图纸】复选框。

2）在【图形方向】选项区域内勾选【横向】复选框。

3）在【打印样式表（画笔指定）】选项区域内选择"monochrome.ctb"样式表。

4）在【打印偏移（原点设置在可打印区域）】选项区域勾选"居中打印"复选框。

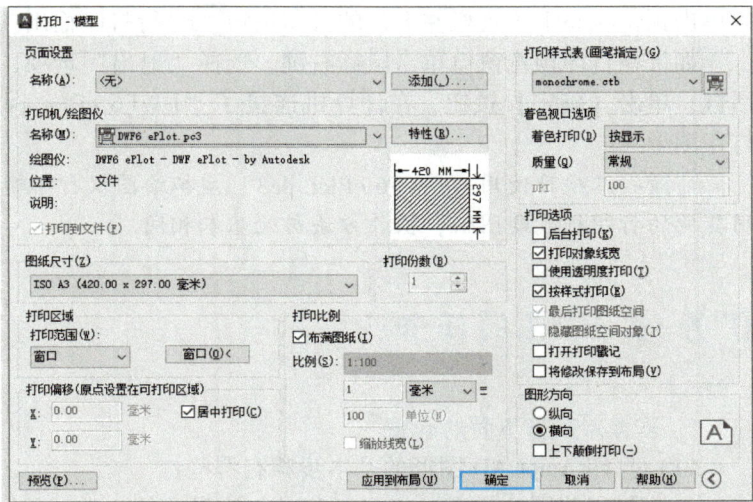

图 10-17　页面设置其他选项

5）在【打印范围】下拉列表框中选择"窗口"选项，单击右侧的【窗口】按钮，退出【打印-模型】对话框，在绘图区域指定图幅线的左上角和右下角为窗口范围，又返回到【打印-模型】对话框。

（5）在设置完的【打印-模型】对话框中单击【预览】按钮，进行预览，如图 10-18 所示。

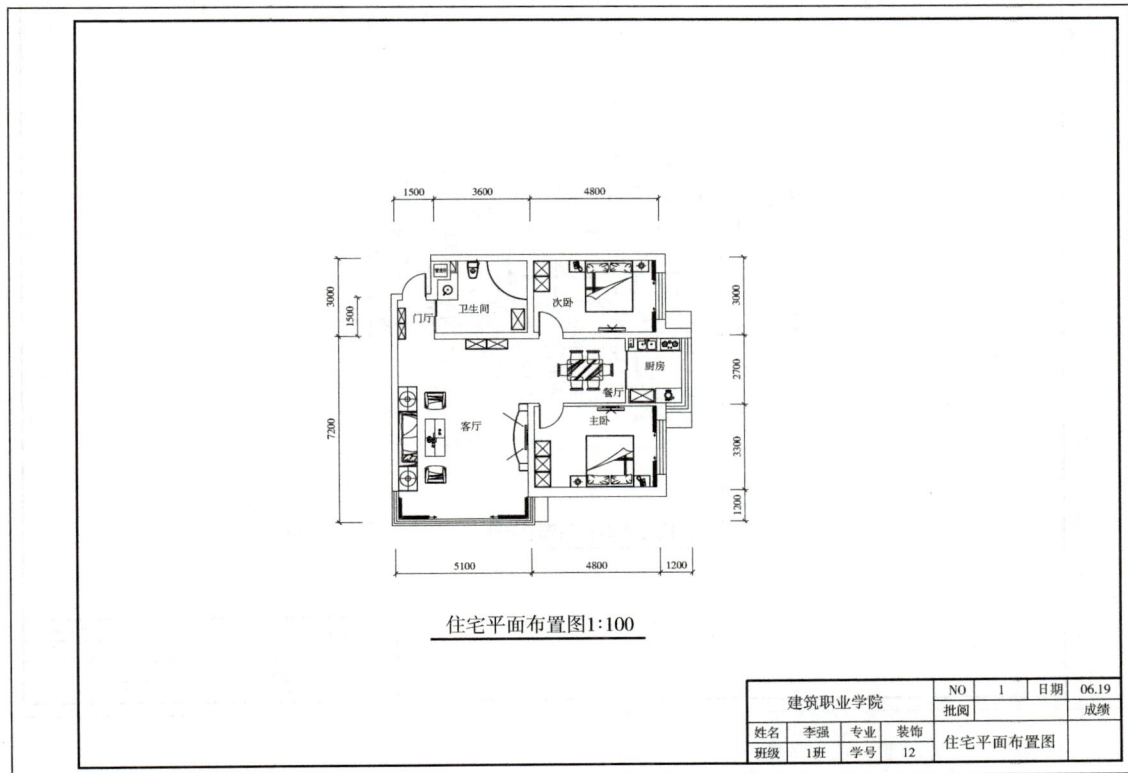

图 10-18　预览效果

（6）如对预览结果满意，在计算机连接了"DWF6 ePlot. pc3"绘图仪的情况下，就可以单击预览状态下工具栏左上角的打印按钮🖶进行打印输出。

如果在打印预览窗口单击鼠标右键，选择"退出"选项，就回到"页面设置–模型"对话框，单击【确定】按钮，在计算机连接了"DWF6 ePlot. pc3"绘图仪的情况下，也可以打印图形。

注意：本项目使用"DWF6 ePlot. pc3"虚拟绘图仪打印输出了住宅平面布置图，如果换用其他的打印机或绘图仪，操作方法与此基本相同。

任务 10.3　拓展任务

1. 思考并回答下面的问题

（1）打印 AutoCAD 图形的基本步骤有哪些？

（2）打印范围除了通过"窗口"的方法设置外，尝试并回答还有哪些方法？

（3）打印时设置图形方向为"横向"和"纵向"有何区别？

2. 打开项目 7 绘制的住宅地面材料图，为其添加 A3 图框线和标题栏，设置相关打印参数，使其达到如图 10-19 所示的打印预览效果

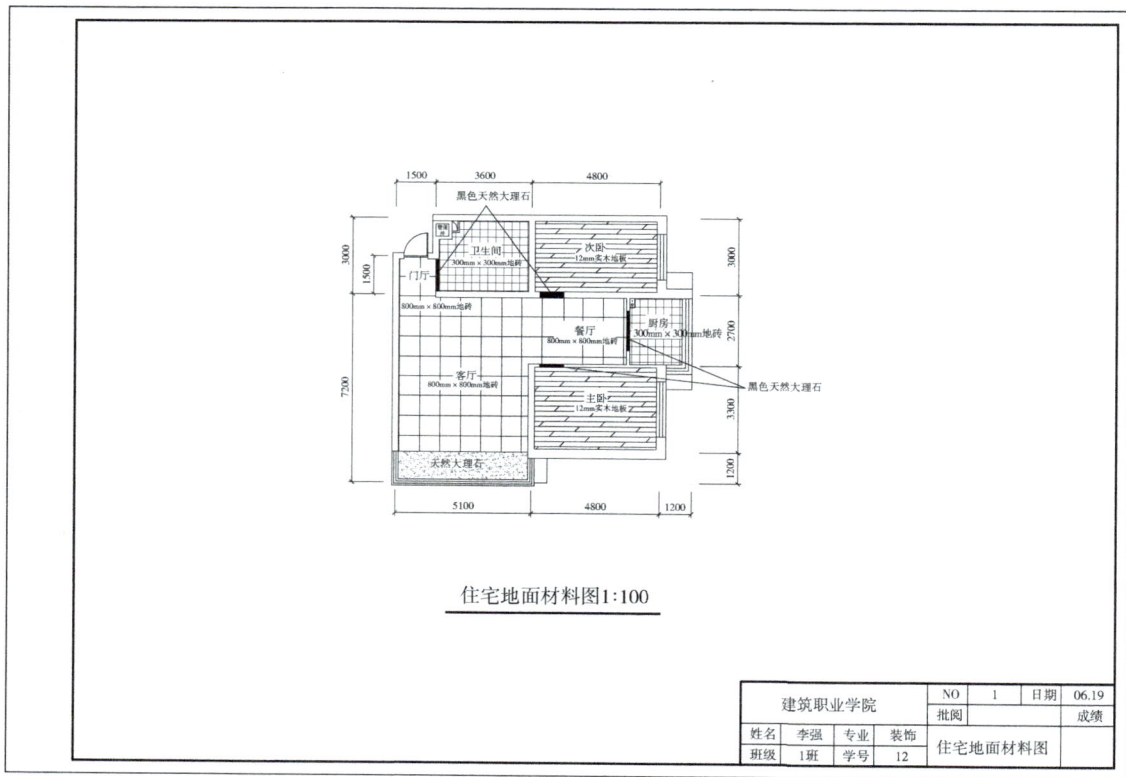

图 10-19　住宅地面材料图打印预览效果

参 考 文 献

[1] 王芳，李井永.AutoCAD 2024建筑制图项目化教程［M］.北京：清华大学出版社，2024.

[2] 李星新，胡仁喜.AutoCAD 2024中文版从入门到精通［M］.北京：机械工业出版社，2023.

[3] 陈瑞卿，尚文阔.建筑装饰CAD［M］.北京：机械工业出版社，2022.

[4] 王芳，李井永.建筑装饰CAD实例教程［M］.北京：机械工业出版社，2016.

[5] 王芳，李井永.AutoCAD 2010建筑制图实例教程［M］.北京：清华大学出版社，2010.

[6] 李井永，王芳，伍琼，等.建筑装饰计算机辅助设计：AutoCAD、3dsMax、Photoshop［M］.北京：机械工业出版社，2009.

[7] 王芳，单春阳.AutoCAD 2019建筑设计项目化教程［M］.北京：清华大学出版社，2019.

[8] 邓念秋，封定余，唐妮.建筑CAD［M］.哈尔滨：哈尔滨工程大学出版社，2021.

[9] 刘晓光.建筑CAD［M］.北京：北京理工大学出版社，2017.